U0338035

中国科学院华南植物园
鹤 山 市 林 业 局

鹤山树木志

Woody Flora of Heshan

易绮斐 林永标 主编

华中科技大学出版社
http://www.hustp.com
中国·武汉

图书在版编目（CIP）数据

鹤山树木志 / 易绮斐，林永标 主编 . – 武汉 : 华中科技大学出版社，2012.11
ISBN 978-7-5609-8475-9

Ⅰ . ①鹤… Ⅱ . ①易… ②林… Ⅲ . ①木本植物 – 植物志 – 鹤山市 Ⅳ . ① S717.265.4

中国版本图书馆 CIP 数据核字（2012）第 257944 号

鹤山树木志

易绮斐 林永标 主编

出版发行：华中科技大学出版社（中国·武汉）

地　　址：武汉市武昌珞喻路1037号（邮编：430074）

出 版 人：阮海洪

策划编辑：王斌　　　　　　　　　　　　　　　　责任监印：秦英

责任编辑：熊纯 卢平　　　　　　　　　　　　　装帧设计：百彤文化

印　　刷：深圳市雅佳图印刷有限公司

开　　本：965 mm × 1270 mm　1/16

印　　张：17.5

字　　数：560千字

版　　次：2013年3月第1版 第1次印刷

定　　价：268.00元（USD 41.99）

投稿热线：（020）66638820　　1275336759@qq.com
本书若有印装质量问题，请向出版社营销中心调换
全国免费服务热线：400-6679-118 竭诚为您服务

本书承以下单位资助

"十一五"国家科技支撑重点项目

"红壤退化的阻控和定向修复与高效优质生态农业关键技术研究与试验示范项目"第七课题"粤东南低山丘陵区植被快速恢复与生态农业技术集成与示范"（2009BADC6B07）

中国科学院战略性先导科技专项

"南方典型人工林固碳增汇技术的实验示范"　课题"桉树林固碳增汇技术与示范"（XDA05070301）

前　言

　　鹤山市位于广东中南部，珠江三角洲的西南部，东经112°28′～113°2′，北纬22°28′～22°51′。东西长约58.7 km，南北宽约42.3 km。北邻佛山市高明区，西北部与新兴接壤，东南与新会区、开平毗邻，东北与南海、顺德隔江相望，全市国土总面积1 082.85 km²。自然地貌丰富多样，地势自西向东倾斜，东部低平，北部最低。中部山峰绵亘，丘陵起伏。境内主要有云宿山、皂幕山、茶山等三大山脉，以皂幕山主峰亚婆髻为最高峰，海拔807 m；地形最低点为古劳镇大埠围，海拔仅1 m。东北部、中南部主要以丘陵为主，面积达1 003 km²，占全市总面积的90.5%。海拔500 m以上的山地约23.3 km²，占全市总面积2.1%。冲积平原面积为82 km²，占全市总面积的7.42%。境内河流众多，主要有西江干流、沙坪河、雅瑶河、宅梧河、址山河等8条河流，总长200.8 km，流域总面积1 003.28 km²，除沙坪河属西江流域外，其余均属潭江水系。

　　鹤山市地处北回归线以南，属南亚热带季风性气候，四季不明显，全年温暖、阳光充足。年平均降水1 771.7 mm，平均温度22.2 ℃，最高温度38.8 ℃，最低温度0 ℃；无霜期达354天，年平均日照时数为1 797.8小时。

鹤山林业概况

　　鹤山市地貌特征可概括为"七山一水二分田"，主要以丘陵、山地为主。全市林业用地面积53 839 hm²，其中有林地面积46 226.5 hm²。按林种分，生态公益林面积17 024.1 hm²，商品林面积36 814.5 hm²，森林覆盖率46.4%，林木栽植率53.5%，活立木总蓄积230万m³，建有省级森林公园1个，曾获国家和省市授予的"全国造林绿化百佳（县）市"、"全国造林绿化先进单位"、"广东省林业生态（县）市"等多项殊荣。林业产业已具雏形，形成以林产品加工业、木本花卉业、森林旅游业和商品林培育业为主的林业支柱产业。

鹤山主要植被类型及野生植物资源状况

　　历史上鹤山是植被茂密、物种繁多的区域，地带性植被为亚热带季风常绿阔叶林，但由于长期和过度的人类活动导致植被退化，形成大面积的丘陵荒山。从1985年开始，鹤山市积极响应广东省政府发起的"五年消灭荒山，十年绿化广东"的号召，大规模的绿化造林，仅用5年时间，完成了省政府提出的绿化指标，至1991年森林覆盖率已达44.1%。但所营造的人工林，树种单一，主要以针叶林为主，林分结构较差，以中幼年林为主。1994年，广东率先实施森林分类经营，开始出现私有制造林，并开始了大面积营造速生丰产林，致使野生植物资源保护状况更为严峻。据1999年的相关资料记载，鹤山市有植物900多种，其中木本植物300多种、中草药60多种。在各乡镇的村前屋后保留了部分次生林，俗称"风水林"，对野生植物资源保护起到非常重要的作用。其主要组成种类有壳斗科的红锥(*Castanopsis hystrix*)、锥栗(*C. chinensis*)，山茶科的荷木(*Schima superba*)，山龙眼科的越南山龙眼(*Helicia cochinchinensis*)，大戟科的黄桐(*Endospermum chinense*)，杜英科的山杜英(*Elaeocarpus sylvestris*)，以及樟科润楠属(*Machilus*)、樟属(*Cinnamomum*)、厚壳桂属(*Cryptocarya*)、木姜子属(*Litsea*)和桃金娘科蒲桃属

(*Syzygium*)的一些种类，种类多而富于热带性。

1984年在中国科学院和当时鹤山县委、县政府及相关部门的支持下，中国科学院华南植物研究所与鹤山县林业科学研究所合作共建了中国科学院鹤山丘陵综合试验站，并开展了退化生态系统恢复的试验、示范研究工作。通过引种豆科类速生阔叶树种，构建先锋群落；之后又对先锋群落持续的进行林分改造，分别引种地带性的优势乔木种类36科，87种。至2001年，鹤山试验站植物资源调查发现共有维管植物97科，213属，279种（含种以下等级，下同）。其中蕨类植物13科，16属，20种；裸子植物6科，8属，9种；被子植物78科，189属，250种（双子叶植物68科，154属，205种；单子叶植物10科，35属，45种）。形成了本市植物资源最为丰富，引种植物种类最多的生态公益林示范区，总面积约167 hm^2。

鹤山市政府及林业主管部门一直非常重视林业资源保护工作，2010年立项并邀请中国科学院华南植物园进行鹤山乔木植物资源调查，于2011年对鹤山市雅瑶、龙口、桃源、共和、鹤城、云乡、宅梧等镇的主要村边"风水林"、生态公益林大雁山、昆仑山等地进行了植物资源调查，据不完全统计，这次调查共记录了常见木本植物384种（含种以下分类群，下同），隶属于77科，231属；其中野生235种，隶属于57科，142属。

《鹤山树木志》的编写

一直以来，关于鹤山市植物种类的研究报道甚少，更没有较为系统和全面的调查报告。因此，鹤山市林业局于2010年立项并邀请中国科学院华南植物园进行鹤山木本植物资源调查，2011年对鹤山市雅瑶、龙口、桃源、共和、鹤城、址山、宅梧等镇的主要村边"风水林"及大雁山、昆仑山等地的生态公益林进行了较为全面的植物资源调查。根据本次调查结果，并参考前人的资料，出版《鹤山树木志》。该志记录了鹤山市常见木本植物384种（含种以下分类群，下同），隶属于77科，231属；其中野生235种，隶属于57科，142属。内容包括科、属的形态特征描述和属、种检索表，每种植物的中文名（别名）、学名（最新异名）、形态特征、生境、鹤山和国内外分布，以及主要用途等，每种植物附有1～4张彩色图片。科的排列，裸子植物按郑万钧1975年系统、被子植物按哈钦松系统，少数类群按最新研究成果稍作调整；属、种按拉丁文字母顺序排列。

本书在编写和出版过程中，得到中国科学院华南植物园、鹤山市林业局、鹤山市林业科学研究所、各乡镇林业站及百彤文化传播有限公司等单位的合作和支持。谨向在本书编写和出版工作中付出辛勤劳动的单位和个人表示衷心的感谢。

本书是广东县（市）级第一部地方木本植物志，充分表明了鹤山市林业主管部门对植物资源保护及生态林业建设的重视程度。我们衷心希望本书的出版，将为鹤山市园林绿地建设和生态公益林树种的选择和应用提供基础性资料，能对鹤山市植物资源保护和开发利用起到积极作用，为促进农林业生产和可持续发展发挥重要作用。同时可为植物学工作者、林业工作者、环保工作者、科普与教学工作者提供参考。由于水平有限、时间仓促，错漏之处在所难免，恳请各位读者提出宝贵意见。

作者　易绮斐　林永标

序

　　树木志是记载一个地区木本植物的种类、形态特征、分布、用途等内容的树木学专著，是全面记录一定区域内木本植物特征的"信息库"。树木志的编著出版标志着一个国家或地区树木学基础研究的水平和林木资源普查的深度和广度。《中国树木志》的编辑出版，标志着我国树木学研究进入该领域的世界先进行列，是我国树木学研究的重要里程碑。

　　我国自《中国树木志》第一卷和第二卷分别于1983年和1985年出版以来，尤其在20世纪80年代至90年代，各地编辑出版地方树木志的热情高涨，绝大多数省份都在计划编辑出版本地区的树木志。然而，由于大多数省份编研经费严重不足，木本植物普查的深度与广度不够，再加上各地木本植物分类人才流失严重，使许多地区的编研工作难于开展，甚至被迫中断。总的来说，中国北方的树木调查与编志工作较受重视，专著出版比较顺利，目前我国地方树木志的出版主要集中在北方，如《东北树木志》、《黑龙江树木志》、《河南树木志》、《河北树木志》、《山东树木志》、《陕西树木志》、《山西树木志》、《辽宁树木志》、《吉林树木图志》等都已相继出版，甚至一些小地方的树木志也相继面世，如《太行山树木志》、《中条山树木志》、《关山树木志》、《五常树木志》、《济南树木志》等，正在编研的有《新疆树木志》、《内蒙古树木志》、《甘肃树木志》等。相反，南方树木志的编研进展缓慢，除《台湾树木志》、《湖南树木志》、《云南树木图志》已出版外，《广西树木志》、《福建树木志》、《江西树木志》正在编写或筹划之中；令人感到不解的是许多经济发达、树木种类相当丰富的省份，如广东、浙江、湖北等省目前尚未筹划出版本地区的树木志，这与其发达的经济，丰富的植物多样性很不相称。

　　鹤山市地处珠江三角洲腹地，北邻高明、南海，西接新兴，东毗新会，南连开平，面积达1 082平方公里，区内有皂幕山、云宿山、大雁山、昆仑山、茶山、大城山等山脉，主峰亚婆髻海拔807.5 m。关于鹤山的植物，历史上少有植物学家做过系统调查，就是在国立的华南植物园标本馆也难找到采自鹤山的标本。我们从早期的报刊上可以了解到鹤山植物方面的一些报道，对鹤山的植物仅略知一二。如共和镇大凹村那株要8个成年人手拉手才能围抱的500年树龄的古樟树；址山镇龙山村的见血封喉；还有格木、水松等珍稀古树等。然而，我本人真正了解鹤山植物的种类是从去年夏天与本书主编易绮斐和林永标一起赴昆仑山进行植物学考察开始。说到昆仑山，儿时就背诵毛主席的"横空出世，莽昆仑"的华章，诗上提到的昆仑山西起帕米尔高原东部，横贯新疆、西藏，延伸至青海境内，它是中华民族的"龙祖之脉"。关于鹤山的昆仑山，其气势和人文价值也毫不逊色，有诗曰"大小昆仑，见证古城邑事、沧桑巨变。"又有"两眼高凭何处空，白龙犹在有无中。旁观莫道昆仑小，气盖东南万万峰。"难怪清雍正年间先人选址于此置县治。鹤城这块独特的风水宝地，可见一斑。

　　我们考察昆仑山那天，天气闷热，我们一大早就来到昆仑山下，一路采集标本和拍照，在山脚公路边的湿地处，我们首先看到了国家保护的植物——水蕨，再往上爬100 m，山路边长满了野牡丹、毛稔、桃金娘、车轮梅等观赏灌木，在山菅兰、蜘蛛抱蛋和各种蕨类等观赏草本的点缀下蔚为壮观；水沟边各类观赏藤本相当常见，蝶形花科的禾雀花、亮叶鸡血藤，木樨科的光叶清香藤等正含苞待放，与旁边的毛冬青、狗骨柴等观果植物相映成趣。昆仑山是药用植物的天堂，金银花、山苍子、地稔、箣欓、独脚金、算盘子、三桠苦、香叶树、黄药、黑面神、变叶树参、了哥王、钩藤等应有尽有。爬近山顶处，我们发现了映山红、华丽杜鹃、吊钟花等组成的杜鹃花群落，不巧盛花期已过，带路的老乡告诉我们，每逢初春，这些杜鹃花盛开时繁花似锦，红遍昆仑山，美不胜收。接着，我们马不停蹄地爬到海拔603 m的山顶处，发现了广东相当少见的灰冬青、小果石笔木等植物。此外，还有不少极具观赏价值的植物，如鼠刺、罗浮柿、降真香、华杜英、亮叶冬青、厚皮山矾、白皮黄杞等。下山时，我们还发现国家保护植物——普洱茶。另外，金橘与金柑的野生近缘种山橘在沟边偶尔可以见到，极为珍贵。昆仑山植物种类之丰富程度可见一斑。

　　由我研究组易绮斐等主编的《鹤山树木志》一书是在经近两年的野外调查、标本采集、标本鉴定、文献研究的基础上撰写的。共收录鹤山野生和常见栽培的木本植物77科，231属，384种，其中野生植物57科，142属，235种。内容包括每种植物的中文名、学名、形态特征、生境，在鹤山与国内外的分布，以及用途等，每种附有彩色照片1~4张。该书收录的植物鉴定准确，内容丰富，文字描述简明扼要，图片清晰，具有很高的科学性与应用价值。它是我国南方首部县域树木志，它的出版将为我国县域树木志的编研提供参考，并为我国南方乡土植物的应用、绿道建设提供科学依据。是以为序。

邢福武

中国科学院华南植物园

2012年11月28日

目 录

裸子植物门

Gymnospermae

G1. 苏铁科 Cycadaceae

常绿木本植物，树干粗壮，圆柱形，稀在顶端呈二叉状分枝，或成块茎状，髓部大，木质部及韧皮部较窄。叶螺旋状排列，鳞叶及营养叶相互成环着生；鳞叶小，密被褐色毡毛，营养叶大，深裂成羽状，稀叉状二回羽状深裂，集生于树干顶部或块状茎上。雌雄异株，雄球花单生于树干顶端，直立，小孢子叶扁平鳞状或盾状，螺旋状排列；大孢子叶扁平，上部羽状分裂或几不分裂，生于树干顶部羽状叶与鳞状叶之间，胚珠 2 ~ 10 枚，生于大孢子叶柄的两侧，不形成球花，或大孢子叶似盾状，螺旋状排列于中轴上，呈球花状，生于树干或块状茎的顶端。胚珠 2 枚，生于大孢子叶的两侧。种子核果状，具 3 层种皮，胚乳丰富。

9 属，约 110 种。分布于热带及亚热带地区。中国仅有苏铁属，共 16 种，产于华南、西南各省区，以及台湾；鹤山栽培 1 属，1 种。

1. 苏铁属 Cycas L.

树干直立，圆柱形，常密被宿存的木质叶基。鳞叶与营养叶成环状交互着生；鳞叶小，褐色，密被粗糙的毡毛；营养叶大，羽状深裂，稀叉状二回羽状深裂，集生于树干上部；羽状裂片条形或条状披针形，中脉显著，基部下延，叶轴基部的小叶变成刺状，脱落时通常叶柄基部宿存；幼叶的叶轴及小叶呈拳卷状。雌雄异株，雄球花长卵圆形或圆柱形，小孢子叶扁平，楔形；大孢子叶中下部狭窄成柄状，两侧着生 2 ~ 10 枚胚珠。种子的外种皮肉质，中种皮木质，常具 2 棱，稀 3 棱；内种皮膜质，在种子成熟时则破裂。

约 60 种，分布于亚洲东部及东南部、非洲南部、澳大利亚北部及太平洋岛屿。中国有 16 种，产于广东、广西、台湾、福建、云南及四川等省区；鹤山栽培 1 种。

1. 苏铁
Cycas revoluta Thunb.

棕榈状常绿木本，茎圆柱形，常有脱叶痕；大型羽状叶簇生于茎顶，像孔雀的羽毛，小叶线形，幼时拳卷状，后挺直刚硬，先端尖；雌雄异株，雄花排成圆柱状宝塔形；雌花排列呈半球形，酷似鸟巢；红色种子球形略扁。

鹤山各地常见栽培，见于桃源鹤山市林科所、金峡水库边、城区公园、住宅小区等。分布于中国福建，全国各地都有栽培。日本、印度尼西亚也有分布。

茎内含淀粉，可供食用。种子含油和丰富的淀粉，微有毒，供食用和药用，有治痢疾、止咳和止血之效。树形古朴苍劲，茎干粗壮独特，羽状复叶四季常青，高贵典雅，青翠光亮，为珍贵的园林观赏植物；叶片是常用的插花材料。

G3. 南洋杉科 Araucariaceae

常绿乔木，髓部较大，皮层具树脂。叶螺旋状着生或交叉对生，基部下延生长。球花单性，雌雄异株或同株；雄球花圆柱形，单生或簇生于叶腋，或生于枝顶，雄蕊多数，螺旋状着生，具花丝，药隔伸出药室，具 4 ~ 20 个悬垂的丝状花药，排成内外两行，药室纵裂，花粉无气囊；雌球花单生枝顶，由多数螺旋状着生的苞鳞组成，珠鳞不发育，胚珠与珠鳞合生，或珠鳞退化而与苞鳞离生。球果扁平，成熟时苞鳞脱落，发育的苞鳞具 1 粒种子；种子与苞鳞离生或合生，扁平，无翅或两侧具翅，或顶端具翅。

3 属约 41 种，分布于南半球的热带及亚热带地区。中国引入栽培 2 属，4 种。鹤山栽培 1 属，1 种。

1. 南洋杉属 Araucaria Juss.

常绿乔木，枝条轮生或近轮生；冬芽小。叶螺旋状排列，鳞形、钻形、针状镰形、披针形或卵状三角形，叶形及其大小往往在同一树上也有变异。雌雄异株，稀同株；雄球花圆柱形，单生或簇生于叶腋，或生于枝顶，雄蕊多数，紧密排列，药隔延伸，具 4 ~ 20 个悬垂的丝状花药，排成内外两列，花丝细；雌球花椭圆形或近球形，单生于枝顶，有多数螺旋状着生的苞鳞，胚珠与珠鳞合生；苞鳞先端常具三角状或尾状尖头。球果直立，椭圆形或近球形，2 ~ 3 年成熟，成熟时苞鳞脱落；种子生于舌状种鳞的下部，扁平，合生，无翅，或两侧有与苞鳞结合而生的翅。

约 19 种，分布于南美洲、大洋洲及太平洋群岛。中国引入 3 种，广州、福州、厦门及台湾等地有栽培；鹤山栽培 1 种。

1. 异叶南洋杉
Araucaria heterophylla (Salisb.) Franco

常绿乔木，高达 50 m 以上；树皮暗灰色，裂成薄片状脱落；树冠塔形，大枝平展，小枝平展或下垂；侧枝常成羽状排列，下垂。叶二型，幼枝及侧生小枝的叶排列疏松，钻形；大树及果枝上的叶排列紧密，宽卵形或三角状卵形。雄球花单生于枝顶，圆柱形。球果近圆形或椭圆状球形；种子椭圆形。

鹤山各地偶见栽培，见于桃源鹤山市林科所、鹤山市区等地。原产于大洋洲诺和克岛。世界热带、亚热带多有栽培。中国香港、澳门、广州、福州等地有引种栽培，上海、南京、西安和北京等地多为盆栽。

树姿苍劲挺拔，整齐而优美，树冠尖塔形，栽植于室外或盆栽于室内，供庭园观赏。

G4. 松科 Pinaceae

常绿或落叶乔木，稀为灌木状；大枝常轮生。叶条形或针形，基部不下延；条形叶扁平，稀呈四棱形，在长枝上螺旋状散生，在短枝上呈簇生状；针形叶2～5针成一束，着生于极度退化的短枝顶端，基部包有叶鞘。花单性，雌雄同株；雄球花腋生或单生于枝顶，或多数集生于短枝顶端；雌球花由多数螺旋状着生的珠鳞与苞鳞所组成。球果直立或下垂，当年或翌年至第三年成熟，种鳞熟后张开；种子上端具全膜质翅，稀无翅。

10～11属，约235余种，多产于北半球。中国10属，108种（其中引种栽培24种），分布遍于全国；鹤山栽培1属，2种。

1. 松属 Pinus L.

常绿乔木；枝轮生，每年生1～2节或多节；冬芽显著，卵圆形，芽鳞多数，覆瓦状排列。叶二型，鳞叶单生；针叶成束生于鳞叶腋部，常2、3或5针一束；叶横切面三角形或半圆形。球花单性，雌雄同株；雄球花多数，集生于新枝下部；雌球花单生或2～4个集生于新枝的近顶端。球果直立或下垂，有梗或无梗；种鳞木质，宿存，排列紧密；种子上具长翅。

110余种，分布于亚洲、非洲南部、欧洲、北美洲。为世界上木材和松脂生产的主要树种。中国39种，其中引种栽培116

种，分布几遍全国；鹤山栽培2种。

1. 针叶2～3枚1束；鳞盾有锐横脊，鳞脐瘤状 ·············
·· 1. 湿地松 P. elliottii
1. 针叶每束2针，稀3针；鳞盾微隆起或平，鳞脐微凹 ·········
·· 2. 马尾松 P. massoniana

1. 湿地松
Pinus elliottii Engelm.

常绿大乔木，株高20 m以上，主干通直；树皮灰褐色或暗红褐色，纵裂或鳞片状剥落；小枝坚硬。针叶2～3枚1束，长20～30 cm，每侧均具白色气孔带。球果圆锥形或窄卵圆形，长6.5～13 cm，直径3～5 cm。种鳞的鳞盾近斜方形，肥厚，有锐横脊，鳞脐瘤状，先端急尖，直伸或微向上弯。种子卵圆形。

鹤山各地人工林中有栽培，见于鹤山各地，生于山地林中。原产于美国东南部温暖潮湿的低海拔地区。中国广东、广西、江西、福建、台湾、浙江、江苏、安徽、湖北等地有引种栽培。

树形高大、苍劲，且不易受病虫危害，是庭园绿化和风景区美化的理想树种。

2. 马尾松
Pinus massoniana Lamb.

常绿乔木；树皮红褐色，裂成不规则的鳞状块片；枝条每年生长一轮，稀二轮；一年生枝淡黄褐色，无毛。针叶每束2针，稀3针，细柔，横切面半圆形。雄球花淡红褐色，圆柱形，弯垂

1. 杉木属 Cunninghamia R. Br. ex Rich. & A. Rich.

常绿乔木，枝轮生或不规则轮生；冬芽卵圆形。叶螺旋状着生，披针形或条状披针形，基部下延，边缘有细锯齿，两面均有气孔线，上面的气孔线较少。雌雄同株，雄球花多数簇生于枝顶，雄蕊多数，螺旋状着生；雌球花单生或 2 ~ 3 个集生于枝顶，球形或长圆球形，苞鳞与珠鳞的下部合生。球果近球形或卵圆形；种子扁平，两侧有窄翅。

有 2 种及 2 栽培变种，产于中国秦岭以南、长江以南温暖地区及台湾山区。越南亦产。鹤山栽培 1 种。

1. 杉木
Cunninghamia lanceolata (Lamb.) Hook.

常绿乔木，高达 30 m；幼树树冠塔形至圆锥形；树皮灰褐色，裂成长条形，内皮淡红色；大枝平展，小枝对生或轮生；冬芽近球形。球果卵形；种子长圆形。花期 4 月；球果 10 月成熟。

人工林中常见栽培，产于雅瑶昆东洞田村风水林，生于山地林中。分布于中国秦岭以南广大地区。中南半岛北部也有分布。

木材优良、用途广，杉木生长快，栽培地区广，为中国长江以南温暖地区最重要的速生用材树种。

聚生于新枝下部成穗状，长 6 ~ 15 cm；雌球花单生或 2 ~ 4 个聚生于新枝近顶端，淡紫红色。球果卵圆形，长 4 ~ 7 cm；鳞盾菱形，微隆起或平，鳞脐微凹，无刺；种子长卵圆形，子叶 5 ~ 8 枚。花期 3 ~ 4 月；果熟期翌年 10 ~ 12 月。

人工林中常见栽培，见于鹤山各地，生于山地林中。分布于中国河南、陕西及长江流域以南各省区。

树干通直，树姿苍劲挺拔，四季常绿，可孤植或丛植作风景树，也是荒山造林先锋树种。

G5. 杉科 Taxodiaceae

常绿或落叶乔木；大枝轮生或近轮生。叶螺旋状排列，稀交叉对生，披针形、钻形、鳞形或线形。球花单性同株；雄蕊和珠鳞均螺旋状着生，稀交叉对生；雄球花顶生或腋生，花粉无气囊；雌球花顶生或生于前一年生枝近枝端，珠鳞与苞鳞半合生或完全合生。球果当年成熟，种鳞熟时张开。

9 属 12 种，主要分布于北温带。中国 8 属，9 种，其中引入栽培 3 属 9 种；鹤山栽培 3 属，3 种。

1. 常绿乔木；叶单型 ·················· 1. 杉木属 Cunninghamia
1. 落叶或半常绿乔木；叶异型。
　　2. 叶有鳞形、条形和条状钻形 3 种类型；球果倒卵形，具长柄 ·················· 2. 水松属 Glyptostrobus
　　2. 叶有条形和钻形 2 种类型；球果球形或卵圆形，具短柄 ·················· 3. 落羽杉属 Taxodium

2. 水松属 Glyptostrobus Endl.

半常绿乔木。叶螺旋状着生，基部下延，有三种类型：鳞形叶、条形叶、条状钻形叶；鳞形叶宿存，条形或条状钻形叶均于秋后连同侧生短枝一同脱落。雌雄同株，球花单生于有鳞形叶的小枝枝顶，直立或微向下弯；雄球花椭圆形，雄蕊 15 ~ 20 枚，螺旋状着生；雌球花近球形或卵状椭圆形，由 20 ~ 22 枚螺旋状着生的珠鳞组成。球果直立，苞鳞与种鳞几全部合生，三角状，能育种鳞有 2 粒种子；种子椭圆形，微扁，具向下生长的长翅。

本属仅 1 种，为中国特产，分布于广东、广西、江西、福建、四川、云南等省区。鹤山栽培 1 种。

1. 水松
Glyptostrobus pensilis (Staunt. ex D. Don) K. Koch

乔木，树干基部常膨大成柱槽状，枝条稀疏，大枝近平展。树皮褐色或灰白色而带褐色，纵裂成长条状片脱落。叶多型，鳞形叶较厚或背腹隆起，螺旋状着生于多年生或当年生的主枝上，有白色气点；条状钻形叶两侧扁平，常排成二列，背面中脉两侧有气孔带；条状钻形叶两侧扁，背腹隆起，辐射伸展或排成三列状。球果倒卵形，长 2 ~ 2.5 cm，直径 1 ~ 1.5 cm；种鳞木质，扁平，中部的倒卵形，基部契形；种子椭圆形，稍扁，褐色下端有长翅。花期 1 ~ 2 月；球果秋后成熟。

宅梧静村有百年古树，生于屋旁。分布于广东、广西、江西、福建、四川、云南。中国南方城市常有引种栽培。

树干通直，树姿优美，叶色富含季相变化，为极佳的园林景观树种。

3. 落羽杉属 Taxodium Rich.

落叶或半常绿性乔木。小枝有两种：主枝宿存，侧生小枝冬季脱落；冬芽形小，球形。叶螺旋状排列，基部下延生长，异型：钻形叶在主枝上斜上伸展，或向上弯曲而靠近小枝，宿存；条形叶在侧生小枝上排成二列，冬季与枝一同脱落。雌雄同株，雄球花卵圆形，在球花枝上排成总状花序状或圆锥花序状，生于小枝顶端；雌球花单生于去年生小枝的顶端，由多数螺旋状排列的珠鳞所组成，每珠鳞的腹面基部有 2 胚珠，苞鳞与珠鳞几全部合生。球果球形或卵圆形；种鳞盾形，顶部呈不规则的四边形；苞鳞与种鳞合生，仅先端分离，向外突起成三角状小尖头。

2 种，原产于北美及墨西哥。中国均已引种；鹤山栽培 1 种。

1. 落羽杉
Taxodium distichum (L.) Rich.

落叶乔木，高达 20 m；树干基部膨大，通常有曲膝状的呼吸根；大枝平展，侧生小枝排成二列。叶二型；锥形叶在主枝上螺旋状排列，宿存；条形叶在侧生小枝上排成二列，冬季与侧生小枝一起脱落。球果近圆形，成熟时黄褐色。

鹤山偶见栽培，生于路旁、水旁。原产于美洲东南部。中国南方广为栽培。

木材重，纹理直，结构较粗，硬度适中，耐腐力强，可作建

筑、电杆、家具、造船等用。中国江南低湿地区已用之造林或栽培作庭园树。

G6. 柏科 Cupressaceae

常绿乔木或灌木。叶交叉对生或 3 ～ 4 片轮生，稀螺旋状着生，鳞形或刺形，或同一树枝兼有两型叶。球花单性，雌雄同株或异株，单生于枝顶或叶腋；雄球花具 3 ～ 8 对交叉对生的雄蕊；雌球花有 3 ～ 16 枚交叉对生或 3 ～ 4 片轮生的珠鳞，全部或部分珠鳞的腹面基部有 1 至多数直立胚珠，稀胚珠单生于两珠鳞之间，苞鳞与珠鳞完全合生。球果圆球形、卵圆形或圆柱形；种鳞扁平或盾形，发育种鳞有 1 至多粒种子。

19 属，约 125 种，分布于南北两半球。中国 8 属，46 种，分布几遍全国；其中引入栽培 1 属 13 种；鹤山栽培 2 属，1 种，1 栽培种。

1. 球果当年成熟，成熟时开裂 …………………… 1. 侧柏属 Platycladus
1. 球果常第二年成熟，成熟时不开裂 …………………… 2. 圆柏属 Sabina

1. 侧柏属 Platycladus Spach

常绿乔木；生鳞叶的小枝直展或斜展，排成一平面，扁平，两面同型。叶鳞形，二型，交叉对生，排成四列，基部下延生长，背面有腺点。雌雄异株，球花单生于小枝顶端；雄球花有 6 对交叉对生的雄蕊，花药 2 ～ 4；雌球花有 4 对交叉对生的珠鳞，仅中间 2 对珠鳞各生 1 ～ 2 枚直立胚珠，最下一对珠鳞短小，有时退化而不显著。球果当年成熟，成熟时开裂；种鳞 4 对，厚，木质，近扁平，背部顶端的下方有一弯曲的钩状尖头，中部的种鳞发育，各有 1 ～ 2 粒种子；种子无翅，稀有极窄之翅。子叶 2 枚，发芽时出土。

本属仅侧柏 1 种，分布几遍全中国。朝鲜、俄罗斯东部也有分布；鹤山栽培 1 种。

1. 侧柏
Platycladus orientalis (L.) Franco

常绿乔木，高达 10 ～ 15 m；主干通直；小枝扁平。叶鳞形，先端微钝，小枝中央的叶的露出部分呈倒卵状棱形或斜方形，在小枝上交互对生；叶背中间有条状腺槽，两侧的叶船形，先端微内曲，背部有钝脊，尖头的下方有腺点。雄球花黄色，卵圆形；雌球花近球形，蓝白色，被白粉。球果近卵圆形，长 1.5 ～ 2.5 cm，成熟前蓝绿色，外被白粉，肉质，熟后变为木质，红褐色；种子

卵圆形或近椭圆形，稍有棱脊，无翅或有极窄之翅。花期 3 ～ 4 月；果 10 月成熟。

鹤山偶见栽培，见于鹤山市区公园等地。分布于中国大部分地区。朝鲜、韩国、俄罗斯也有分布。

材用，材质细密，坚实耐用，可供建筑、器具、家具、农具及文具等用材。种子与后鳞叶的小枝入药，前者为强壮滋补药，后者为健胃药，又为清凉收敛及淋疾的利尿药。常栽培作庭园树。

2. 圆柏属 Sabina Mill.

常绿乔木或灌木、直立或匍匐；冬芽不显著；有叶小枝不排成一平面。叶刺形或鳞形，幼树之叶均为刺形，老树之叶全为刺形或全为鳞形，或同一树兼有鳞叶及刺叶；刺叶通常 3 叶轮生，基部下延生长，无关节，上面有气孔带；鳞叶交叉对生，稀 3 叶轮生，菱形，下面常具腺体。雌雄异株或同株，球花单生短枝顶端；雄球花卵圆形或矩圆形，黄色，雄蕊 4 ～ 8 对，交互对生；雌球花具 4 ～ 8 枚交叉对生的珠鳞，或珠鳞 3 枚轮生；胚珠 1 ～ 6 枚，着生于珠鳞腹面基部。球果常第二年成熟，种鳞合生，肉质，成熟时不开裂；种子 1 ～ 6 粒，无翅，常有树脂槽，有时具棱脊；子叶 2 ～ 6 枚。

本属约 50 种，分布于北半球。中国 15 种，多数分布于西北部、西部及西南部的高山地区。鹤山有栽培 1 种。

1. 龙柏
Sabina chinensis (L.) Ant. 'Kaizuca'

树冠圆锥状或柱状塔形；侧枝螺旋向上直伸；小枝密，在枝端成几相等长之密簇。叶二型，鳞片叶呈覆瓦状排列，排列紧密，幼时淡黄色，后呈翠绿色。针形叶对生或互生；幼龄树全为刺叶，老龄树全为鳞叶，而壮龄树则两种叶均有。球果蓝色，微被白粉。花期 3 ~ 4 月；果期 10 月。

鹤山偶见栽培，见于鹤山市区公园等地。中国华北、华东、西南至华南地区有栽培。朝鲜、日本和缅甸也有分布。温带至亚热带地区广泛栽培。

枝叶浓密，为优良的园林景观树种，常列植或片植于公园、陵园及纪念堂等地。

G7. 罗汉松科 Podocarpaceae

常绿乔木或灌木。叶螺旋状排列、近对生或交互对生，线形、鳞形或披针形，全缘，两面或下面有气孔带。球花单性，雌雄异株；雄球花穗状，单生或簇生于叶腋，或生于枝顶，雄蕊多数，螺旋状排列，花药 2 个，药室斜向或横向开裂，花粉有气囊，稀无气囊；雌球花单生于叶腋或苞腋，或生于枝顶，稀穗状，具多数至少数螺旋状着生的苞片。种子核果状，为肉质假种皮所包，有肉质种托或无，有柄或无，子叶 2 枚。

18 属，约 180 余种；分布于热带、亚热带及南温带地区，在南半球分布最多。中国 4 属，12 种，分布于长江以南各省区；鹤山栽培 2 属，3 种。

1. 叶对生，长椭圆状披针形至宽椭圆形，具多数并列细脉，无中脉 ·· 1. 竹柏属 Nageia
1. 叶螺旋状排列，线形、披针形或窄椭圆形，有明显的中脉 ·· 2. 罗汉松属 Podocarpus

1. 竹柏属 Nageia Gaertn.

常绿乔木。叶对生，长椭圆状披针形至宽椭圆形，具多数并列细脉，无中脉。雌雄异株；雄球花穗状，腋生，单生或分枝状，或数个簇生于总梗上；雌球花单个，稀成对生于叶腋。种子有托，种托稍厚于种柄，或有时呈肉质。

5 ~ 7 种，分布于孟加拉、柬埔寨、印度、印度尼西亚、日本、老挝、马来西亚、缅甸、菲律宾、泰国、越南。中国 3 种；鹤山栽培 2 种。

1. 叶厚革质，较大，长 8 ~ 18 cm；种子较大，直径 1.5 ~ 2 cm ·· 1. 长叶竹柏 N. fleuryi
1. 叶革质，较小，长 3.5 ~ 9 cm；种子较小，直径 1.2 ~ 1.5 cm ·· 2. 竹柏 N. nagi

1. 长叶竹柏
Nageia fleuryi (Hickel) de Laub.
Podocarpus fleuryi Hickel

常绿乔木。叶椭圆形或宽披针形，二列，厚革质，交互对生或近对生，长 8 ~ 18 cm，宽 2.2 ~ 5 cm，无中脉而有多数并列细脉。雌雄球花单生于叶腋。种子球形，直径 1.5 ~ 2 cm，成熟时假种皮蓝紫色。花期 3 ~ 4 月；种子 10 ~ 11 月成熟。

鹤山偶见栽培，桃源鹤山市林科所、公园、住宅小区等地有栽培。分布于中国广东、海南、广西、台湾及云南。越南、老挝、柬埔寨也有分布。

树干通直，枝叶亮绿，树姿优美，为优良的园林景观树种。

2. 竹柏
Nageia nagi (Thunb.) Kuntze
Podocarpus nagi (Thunb.) Zoll. et Moritzi ex Zoll.

常绿乔木，高达 20 m，胸径达 50 cm；树皮近平滑，红褐色，成小块薄片脱落；枝条伸展，树冠广圆锥形。叶对生，两列，厚革质，卵状披针形或披针状椭圆形，长 3.5 ～ 9 cm，宽 1.5 ～ 2.5 cm，无中脉而有多数并列细脉。雌、雄球花单生于叶腋。种子球形，直径 1.2 ～ 1.5 cm，成熟时套被紫黑色，有白粉。花期 3 ～ 5 月；种子 10 ～ 11 月成熟。

鹤山偶见栽培，宅梧白水带林、桃源鹤山市林科所等地有栽培。分布于中国长江流域以南。日本也有分布。

树形美观，四季常绿，为优良的园林景观树种。

2. 罗汉松属 Podocarpus L'Hér. ex Pers.

常绿乔木或灌木。叶螺旋状排列或近对生，线形、披针形或窄椭圆形，具明显中脉，下面有气孔线。雄球花单生或簇生于叶腋或苞腋，稀顶生；雌球花腋生，常单个，稀多个生于梗端或顶部，基部有数枚苞片，最上部有 1 套被生 1 枚倒生胚珠，花后套被增厚成肉质假种皮，苞片发育成肥厚或微肥厚的肉质种托。种子坚果状，当年成熟，为肉质假种皮所包，生于红色肉质种托上。

约 100 种，分布于亚热带、热带及南温带地区，多产于南半球。中国 7 种，分布于中国长江以南各省区及台湾。其中罗汉松、短叶罗汉松为中国庭园中最常见的树种；鹤山栽培 1 种。

1. 罗汉松
Podocarpus macrophyllus (Thunb.) Sweet

常绿乔木，高达 20 m，胸径达 60 cm；树皮灰色或灰褐色，浅纵裂，成薄片脱落；枝开展或斜展，密生。叶螺旋状排列，条状披针形，微弯，长 7～12 cm，宽 7～10 mm，先端尖，基部楔形，两面中脉隆起。雌雄球花腋生。种子卵圆形，成熟时肉质套被紫色或紫红色，有白粉。着生于肉质的红色种托上。花期4～5月；种子8～9月成熟。

鹤山各地偶见栽培，鹤山市区公园、住宅小区、鹤城营顺村有栽培，生于屋旁。分布于中国长江流域及以南各地。日本也有分布。庭园常见栽培。

枝叶稠密，叶色四季青翠，树形优美，成熟时种子活像一个光头罗汉，鲜亮可爱，为优良的园林景观树种。

被子植物门

Angiospermae

1. 木兰科 Magnoliaceae

乔木或灌木,常绿或落叶。枝上有环状托叶痕。单叶互生、簇生或近轮生,全缘,稀分裂;叶柄上有或无托叶痕。花大,单生。顶生或腋生,罕成 2 ~ 3 朵的聚伞花序;花常两性;花被片 6 ~ 9(~ 45)枚,通常花瓣状;雄蕊多数,子房上位,心皮多数、离生,罕合生。聚合果;种子外种皮为红色革质。

16 属,约 300 种,主要分布于亚洲东南部、北美洲东南部及中美洲、南美洲。中国 11 属,约 150 种,主要分布于中国东南部至西南部;鹤山栽培 4 属,9 种,1 杂交种。

1. 花顶生;雌蕊群无柄。
  2. 常落叶,少数常绿;每心皮具胚珠 2 颗 ⋯⋯⋯⋯
  ⋯⋯⋯⋯⋯⋯⋯⋯⋯⋯⋯⋯⋯⋯⋯ 1. 木兰属 Magnolia
  2. 常绿,稀落叶;每心皮具胚珠 4 ~ 12(~ 16)颗 ⋯⋯
  ⋯⋯⋯⋯⋯⋯⋯⋯⋯⋯⋯⋯⋯ 2. 木莲属 Manglietia
1. 花腋生;雌蕊群具显著的柄。
  3. 心皮各自分离,形成疏离的穗状聚合果 ⋯⋯⋯⋯⋯
  ⋯⋯⋯⋯⋯⋯⋯⋯⋯⋯⋯⋯⋯⋯ 3. 含笑属 Michelia
  3. 心皮合生或部分合生,果时完全合生 ⋯⋯⋯⋯⋯
  ⋯⋯⋯⋯⋯⋯⋯⋯⋯ 4. 观光木属 Tsoongiodendron

1. 木兰属 Magnolia L.

乔木或灌木,树皮通常灰色,光滑,或有时粗糙具深沟,通常落叶,少数常绿;小枝具环状的托叶痕。叶膜质或厚纸质,互生,有时密集成假轮生,全缘;托叶膜质,贴生于叶柄,在叶柄上留有托叶痕。花通常芳香,大而美丽,雌蕊常先熟,单生于枝顶,很少 2 ~ 3 朵顶生,两性;花被片白色、粉红色或紫红色,很少黄色,9 ~ 21(~ 45)片,每轮 3 ~ 5 片,近相等,有时外轮花被片较小,带绿色或黄褐色,呈萼片状。心皮分离,每心皮有胚珠 2 颗。聚合果成熟时通常为长圆状圆柱形、卵状圆柱形或长圆状卵圆形,常因心皮不育而偏斜弯曲。

约 90 种,产于亚洲东南部、北美洲东南部、美洲中部及大、小安的列斯群岛。中国约有 40 种,分布于西南部、秦岭以南至华东、东北;鹤山栽培 1 种。

1. 荷花玉兰（广玉兰、洋玉兰）
Magnolia grandiflora L.

常绿大乔木,高达 30 m;小枝、芽、叶背、叶柄均被红褐色或灰褐色短绒毛。叶厚革质,宽椭圆形、长圆状椭圆形或倒卵状椭圆形,长 10 ~ 20 cm,宽 4 ~ 7 cm,先端钝或短钝尖,稀微凹,基部楔形,下面红褐色;叶柄具深沟,无托叶痕。花大,极芳香,单生于枝顶;花被片 9 ~ 12,厚肉质,外轮浅绿色,中内轮乳白色,雌蕊密被银色绢毛。聚合果卵球形,密被黄褐色或淡黄褐色绢毛。花期 5 ~ 6 月;果熟期 9 ~ 10 月。

鹤山偶见栽培,见于公园、庭院等地。原产于美国东南部。中国长江流域以南各城市有栽培。

枝繁叶茂,花大芳香,高洁幽雅,适合作园景树、行道树或大型盆栽。

2. 木莲属 Manglietia Blume

常绿乔木，稀落叶。叶柄上留有托叶痕。叶革质，全缘，幼叶在芽中对折；托叶包着幼芽，下部贴生于叶柄。花被片9 ～ 13(～ 16)，3 片 1 轮，大小相等，外轮 3 片常较薄而坚，近革质，常带绿色或红色；每心皮具胚珠 4 ～ 12(～ 16) 颗。聚合果球形至椭圆形，成熟菁葖近木质，或厚木质，宿存，具种子 1 至 10 多粒。

有 40 余种，分布于亚洲热带和亚热带。中国 30 余种，产于长江流域以南；鹤山栽培 2 种。

1. 聚合果圆柱形 ······················· 1. 睦南木莲 M. chevalieri
1. 聚合果卵球形或椭圆状卵球形 ········ 2. 海南木莲 M. hainanensis

1. 睦南木莲（越南灰木莲）
Manglietia cheralieri Dandy

常绿大乔木，高达 26 m；芽、嫩枝、叶背、叶柄被褐色平伏短毛。叶薄革质，倒卵形、狭椭圆形或狭倒卵形，长 10 ～ 20 cm，宽 3.5 ～ 6.5 cm，先端短尖或渐尖，基部楔形，下面苍绿色；叶柄上面具浅沟，托叶痕极短。花被片 9，外轮 3 片浅绿色，长圆状椭圆形，内两轮白色，肉质，倒卵状匙形；雌蕊露出面具 1 纵沟。聚合果圆柱形。花期 2 ～ 4 月；果熟期 9 ～ 10 月。

桃源鹤山市林科所有栽培。产于越南、老挝。分布于中国云南、广东、海南、广西有引种栽培。

树干挺拔，花大美丽，适合作园景树、行道树。

2. 海南木莲（龙南树、绿楠、绿兰）
Manglietia hainanensis Dandy

常绿大乔木，高达 30 m；芽、小枝被红褐色平伏短毛。叶薄革质，倒卵形、狭倒卵形或狭椭圆状倒卵形，长 10 ～ 20 cm，宽 3 ～ 7 cm，边缘波状起伏，基部沿叶柄稍下延，下面疏生红褐色平伏毛；侧脉稍凸起；叶柄基部稍膨大；托叶痕半圆形。花被片 9，倒卵形，外轮 3 片浅绿色，薄革质，内两轮纯白色，肉质；雌蕊群卵球形，雌蕊顶端无短喙。聚合果卵球形或椭圆状卵球形，长 5 ～ 6 cm。花期 4 ～ 5 月；果熟期 9 ～ 10 月。

鹤山市林科所有栽培。产于中国海南。

树干通直，树冠伞形美观，花高洁幽雅，适合作园景树、行道树。

3. 含笑属 Michelia L.

常绿乔木或灌木。叶柄上有或无托叶痕。叶革质，单叶互生，全缘；托叶膜质，盔帽状，两瓣裂，与叶柄贴生或离生，脱落后，小枝具环状托叶痕；幼叶在芽中直立、对折。花两性，芳香；花被片 6 ～ 9(～ 21)，3 或 6 片 1 轮，近相似；雌蕊群具柄，心皮多数或少数，各自分离，腹面基部着生于花轴。聚合果穗状；种子 2 至数粒，红色或褐色。

约 70 余种，分布于亚洲热带、亚热带。中国 60 余种，主要分布于中国西南部至东部。鹤山栽培 5 种，1 杂交种。

1. 托叶与叶柄连生，叶柄上留有托叶痕 ·········· 4. 含笑 M. figo
　 2. 托叶痕几达叶柄中部 ·················· 1. 白兰 M. × alba
　 2. 托叶痕在叶柄的中部以上 ·········· 2. 黄兰 M. champaca
1. 托叶与叶柄离生，叶柄上没有托叶痕。
　 3. 花被片大小近相等，6 片，排成 2 轮 ·····················
　 ·· 3. 乐昌含笑 M. chapensis
　 3. 花被片大小不相等，9 片，排成 3 轮。
　　 4. 芽、嫩枝、叶下面、叶柄及花梗均密被红褐色短绒毛········
　　 ·· 5. 醉香含笑 M. macclurei
　　 4. 全株无毛；嫩枝及叶下面被白粉 ·····················
　　 ·· 6. 深山含笑 M. maudiae

1. 白兰（白兰花）

Michelia × alba DC.

常绿大乔木，高达 25 m；幼枝及芽绿色，密被淡黄白色微柔毛。叶薄革质，椭圆形或披针状椭圆形，长 10 ～ 27 cm，宽 4 ～ 9.5 cm，先端长渐尖或尾状渐尖，基部楔形，上面亮绿色，下面疏生微柔毛；托叶痕几达叶柄中部。花极香，白色；花被片 10，披针形；雌蕊群被微柔毛。聚合果熟时红色。花期 4 ～ 9 月；果熟期 10 ～ 11 月。

鹤山各地常见栽培，桃源鹤山市林科所、茶科所及鹤山市区公园、道路旁等地有栽培。原产于印度尼西亚。现广植于东南亚，中国长江流域以南各省有栽培。

树冠宽广，花洁白芳香，适合作园景树、行道树或大型盆栽。

2. 黄兰（黄玉兰）

Michelia champaca L.

常绿乔木，高达 20 m；芽、嫩枝、嫩叶和叶柄均密被淡黄色平伏柔毛。叶薄革质，披针状卵形或披针状椭圆形，长 10 ～ 20 cm，宽 4.5 ～ 9 cm，先端长渐尖或近尾状，基部宽楔形或楔形，下面稍被微柔毛；托叶痕在叶柄的中部以上。花极香，花被片 15 ～ 20，黄色至橙黄色，近相似，倒披针形；雌蕊群具毛。聚合果穗状，长 7 ～ 15 cm；蓇葖倒卵状长圆形。花期 5 ～ 7 月；果熟期 9 ～ 10 月。

鹤山偶见栽培，见于鹤城街心公园。分布于中国西藏东南部、云南南部及西南部，广东、湖南、广西、福建及台湾有栽培。印度、印度尼西亚、马来西亚、尼泊尔、缅甸、泰国、越南也有分布。

树形挺拔，枝叶青翠茂密，花美丽芳香，适合作园景树、行道树或大型盆栽。

鹤山偶见栽培，桃源鹤山市林科所有栽培。分布于中国广东、广西、江西、湖南、贵州、云南。越南也有分布。

树冠宽广，枝繁叶茂，花芳香美丽，适合作园景树、行道树。

3. 乐昌含笑
Michelia chapensis Dandy

常绿大乔木，高达 30 m。叶薄革质，倒卵形、狭倒卵形或长圆状倒卵形；叶柄上面具张开的沟，无托叶痕。花梗被平伏灰色微柔毛，长 6.5 ~ 15 cm，宽 3.5 ~ 6.5 cm，先端骤狭短渐尖或短渐尖，尖头钝，基部楔形或宽楔形。花芳香，单生于叶腋；花被片 6，大小相近，淡黄色，外轮 3 片倒卵状椭圆形，内轮 3 片较狭小；雌蕊群柄密被银灰色平伏微柔毛。聚合果穗状，长约 10 cm。花期 3 ~ 4 月；果熟期 11 月。

4. 含笑花（含笑）
Michelia figo (Lour.) Spreng.

常绿灌木，高达 5 m；分枝繁密；芽、嫩枝、叶柄及花梗均密被黄褐色绒毛。叶革质，狭椭圆形或倒卵状椭圆形，长 4 ~ 10 cm，宽 1.8 ~ 4.5 cm，先端钝短尖，基部楔形或宽楔形，下面沿中脉残留有褐色平伏毛；托叶痕达叶柄顶端。花极香；花被片 6，椭圆形，长 1.2 ~ 2 cm；雌蕊群无毛，雌蕊群柄被淡黄色绒毛。聚合果穗状，长 2 ~ 3.5 cm；蓇葖卵球形或球形。花期 3 ~ 5 月；果熟期 7 ~ 9 月。

鹤山各地常见栽培，桃源鹤山市林科所、鹤城及市区公园等地有栽培。分布于中国华南各省区。

树形优美，花香浓郁，适合作园景树、行道树及盆栽。

5. 醉香含笑（火力楠）
Michelia macclurei Dandy

常绿乔木，高达 30 m；芽、嫩枝、叶柄、花蕾及花梗均密被紧贴的红褐色平伏短绒毛。叶革质，倒卵形、椭圆状倒卵形、

菱形，长 7 ~ 14 cm，宽 5 ~ 7 cm，先端短急尖或渐尖，基部楔形或宽楔形，上面初被短柔毛，后脱落无毛，下面被灰色毛杂有褐色平伏短绒毛；叶柄具纵沟，无托叶痕。花极芳香，花被片 9，排成 3 轮，大小不等，乳白色，匙状倒卵形或倒披针形；雌蕊群柄密被褐色短绒毛。聚合果穗状；蓇葖倒卵球形。花期 2 ~ 3 月；果熟期 10 ~ 11 月。

鹤山偶见栽培，桃源鹤山市林科所有栽培。分布于中国广东、海南、广西北部、云南。越南北部也有分布。

树形美观，枝繁叶茂，花密集芳香，为优良的绿化树种。

6. 深山含笑（光叶白兰、莫夫人含笑花）
Michelia maudiae Dunn

常绿乔木，高达 20 m；各部均无毛；芽、幼枝、叶背、苞片均被白粉。叶革质，长圆状椭圆形，长 7 ~ 18 cm，宽

3.5 ~ 8.5 cm，先端骤狭短渐尖或短渐尖而尖头钝，基部楔形、宽楔形或近圆钝；叶柄上无托叶痕。花芳香，花被片 9，白色，有时基部稍带淡红色，外轮 3 片倒卵形。聚合果穗状，长 7 ~ 15 cm；蓇葖椭球形、倒卵形或卵形。花期 1 ~ 3 月；果熟期 10 ~ 11 月。

鹤山偶见栽培，桃源鹤山市林科所有栽培。分布于中国广东、香港、广西、湖南、江西、福建、安徽、浙江、贵州。

树形美观，枝繁叶茂，花高洁芳香，适合作园景树、行道树或大型盆栽。

4. 观光木属　**Tsoongiodendron** Chun

常绿乔木。叶互生，全缘；托叶与叶柄贴生，具托叶痕。花两性，单生于叶腋，花被片 9 ~ 10，13 片 1 轮，同形，外轮的最大，向内渐小；雄蕊约 30 枚，花丝短；雌蕊群具柄，不超出雄蕊群；心皮部分相互连合且基部与中轴愈合，受精后全部合生，形成近肉质、表面弯拱起伏的聚合果。聚合果大，成熟时木质；种子悬垂于丝状、延长，有弹性的假珠柄上，外种皮肉质，红色，内果皮脆壳质。

中国特有属，仅此 1 种。鹤山栽培 1 种。

1. 观光木
Tsoongiodendron odorum Chun

常绿大乔木，高达 30 m；小枝、芽、叶柄、叶上面中脉、

叶背和花梗均密被黄棕色糙伏毛。叶厚纸质，椭圆形或倒卵状椭圆形，长 8～17 cm，宽 3.5～7 cm，先端急尖或钝，基部楔形，中脉、侧脉及网脉在上面均凹陷；托叶痕达叶柄中部。花芳香，花被片 9～10，狭倒卵状椭圆形；雌蕊群柄具槽，密被糙伏毛，雌蕊密被银色平伏毛。聚合果大，长椭球形，长达 13 cm。花期 3～4 月；果熟期 10～11 月。

桃源鹤山市林科所有栽培。分布于中国华南各省区。越南北部也有分布。

花可提取芳香油，种子可榨油。树干挺拔，树冠宽广，花芳香美丽，为优良的园林植物。

8. 番荔枝科 Annonaceae

乔木，直立或攀援灌木。单叶互生，全缘，羽状脉，有叶柄，无托叶。花两性或单性，单生或簇生，或组成花序，通常有苞片和小苞片；萼片 3 枚，1 轮；心皮常为多数，稀 1 枚，常离生，柱头头状、棒状或漏斗状。成熟心皮离生或合生成聚合浆果；种子通常有假种皮，有丰富而嚼烂状的胚乳和微小的胚。

约 123 属，2 300 余种，广泛分布于热带和亚热带地区。中国 24 属，120 种，6 变种，分布于中国华东、华南至西南地区；鹤山 5 属，7 种。

1. 叶片被星状毛；花瓣开展 ·················· 5. 紫玉盘属 Uvaria
1. 叶片被柔毛、绒毛或无毛；花瓣不开展或半开展。
  2. 总花梗不明显或无；果细长，呈念珠状 ·····················
  ··· 2. 假鹰爪属 Desmos
  2. 总花梗明显；果较短，粗厚，卵形，不呈念珠状。
    3. 内轮花瓣顶端内弯而覆盖于雌雄蕊群上 ··················
    ·· 4. 嘉陵花属 Popowia
    3. 内轮花瓣顶端非覆盖雌雄蕊群。
      4. 总花梗和总果梗均弯曲呈钩状 ······················
      ·· 1. 鹰爪花属 Artabotrys
      4. 总花梗和总果梗均伸直 ········· 3. 瓜馥木属 Fissistigma

1. 鹰爪花属 Artabotrys R. Br.

攀援或直立灌木，常借钩状的总花梗攀援于他物上。叶互生，幼时薄膜质，渐变为纸质或革质，羽状脉，有叶柄。花两性，单生，通常着生于木质钩状的总花梗上；萼片 3 枚；花瓣 6 枚，2 轮；心皮 4 枚至多数，离生，柱头卵状、长圆状或棒状。成熟心皮浆果状，果卵形，离生，聚生于果托上，无柄或有短柄。

约 100 种，分布于热带和亚热带地区。中国 8 种；鹤山 1 种。

1. 鹰爪
Artabotrys hexapetalus (L. f.) Bhandari

攀援灌木，长达 10 m；小枝近无毛。叶纸质，长圆形或宽披针形，长 6 ~ 16 cm，宽 2.5 ~ 6 cm。花 1 ~ 2 朵生于钩状花序梗，淡绿色或淡黄色，芳香。果卵圆形，顶端尖，数个簇生。花期 5 ~ 8 月；果期 8 ~ 12 月。

鹤山各地常见，产于鹤城鸡仔地风水林中，生于阔叶林中。分布于中国长江以南各地，多为栽培，较少野生。原产印度和斯里兰卡。

树形优美，花美丽芳香，花果形态奇特，可供观赏。

2. 假鹰爪属 Desmos Lour.

攀援或直立灌木。叶互生，羽状脉，有叶柄。花单生或与叶对生、互生，或 2 ~ 4 朵簇生，总花梗不明显或无；萼片 3 枚，镊合状排列；花瓣 6 片，2 轮，基部稍凹陷，并在雄蕊和雌蕊上面收缩，外轮常较内轮稍大；雄蕊多数，药隔顶端近圆形或截形；心皮多数，柱头卵状或圆柱状。成熟心皮多数，种子间缢缩成念珠状，具柄；每节种子 1 颗，种子近球形。

约 25 ~ 30 种，分布于亚洲热带、亚热带地区。中国 5 种，产于中国南部和西南部；鹤山 1 种。

1. 假鹰爪
Desmos chinensis Lour.

直立灌木或枝上部蔓延。叶薄纸质，长圆形或椭圆形，长 4 ~ 13 cm，宽 2 ~ 5 cm，先端钝或急尖，基部楔形或近圆形。花单朵与叶对生或互生，有时顶生，黄色；花梗无毛；萼片卵形；内外轮花瓣长圆形或长圆状披针形，外轮花瓣较大，长达 9 cm，宽约 2 cm，内轮花瓣长约 7 cm，宽约 1.5 cm；花托顶端平或略凹陷；雄蕊长圆形，药隔顶端截形；心皮长 1 ~ 1.5 mm，被长柔毛；成熟心皮长 2 ~ 5 cm，具柄；柱头近头状，顶端 2 裂。

果成熟时暗紫色；种子球状。花期 4 ~ 6 月；果期 6 月至翌年 3 月。

鹤山各地常见，产于鹤城昆仑山、鸡仔地风水林中，生于阔叶林中。分布于中国广东、海南、广西、贵州、云南。东南亚各国也有分布。

根叶药用，主治风湿骨痛、产后腹痛、跌打、皮癣等。枝叶四季常绿，花芳香美丽，适合作绿篱和庭园观赏垂直美化。

3. 瓜馥木属 Fissistigma Griff.

攀援灌木。单叶互生；侧脉明显，斜升至叶缘。花单生或多朵成聚伞花序、团伞花序和圆锥花序，着生于升直的总花梗上；萼片 3 枚；花瓣 6 枚，2 轮，镊合状排列；心皮多数，离生，柱头顶端 2 裂或全缘，每心皮有胚珠 1 ~ 14 颗。成熟心皮卵圆状至长圆状，被短柔毛或绒毛，有柄。

约 75 种，分布于热带非洲、大洋洲和亚洲热带及亚热带。中国 22 种，1 变种，分布于中国华南、华东和西南地区；鹤山 2 种。

1. 叶背白绿色，无毛 ·························· 1. 白背瓜馥木 F. glaucescens
1. 叶背淡绿色，被短柔毛 ·················· 2. 香港瓜馥木 F. uonicum

1. 白背瓜馥木
Fissistigma glaucescens (Hance) Merr.

攀援灌木，长达 3 m。叶近革质，长圆形或长圆状椭圆形，有时倒卵状长圆形，长 3 ~ 19.5 cm，宽 1.2 ~ 5.5 cm，顶端通常圆形，少数凹陷，基部圆形或钝形，两面无毛，叶背绿白色，干后苍白色。花数朵集成聚伞式的总状花序，花序顶生，长达

6 cm，被黄色绒毛；萼片阔三角形，外轮花瓣阔卵圆形，内轮花瓣卵状长圆形。果圆球状，花期 1 ～ 9 月；果期几乎全年。

产于鹤城昆仑山，生于低海拔疏林或灌丛中。分布于中国广东、广西、福建和台湾。越南也有分布。

药用，治风湿和疹伤。茎皮纤维可制作绳索。

2. 香港瓜馥木
Fissistigma uonicum (Dunn.) Merr.

攀缘灌木，除叶背、心皮及果实被柔毛外其余无毛。叶纸质，长圆形，长 4 ～ 20 cm，先端急尖，基部圆形；花瓣 6 枚，2 轮，外轮花瓣比内轮长，无毛，卵状三角形，顶端钝；药隔三角形；心皮被柔毛，柱头顶端全缘，每心皮有胚珠 9 ～ 16 颗。果圆球状，直径约 4 cm，成熟时黑色，被短柔毛。花期 3 ～ 6 月；果期 6 ～ 12 月。

产于宅梧泗云管理区元坑村风水林，生于常绿阔叶林中。分布于中国华南地区，以及湖南、福建。

叶可制酒饼；果可食用。

4. 嘉陵花属 Popowia Endl.

乔木或灌木。叶互生，有短柄；羽脉状。花小，单生或多朵簇生；花梗与叶对生或腋外生，少数互生；萼片 3 枚，较小，卵形，镊合状排列；花瓣 6 片，2 轮，每轮 3 片，镊合状排列，外轮花瓣比内轮花瓣大，似萼片状，内轮花瓣质厚，凹陷，粘合，顶端内弯而覆盖于雌雄蕊群上；雄蕊多数，短，楔形，药室外向，分离，药隔突出于药室外，扩大，顶端截形；心皮多数至少数，内有胚珠 1 ～ 2 颗，胚珠基生或近基生，柱头棒状，直立或外弯，有时顶端浅 2 裂。成熟心皮圆球状或卵状，有柄；种子通常 1 颗。

50 种，分布于亚洲热带地区、非洲及大洋洲。中国 1 种，产于广东南部；鹤山 1 种。

1. 嘉陵花
Popowia pisocarpa (Blume) Endl.

灌木或小乔木，高达 4 m；小枝被锈色柔毛；花梗、花萼、花被片、心皮及果均被柔毛。叶膜质，卵形至椭圆形，长 6 ～ 12 cm，宽 2.5 ～ 4 cm，两面除中脉和侧脉被短柔毛外近无毛；侧脉每边 6 ～ 8 条；叶柄被短柔毛。花白色或淡黄色，1 ～ 3 朵与叶对生或腋外生，直径 5 ～ 6 mm；萼片小，阔卵形，长约 1 mm；花被片卵状三角形，长和宽约 2 ～ 2.5 mm；心皮 5 ～ 6，内有胚珠 1 颗，基生。果圆球状，直径 6 ～ 8 mm。花期 1 ～ 7 月；果期 9 ～ 11 月。

鹤山少见，产于宅梧泗云管理区元坑村风水林，生于常绿阔叶林中。分布于中国广东、海南。缅甸、泰国、越南、菲律宾、印度尼西亚、马来西亚也有分布。

枝叶婆娑，有较高的观赏价值，适宜庭院绿化孤植、丛植。

5. 紫玉盘属 Uvaria L.

攀援状灌木，有时直立，少数为小乔木；全株通常被星状毛。叶互生，羽状脉，具叶柄。花单生至数朵成密伞花序或总状花序，与叶对生、腋生或顶生，有时腋外生；萼片 3 枚；花瓣 6 枚，2 轮，覆瓦状排列，有时基部合生；花托凹陷，被短柔毛或绒毛；雄蕊多数，通常为长圆形或线形；每心皮有胚珠多颗，柱头常 2 裂而内卷。成熟心皮浆果状，长圆形、卵形或近球形，具长柄。

约 150 种，分布于世界热带和亚热带地区。中国 3 种，分布于中国西南及华南地区；鹤山 2 种。

1. 叶纸质或近革质；花较大，直径达 9 cm ⸺⸺⸺⸺⸺⸺⸺⸺⸺⸺⸺⸺⸺⸺⸺⸺ 1. 山椒子 **U. grandiflora**

1. 叶革质；花较小，直径 2.5 ～ 3.5 cm ⸺⸺⸺⸺⸺⸺⸺⸺⸺⸺⸺⸺⸺⸺⸺⸺ 2. 紫玉盘 **U. macrophylla**

1. 山椒子（大花紫玉盘）
Uvaria grandiflora Roxb. ex Hornem.

攀援灌木，长 3 m；全株密被黄褐色星状柔毛或绒毛。叶纸质或近革质，长圆状倒卵形，长 7 ～ 30 cm，宽 3.5 ～ 12.5 cm，先端急尖或短渐尖，基部浅心形；侧脉 10 ～ 17 对。花单朵与叶对生，深红色，直径达 9 cm；苞片 2 片，卵形；萼片膜质，宽卵形，长约 2 ～ 2.5 cm；花瓣卵形，长和宽约为萼片的 2 ～ 3 倍。果长圆柱形，长 4 ～ 6 cm，顶端有尖头，状似辣椒，故称"山椒子"；

种子卵圆形，扁平。花期 3 ~ 11 月；果期 5 ~ 12 月。

产于宅梧泗云管理区元坑村风水林，生于常绿阔叶林中。分布于中国广东、香港、海南、广西。印度、缅甸、泰国、越南、马来西亚、菲律宾和印度尼西亚也有分布。

叶色青绿，花大艳丽，果形奇特，具有较高的观赏价值。

2. 紫玉盘
Uvaria macrophylla Roxb.
Uvaria microcarpa Champ. ex Benth.

直立或攀援灌木；幼枝、幼叶、叶柄、花梗、苞片、萼片、花瓣、心皮和果均被星状柔毛。叶革质，长椭圆形或倒卵状椭圆形，长 10 ~ 23 cm，宽 5 ~ 11 cm，先端急尖或钝，基部心形或圆形；侧脉约 13 条，在叶上面凹陷，在下面凸起。花与叶对生，暗紫红色，直径 2.5 ~ 3.5 cm；萼片阔卵形，长约 5 mm，宽约 10 mm；花瓣卵圆形，长约 2 cm，宽约 1.3 cm。花期 3 ~ 8 月；果期 7 月至翌年 3 月。

鹤山各地常见，产于共和里村华伦庙后面风水林、宅梧泗云管理区元坑村风水林，生于常绿阔叶林。分布于中国广东、海南、广西、福建、台湾、云南。孟加拉、印度尼西亚、马来西亚、菲律宾、斯里兰卡、泰国、越南也有分布。

根药用，治风湿、跌打；叶可止痛、消肿。花美丽，可作庭园观赏。

11. 樟科 Lauraceae

乔木或灌木；有挥发性香气；稀为寄生、缠绕藤本。单叶，互生，稀对生、近对生或近假轮生，全缘，稀 3 浅裂；三出脉、离基三出脉或羽状脉；无托叶。花小，3 数，稀 4 数，两性、单性或杂性，通常排成花序状，稀单生。核果，稀浆果状，成熟时外果皮肉质。种子无胚乳，有薄种皮；子叶大，平凸，紧抱。

约 45 属，2 200 多种，分布于世界热带及亚热带地区，亚洲南部及巴西最多。中国 20 属，423 种，43 变种，主要分布于中国长江流域及其以南各省区，少数落叶种类可分布于中国到秦岭山脉南部至黄河流域及辽宁南部；鹤山连引入栽培的共 8 属，21 种，1 变种。

1. 苞片大，花序基部通常有总苞；伞形花序或总状花序，稀单花。
　2. 花部 2 基数，花被片 4 ················· 8. 新木姜子属 Neolitsea
　2. 花部 3 基数，花被片 6 (7 ~ 9)。
　　3. 花序基部总苞片覆瓦状排列，早落 ·····················
　　　 ························· 1. 黄肉楠属 Actinodaphne
　　3. 花序基部总苞片交互对生，迟落。
　　　4. 花药 2 室；伞形花序 ············· 5. 山胡椒属 Lindera
　　　4. 花药 4 室；伞形花序、伞形聚伞花序或圆锥花序 ·······
　　　　 ······························· 6. 木姜子属 Litsea
1. 苞片小，花序基部无总苞；圆锥花序或团伞花序，稀伞形花序。
　5. 花药 4 室。
　　6. 花被筒明显，果时发育成果托 ······· 3. 樟属 Cinnamomum
　　6. 花被筒不明显，果时不发育成果托 ······· 7. 润楠属 Machilus
　5. 花药 2 室，稀 1 室。
　　7. 果为增大的花被筒包被 ··············· 4. 厚壳桂属 Cryptocarya
　　7. 果不为增大的花被筒包被 ············· 2. 琼楠属 Beilschmiedia

1. 黄肉楠属 Actinodaphne Nees

常绿乔木或灌木。叶通常簇生或近轮生，少数为互生或近对生；羽状脉，稀离基三出脉。花单性，雌雄异株，伞形花序单生或总状；花序基部总苞片覆瓦状排列，早落；花被裂片 6，排成 2 轮，每轮 3 枚，棍棒状；子房上位，柱头盾状。浆果状核果，果梗稍增粗，果着生于浅的或深的杯状或盘状果托内。

约 100 种，分布亚洲热带、亚热带地区。中国 17 种，产于西南、南部至东部；鹤山栽培 1 种。

1. 毛黄肉楠（嘉道理楠）
Actinodaphne pilosa (Lour.) Merr.

小乔木；高达 12 m；芽鳞、幼枝、幼叶两面、老叶下面、叶柄及花序密被锈色绒毛。叶革质，互生或 3 ~ 5 片聚生于枝端，倒卵形，侧脉 5 ~ 7(~ 10) 对，中脉及侧脉在叶面上微凸起，在背面明显凸起；叶柄粗壮。伞形花序组成圆锥花序状，花序腋生；雄花序梗长达 7 cm，雌花序梗稍短；雄伞形花序梗长 1 ~ 2 cm，具 5 花；花梗长 4 mm；花被片椭圆形；花丝及退化雌蕊被长柔毛。果球形，直径 4 ~ 6 mm；果托盘状，果梗被柔毛。花期 8 ~ 12 月；果期翌年 2 ~ 3 月。

桃源鹤山市林科所有栽培。分布于中国广东、香港、海南及广西。越南及老挝也有分布。

树干通直，枝繁叶茂，树姿优美，适合作景观树和庭园观赏树。

2. 琼楠属 Beilschmiedia Nees

常绿乔木或灌木；多数顶芽明显。叶革质，对生或互生，全缘，羽状脉，网脉通常明显。花小，两性；花序短，聚伞状圆锥花序，有时为腋生花束或近总状花序，幼花序有时由覆瓦状排列、早落的苞片所包被；花被筒短。花被片 6 裂，大小相等或近相等；花药 2 室。浆果状核果，椭圆形、卵状椭圆形、圆柱形或近球形；果梗膨大，花被片常脱落。

约 300 种，主要分布于美洲、大洋洲及非洲热带和东南亚。中国 39 种，分布于中国西南部至台湾；鹤山 1 种。

1. 广东琼楠
Beilschmiedia fordii Dunn

乔木，高达 18 m。树皮青绿色；顶芽卵状披针形，无毛。叶革质，对生，披针形至阔椭圆形，长 8 ~ 12 cm，宽 3 ~ 4.5 cm，先端短渐尖或钝，基部楔形或阔楔形，上面深绿色，两面无毛；中脉上面下陷，下面凸起，侧脉每边 6 ~ 10 条，网脉不明显。叶柄长 1 ~ 2 cm。聚伞状圆锥花序腋生，长 1 ~ 3 cm，花密；花黄绿色。果椭圆形，具瘤点。花期 6 ~ 7 月；果期 11 ~ 12 月。

鹤山偶见，产于共和里村华伦庙后面风水林，生于常绿阔叶林中。分布于中国华南及湖南、江西、四川。越南也有分布。

树冠圆整，叶色亮绿，可作庭园绿化。

3. 樟属 Cinnamomum Schaeff.

常绿乔木或灌木；树皮、小枝和叶具芳香。芽裸露或具鳞片，鳞片覆瓦状排列。叶革质，互生、近对生，稀对生，有时聚生于枝端；离基三出脉、三出脉或羽状脉。花两性，稀杂性；聚伞花序组成圆锥花序状；花被筒短，杯状或钟状，裂片6枚；花药4室，稀2室。浆果肉质；果托杯状、钟状或圆锥状。

约250种，产于亚洲热带、亚热带及澳大利亚和太平洋岛屿。中国49种，主产于南方各省区，北达陕西及甘肃南部；鹤山连引入栽培的共4种。

1. 叶具羽状脉，下面侧脉脉腋无明显腺窝 ······························
··························· 3. 黄樟 C. parthenoxylon
1. 叶具三出脉或离基三出脉。
　2. 叶互生或兼有近对生 ··············· 1. 阴香 C. burmannii
　2. 叶全部互生。
　　3. 侧脉脉腋有腺窝；叶下面灰绿色 ······ 2. 樟树 C. camphora
　　3. 侧脉脉腋无腺窝；叶下面微红 ······ 4. 凹脉桂 C. validinerve

1. 阴香
Cinnamomum burmannii (Nees & T. Nees) Blume

常绿乔木，高达15 m；树皮光滑，有肉桂香味；树冠近圆球形；嫩枝绿色，无毛。叶互生或近对生，卵圆形至披针形，长5.5~10.5 cm，宽2~5 cm，先端短渐尖，基部宽楔形，革质，上面亮绿，下面粉绿，两面无毛，离基三出脉，揉之有香味。花小，绿白色，长约5 mm；花被两面密被微柔毛，裂片长圆状卵圆形。果卵球形，长约8 mm，成熟时橙黄色；果托长4 mm。花期秋、冬季；果期春季。

鹤山各地常见栽培，桃源鹤山市林科所、鹤城、龙口市区道路与公园等地。分布于中国广东、海南、广西、福建、云南。亚洲热带地区有分布。华南各地广为栽培。

树冠近圆球形，树姿优美整齐，叶色亮绿，夏、秋季萌发出淡红色的新叶，有明显的季相变化，为优良的庭园风景树、绿荫树和行道树。

2. 樟树（香樟）
Cinnamomum camphora (L.) Presl

常绿大乔木，高达30 m，胸径达3 m；树冠宽广；枝叶具樟脑香气；小枝无毛。叶薄革质，互生，卵状椭圆形，长6~12 cm，宽2.5~6.5 cm，先端急尖，基部宽楔形至近圆形，边缘稍波状，上面黄绿色，有光泽，下面无毛或初时微被短柔毛；离基三出脉，背面脉腋有明显腺窝，窝内有短柔毛。聚伞花序；花黄白色或黄绿色，长约2 mm。果卵球形，直径6~8 mm，成熟时紫黑色；果托浅杯状，边缘全缘。花期4~5月；果期8~11月。

樟树

名贵用材。可提取樟脑和樟油；药用，有祛风、散寒、强心、镇痉和杀虫的功效。树形美观，树冠宽阔，树姿雄伟，叶全年茂密翠绿，绿荫效果甚佳，为优良的园林植物。

3. 黄樟

Cinnamomum parthenoxylon (Jack) Meism
Cinnamomum porrectum (Roxb) Kosterm

常绿大乔木，高可达 20 m，胸径达 40 cm；树皮暗灰褐色，深纵裂，小片剥落，有樟脑气味；小枝具棱角，无毛；芽卵形，被绢状毛。叶革质，揉碎后有浓浓的香味，椭圆状卵形，长 6 ~ 12 cm，宽 3 ~ 6 cm，上面亮绿，下面粉绿色，两面无毛，

鹤山各地常见，桃源鹤山市林科所、鹤城里村风水林、龙口（桔园、莲塘村）风水林、宅梧泗云管理区元坑村风水林，生于常绿阔叶林中。分布于中国长江以南各省区。越南、朝鲜和日本也有分布。

羽状脉，侧脉 4 ~ 5 对。圆锥花序腋生或近顶生；花绿带黄色，长约 3 mm。果球形，直径 6 ~ 8 mm，黑色；果托狭长倒锥形，红色，有纵条纹。花期 3 ~ 5 月；果期 8 ~ 10 月。

鹤山偶见，产于共和里村华伦庙后面风水林，桃源鹤山市林科所有栽培，生于路旁、常绿阔叶林。分布于中国华南、西南。不丹、柬埔寨、老挝、缅甸、尼泊尔、泰国、越南、巴基斯坦、印度、马来西亚、印度尼西亚等国也有分布。

珍贵用材。可提取樟脑及樟油。树形美观，可作庭园绿化。

4. 凹脉樟（粗脉桂）
Cinnamomum validinerve Hance

常绿乔木，高达 10 m；小枝无毛或枝顶被微柔毛。叶厚革质，椭圆形，长 4 ~ 9.5 cm，宽 2 ~ 3.5 cm，先端短急尖，基部楔形，上面光亮，下面被白粉，略带红色；离基三出脉，中脉和侧脉在上面稍凹陷，在下面凸起；叶柄长达 1.3 cm。圆锥花序松散，三歧式分枝，与叶等长；花梗极短；花被具灰色微绢毛，裂片卵形。花期 7 月。

鹤山偶见，产于共和里村华伦庙后面风水林，生于常绿阔叶林中。分布于中国广东、香港及广西。

枝繁叶茂，叶色亮绿，树姿优美，适合作景观树和庭园观赏树。

4. 厚壳桂属 Cryptocarya R. Br.

常绿乔木或灌木。芽鳞少数，叶状。叶互生，稀近对生，羽状脉，稀离基三出脉。圆锥花序腋生、顶生；花小，两性，花被筒陀螺形或卵球形，宿存，花被裂片 6 枚；花药 2 室。果核果状，球形、椭圆形或长圆形，被包于肉质或稍硬化的花被筒内，顶端有一小开口。

约 250 种，产于热带、亚热带地区。中国 21 种，产于中国东南部、南部及西南部；鹤山 3 种。

1. 叶具离基三出脉。
  2. 果具纵棱 12 ~ 15 条；幼枝、幼叶下面及叶柄被灰褐色微毛
                             1. 厚壳桂 **C. chinensis**
  2. 果的纵棱不明显；幼枝、幼叶下面及叶柄被锈色绒毛
                         3. 丛花厚壳桂 **C. densiflora**
1. 叶具羽状脉 ·················· 2. 黄果厚壳桂 **C. concinna**

1. 厚壳桂
Cryptocarya chinensis (Hance) Hemsl.

乔木，高达 20 m；树皮暗灰色，粗糙。叶互生或对生，长椭圆形，长 7 ~ 11 cm，宽 2 ~ 5.5 cm，先端长渐尖，基部宽楔形，革质，两面幼时被灰棕色细绒毛，后毛被逐渐脱落，上面亮绿，下面苍白色；离基三出脉，中脉在上面凹陷，下面凸起。圆锥花序腋生及顶生；花淡黄色，长约 3 mm。果球形或扁球形，熟后紫黑色，具纵棱 12 ~ 15 条。花期 4 ~ 5 月；果期 8 ~ 12 月。

鹤山各地常见，产于共和里村华伦庙后面风水林、龙口莲塘村风水林，生于常绿阔叶林。分布于中国广东、海南、广西、福建、台湾、四川。

材用。枝繁叶茂，叶色翠绿，果形特别，适合作行道树、景观树和庭园观赏树。

2. 黄果厚壳桂
Cryptocarya concinna Hance

乔木，高达 18 m；幼枝被黄褐色融毛。叶互生，椭圆状长圆形，长 3 ~ 10 cm，宽 1.5 ~ 3 cm，基部常不对称，下面被柔毛；羽状脉，侧脉 4 ~ 7 对；叶柄被黄褐色柔毛。圆锥花序腋生及顶生，长达 8 cm，被柔毛；花被片长圆形，两面被柔毛，花被筒近钟形；能育雄蕊 9 枚，花丝基部被柔毛，退化雄蕊三角状披针形。果长椭圆形，长 1.5 ~ 2 cm，成熟时黑或蓝黑色，具纵棱 12 条。花期 3 ~ 5 月；果期 6 ~ 12 月。

鹤山各地常见，产于共和里村华伦庙后面风水林、宅梧东门村风水林、龙口仓下村后山，生于常绿阔叶林。分布于中国广东、海南、广西、江西、台湾及贵州。越南北部也有分布。

材用。枝繁叶茂，树姿优美，适合作景观树和庭园观赏树。

3. 丛花厚壳桂（白面槁、硬壳槁）
Cryptocarya densiflora Blume

乔木，高达 20 m；枝条有棱角，被锈色绒毛。叶互生，革质，长椭圆形，长 10 ~ 15 cm，宽 5 ~ 8.5 cm，前端急短渐尖，基部楔形，上面亮绿色，下面粉绿色，初时被锈色绒毛，后脱落；离基三出脉，中脉在上面凹陷，在下面凸起。圆锥花序腋生及顶生，多花密集，被褐色短柔毛；花白色，长约 4 mm。果扁球形，长 1.2 ~ 1.8 cm，成熟时乌黑色，有白粉。花期 4 ~ 6 月；果期 7 ~ 11 月。

鹤山偶见，产于宅梧东门村风水林，生于常绿阔叶林中。分布于中国广东、海南、广西、福建及云南。老挝、越南、马来西亚、印度尼西亚及菲律宾也有分布。

材用。枝繁叶茂，树姿优美，适宜作景观树和庭园观赏树。

5. 山胡椒属 Lindera Thunb.

常绿或落叶乔木或灌木，具香气。叶互生，全缘或三裂，羽状脉、三出脉或离基三出脉。花单性，雌雄异株，黄色或绿黄色；排成伞形花序状的聚伞花序；总苞片 4 片，交互对生；花被片 6（7 ~ 9），近等大或外轮稍大，通常脱落；雄花能育雄蕊 9 枚，偶有 12 枚，通常 3 轮，花药 2 室；退化雌蕊细小。浆果或核果，圆形或椭圆形，幼时绿色，成熟时红色，后变紫黑色；果托盘状或杯状；种子 1 颗。

约 100 种，分布于亚洲及北美洲温带至热带地区。中国 38 种；鹤山 1 种。

1. 香叶树
Lindera communis Hemsl.

常绿灌木或小乔木，高达 4 m；树皮淡褐色；当年生枝条纤细，绿色；一年生枝条粗壮，无毛；顶芽卵形。叶互生，披针形、卵形或椭圆形，长 3 ~ 9 cm，宽 1.5 ~ 3 cm，先端渐尖、急尖或近尾尖，革质；上面绿色，下面灰绿，被黄褐色柔毛，边缘内卷；羽状脉，侧脉每边 5 ~ 7 条。伞形花序单生或 2 个同生于叶腋；雄花黄色，直径约 4 mm；花被片 6，卵形，近等大；雌花黄色。果卵形，无毛，成熟时红色；果梗被黄褐色微柔毛。花期 3 ~ 4 月；果期 9 ~ 10 月。

鹤山各地常见，产于桃源鹤山市林科所、共和里村风水林、龙口仓下村后山等地，生于阔叶林中、林缘或村旁等。分布于中国广东、广西、湖南、江西、福建、台湾、浙江、湖北、贵州、四川、云南、陕西、甘肃。中南半岛也有分布。

枝、叶含芳香油，为倍半萜类芳香油，供化工及食品工业用。树姿优美整齐，叶色终年亮绿，为良好的景观树和庭园观赏树。

6. 木姜子属 Litsea Lam.

落叶或常绿乔木或灌木。叶互生，稀少对生或聚生成假轮生状；羽状脉。花单性，雌雄异株，常排成伞形、头状或短圆锥花序状的聚伞花序，或为二歧聚伞花序，单生或聚生于叶腋；苞片 4 ~ 6 片，交互对生，开花时宿存，迟落；花被裂片 6（8）；雄花，能育雄蕊 9 或 12 枚，花药 4 室；子房上位，雌花显著。核果浆果状，果托浅盘状或深杯状，或无果托。

约 200 种，分布于亚洲热带和亚热带地区，北美洲和南美洲亚热带地区。中国 74 种，主产于黄河以南地区；鹤山 4 种，1 变种。

1. 落叶乔木或灌木；叶纸质或膜质 ······ 1. 山鸡椒 **L. cubeba**
1. 常绿乔木或灌木；叶革质或薄革质。
  2. 花被片不完全或缺 ······ 2. 潺槁木姜子 **L. glutinosa**
  2. 花被片 6 ~ 8 枚。
    3. 叶 4 ~ 6 片轮生，披针形或倒披针状长圆形 ······
      ······ 5. 轮叶木姜子 **L. verticillata**
    3. 叶互生，稀对生。
      4. 花无梗 ······ 4. 豺皮樟 **L. rotundifolia** var. **oblongifolia**
      4. 花具梗 ······ 3. 假柿木姜子 **L. monopetala**

1. 山鸡椒（山苍子、木姜子）
Litsea cubeba (Lour.) Pers.

落叶灌木或小乔木，高达 10 m。叶纸质，互生，披针形或长圆形，长 4 ~ 11 cm，宽 1 ~ 2.5 cm，上面深绿色，下面粉绿色。伞形花序单生或簇生，每 1 个花序有花 4 ~ 6 朵；花淡黄色；花被片 6，宽卵形。果近球形，直径约 5 mm，幼时绿色，成熟时黑色。花期 2 ~ 3 月；果期 7 ~ 8 月。

鹤山各地常见，产于桃源鹤山市林科所、鹤城昆仑山、雅瑶昆东洞田村风水林等地，生于山地林中。分布于中国广东、海南、广西、湖南、江西、福建、台湾、浙江、江苏、安徽、湖北、贵州、四川、云南、西藏。生于向阳的山地、灌丛、疏林或林中路旁。东南亚各国也有分布。

材用。根、茎、叶和果实均可入药，有祛风散寒、消肿止痛之效。种子可提制工业用油。花淡黄素雅，芳香四溢，叶色翠绿，树姿美丽，适合作景观树和庭园观赏树。

2. 潺槁木姜子（潺槁树）
Litsea glutinosa (Lour.) C. B. Rob.

乔木；高达 15 m；分枝茂密、树姿优美；顶芽、嫩枝、叶背、叶柄、花梗被灰黄色绒毛。叶革质，互生，倒卵形或倒卵状长圆形，长 6.5 ~ 10 cm，宽 5 ~ 11 cm，先端钝或圆，幼时两面均有毛，老时上面仅中脉有毛；羽状脉，侧脉 8 ~ 12 对；叶柄被灰黄色绒毛。伞形花序腋生；花黄白色，芳香，花被片不完全或缺。果球形，成熟时黑色。花期 5 ~ 6 月；果期 9 ~ 10 月。

鹤山各地常见，产于共和里村华伦庙后面、鹤城鸡仔地、龙口三洞水口村、宅梧东门村风水林中，生于山坡阳处疏林中或旷野。分布于中国广东、香港、澳门、海南、广西、福建及云南。不丹、缅甸、越南、菲律宾、印度、尼泊尔、泰国也有分布。

材用。树皮和木材含胶质，可提取粘合剂。种子可提取工业用油。根皮和叶药用，可清湿热、消肿毒、治腹泻，外敷治疮痛。枝繁叶茂，树姿优美，为良好的园林风景树和绿化树。

3. 假柿木姜子（假柿树、假沙梨）
Litsea monopetala (Roxb.) Pers.

常绿乔木，高达 18 m；小枝及叶柄密被锈色短柔毛。叶薄革质，互生，宽卵形、倒卵形至卵状长圆形，与柿叶非常相似，长 8 ~ 20 cm，宽 4 ~ 12 cm，下面密被锈色短柔毛；羽状脉，侧脉每边 8 ~ 12 条。伞形花序 2 至数个簇生于叶腋；每一伞形花序有花 4 ~ 6 朵或更多；苞片膜质，宽卵形，外面被锈色柔毛；雄花花被片 5 ~ 6，披针形，长 2.5 mm，黄白色，能育雄蕊 9 枚；雌花花被片长圆形，长 1.5 mm，子房卵形，无毛。果长卵形，果托浅碟状。花期 11 月至翌年 5 ~ 6 月；果期 6 ~ 7 月。

鹤山偶见，产于共和里村华伦庙后面风水林，生于常绿阔叶林。分布于中国广东、海南、广西、贵州西南部及云南南部。东南亚及印度也有分布。

木材可作家具。种仁含脂肪油，供工业用。叶药用，外敷治关节脱臼。枝繁叶茂，叶色翠绿，树姿优美，适合作景观树和庭园观赏树。

4. 豺皮樟
Litsea rotundifolia (Nees) Hemsl. var. **oblongifolia** (Nees) Allen

常绿灌木或小乔木，高达 3 m；树皮灰褐色；小枝灰褐色，无毛或近无毛；顶芽卵圆形，被丝状黄色微柔毛。叶薄革质，卵状长圆形，长 2.5 ~ 5.5 cm，宽 1 ~ 2.2 cm，先端钝或短渐尖，基部楔形或圆形，上面亮绿色，下面粉绿色，无毛；羽状脉，侧脉 3 ~ 4 对，中脉、侧脉在上面凹陷，在下面突起；叶柄粗短，初时有柔毛。伞形花序常 3 个簇生于叶腋，几无总梗；花小，浅黄色，近无梗；花被筒杯状，被柔毛；花被裂片 6，倒卵状圆形。果球形，直径约 6 mm，几无果梗，成熟时蓝黑色。花期 8 ~ 9 月；果期 9 ~ 11 月。

鹤山丘陵山地常见，产于鹤城昆仑山、鸡仔地风水林及龙口桔田风水林中，生于山地林中或灌丛中。分布于中国广东、海南、广西、湖南、江西、福建、台湾、浙江。越南也有分布。

种子含脂肪油可供工业用。叶、果可提取芳香油，叶可入药。枝繁叶茂，树姿优美，为良好的园林风景树和绿化树。

5. 轮叶木姜子
Litsea verticillata Hance

1. 浙江润楠
Machilus chekiangensis S. K. Lee

常绿灌木或小乔木，高达 5 m；树皮灰色；小枝灰褐色，密被黄色长硬毛。叶薄革质，4 ~ 6 片轮生，披针形或倒披针状长椭圆形，长 7 ~ 25 cm，宽 2 ~ 6 cm，先端渐尖，上面深绿色，初时中脉有短柔毛。伞形花序 2 ~ 10 个集生于小枝顶部；每一花序有花 5 ~ 8 朵，淡黄色，近无梗；花被裂片 6，披针形。果卵形或椭圆形，长 1 ~ 1.5 cm；果托碟状；果梗短。花期 4 ~ 11 月；果期 11 月至翌年 1 月。

鹤山偶见，产于共和里村华伦庙后面风水林、龙口仓下村后山，生于常绿阔叶林中。分布于中国广东、海南、广西、云南。越南、柬埔寨、泰国也有分布。

枝繁叶茂，花色雅致，树姿优美，为良好的园林风景树和绿化树。

7. 润楠属 Machilus Rumph. ex Nees

常绿乔木或灌木；芽具鳞片。叶互生，全缘，具羽状脉。花两性，排成顶生或腋生的圆锥花序状的聚伞花序；花被裂片 6 枚，排成 2 轮，近等大或外轮较小，花后不脱落；能育雄蕊 9 枚，排成 3 轮，花药 4 室。果肉质，球形，稀椭圆形，果基部宿存的花被裂片均向外反曲；果梗不增粗或稍增粗。

约 100 种，分布于亚洲东南部和东部的热带、亚热带地区。中国 82 种，产于南方各省区；鹤山 5 种。

1. 嫩枝、芽、叶面和花序均密被锈色绒毛 ·····················
····························· 5. 绒毛润楠 **M. velutina**
1. 全株非被锈色绒毛。
　2. 圆锥花序常生于小枝下部。
　　3. 小枝或嫩枝无毛 ········· 1. 浙江润楠 **M. chekiangensis**
　　3. 小枝或嫩枝被毛 ············· 3. 黄心树 **M. gamblei**
　2. 圆锥花序顶生或近顶生。
　　4. 叶较狭长，狭披针形至倒披针形 ····················
····························· 4. 柳叶润楠 **M. salicina**
　　4. 叶较宽短，不为狭披针形或倒披针形 ················
····························· 2. 华润楠 **M. chinensis**

乔木；枝褐色，散布纵裂的唇形皮孔。叶革质或薄革质，集生枝顶，倒披针形，长 6.5 ~ 13 cm，宽 2 ~ 3.6 cm，先端尾状渐尖，尖头常呈镰状，基部渐狭；中脉在上面稍凹陷，下面突起；侧脉 10 ~ 12 对，网脉纤细，在两面构成细密的蜂巢状浅穴。花黄白色。果球形，宿存花被片等长并向后反卷。花期 3 ~ 4 月；果期 7 ~ 8 月。

鹤山常见，产于共和（里村、獭山村）风水林、龙口（莲塘村、三洞水口村）风水林、宅梧泗云管理区元坑村风水林、雅瑶昆东洞田村风水林，生于常绿阔叶林、山地林中。分布于中国广东、海南、广西、江西、湖南、福建、浙江。中南半岛各国也有分布。

材用。枝、叶含芳香油，入药有化痰、止咳、消肿、止痛、止血之效，治气管炎，烧、烫伤及外伤止血等症；又是食品或化妆品的香料来源之一。枝繁叶茂，四季常青，新芽及叶柄红色，红绿相衬，树姿分外美丽，为优良的风景树和绿化树。

华润楠

2. 华润楠（香港楠）
Machilus chinensis (Benth.) Hemsl.

乔木；高达 11 m；芽细小，无毛或有毛。叶革质，倒卵状长椭圆形至长椭圆状倒披针形，长 5 ~ 8 cm，宽 2 ~ 3 cm，顶端钝或短渐尖，基部狭，干时背面稍粉绿色或褐黄色；中脉在叶背面凸起，侧脉不明显，每边约 8 条；叶柄长 6 ~ 14 mm。圆锥花序顶生，花序梗长约 2 ~ 2.5 cm；花白色，花梗长约 3 mm；花被裂片长椭圆状披针形，外面被淡黄色微柔毛，内面或内面基部有毛。果球形，直径 8 ~ 10 mm，成熟时黑色。花期 11 月；果期翌年 2 月。

鹤山各地常见，产于共和(里村华伦庙后面、獭山村)风水林、龙口三洞水口村风水林、宅梧泗云管理区元坑村风水林、雅瑶昆东洞田村风水林，生于山地、路旁或密林中。分布于中国广东、香港、海南、广西。越南也有分布。

树干通直，树冠阔伞形，树姿婆娑美丽，为优良的风景树和绿化树。

3. 黄心树（芳樟润楠）
Machilus gamblei King ex Hook. f.
Machilus bombycina King ex Hook. f.; *Machilus suaveolens* S. K. Lee

乔木，高达 10 m；幼枝密被平伏黄灰色绢状毛。叶长圆形、倒卵形或披针形，长 6 ~ 12 cm，上面无毛或沿中脉被微柔毛，下面被细柔毛；上面中脉凹陷，侧脉 7 ~ 8 对，在两面均不明显；叶柄长 1 ~ 2 cm，被灰黄色柔毛。花序轴、花梗及花被片均被灰白或黄色平伏柔毛；花白色或淡黄色。果球形，黑色，直径约 7 mm。花期 3 ~ 4 月；果期 5 ~ 7 月。

鹤山偶见，产于鹤城昆仑山、共和（里村、獭山村）风水林、龙口桔园风水林，生于常绿阔叶林、山地疏林中。分布于中国华南地区，以及云南、西藏。不丹、缅甸、柬埔寨、老挝、尼泊尔、泰国、越南也有分布。

树干通直，树冠呈椭圆伞形，枝繁叶茂，适合作园林观赏树种。

4. 柳叶润楠（柳叶桢楠）
Machilus salicina Hance

常绿灌木,高达5m;枝条褐色,有浅棕色纵裂皮孔,无毛。叶革质,常生于枝条的梢端,线状披针形,长4~15cm,宽1~3cm,先端渐尖,基部渐狭成楔形,两面均无毛,或下面初时被微柔毛;侧脉约6~11对,网脉成蜂巢状浅窝穴。聚伞状圆锥花序多数,生于新枝上端;花黄色或淡黄色;花被筒倒圆锥形;花被裂片长圆形,两面被绢状柔毛。果球形,直径约7~10mm,成熟时紫黑色;果梗红色。花期2~3月;果期4~6月。

产于鹤山市林科所对面山腰,生于次生林中。分布于中国广东、海南、广西、贵州、云南。柬埔寨、老挝、越南也有分布。生于低海拔地区的溪畔河边。

树冠近圆球形,树姿优美整齐,叶色终年亮泽,为优良的庭园风景树。

5. 绒毛润楠(香港楠木、绒毛桢楠)
Machilus velutina Champ. ex Benth.

乔木;高可达18m。嫩枝、芽、叶面和花序均密被锈色绒毛。叶革质,狭倒卵形、椭圆形或狭卵形,长5~11(~18)cm,宽2~5.5cm,顶端渐狭或短渐尖,基部楔形;叶面有光泽;中脉在叶背面凸起,侧脉每边8~11条,在下面明显凸起,网脉不明显;叶柄长1~2.5(~3)cm。花少数,排成圆锥花序状的聚伞花序,花序单个或数个集生于小枝端,近无总花序梗,分枝多而短;花被被锈色绒毛;外层花被片较内层狭小;第3轮雄蕊花丝基部有绒毛,腺体心形,有柄;子房淡红色。果球形,直径约4mm,紫红色。花期10~12月;果期翌年2~3月。

产于鹤山各地,生于山坡疏林中。分布于中国广东、香港、澳门、海南、广西、江西、福建、贵州、浙江。柬埔寨、老挝和越南也有分布。

可作家具用材和薪炭用材。株型优美,适合作园林观赏。

8. 新木姜子属 Neolitsea (Bentham & Hook. f.) Merr.

常绿乔木或灌木。叶互生或簇生,稀对生,离基三出脉,稀羽状脉或近离基三出脉。花单性,雌雄异株;伞形花序单生或簇生,无梗或具短梗;苞片大,交互对生;花被片4,2轮;雄花具能育雄蕊6枚,3轮,花药4室;雌花具退化雄蕊6枚,柱头盾状。浆果状核果着生于盘状或内凹果托上。

约85种,分布于印度、马来西亚至日本一带。中国45种,产于西南部、南部至东部;鹤山1种。

1. 鸭公树(青胶木)
Neolitsea chui Merr.

常绿乔木,高达18m。除花序外,其他各部均无毛;小枝绿黄色。叶革质,互生或聚生于枝顶呈轮生状,椭圆形至卵状椭圆形,长8~16cm,先端渐尖,基部急尖,下面粉绿色;离基3出脉,侧脉3~5对,最下1对侧脉离叶基2~5cm处发出;叶柄长2~4cm。伞形花序多个密集腋生或侧生,每一花序有花5~6朵;总花梗极短或无;苞片4片,外被短柔

毛；花被裂片 4 枚，外面基部及中肋被柔毛；子房卵形，无毛。果椭圆形或近球形，长约 1 cm；果托小，盘状，果梗短，上端略增粗。花期 9 ~ 10 月；果期 12 月。

　　鹤山偶见，产于宅梧泗云管理区元坑村风水林，生于常绿阔叶林中。分布于中国广东、香港、广西、湖南、江西、福建及云南东南部。

69. 酢浆草科 Oxalidaceae

　　草本或亚灌木，稀乔木。叶互生，指状或掌状复叶，稀羽状复叶，有时因小叶退化成单叶，小叶在晚上常下垂，通常全缘。花两性，辐射对称，单生或组成伞形花序，稀总状花序或聚伞花序；萼片 5 枚，离生或基部合生；花瓣 5 枚，有时基部合生，旋转排列；雄蕊 10 枚，5 长 5 短，外轮与花瓣对生，花丝基部常连合，有时 5 枚无花药；子房上位，5 室。蒴果或浆果；种子通常为肉质。

　　6 ~ 8 属，约 780 种，主产于南美洲，其次为非洲，亚洲很少。中国 3 属，13 种，分布于南北各地；鹤山栽培 1 属，1 种。

1. 阳桃属 Averrhoa L.

　　乔木。叶互生或近于对生，奇数羽状复叶，小叶全缘，无托叶。花小，微香，数朵至多朵组成聚伞花序或圆锥花序，自叶腋抽出，或着生于枝干上，即所谓"茎上生花"或"老干生花"；萼片 5 枚，覆瓦状排列，基部合生，红色，近于肉质；花瓣 5 枚，白色，淡红色或紫红色，螺旋排列；雄蕊 10 枚，长短互间，基部合生，全部发育或 5 枚无花药；子房 5 室，每室有多数胚珠，花柱 5 枚。浆果肉质，下垂，有明显的 3 ~ 6 条棱，通常 5 棱，横切面呈星芒状，有种子数颗。种子有假种皮或无。

　　2 种，原产于亚洲热带及亚热带地区。中国广东、广西、福建和云南的南部栽培 2 种，台湾 2 种都有；鹤山栽培 1 种。

1. 杨桃
Averrhoa carambola L.

　　乔木，高可达 12 m。分枝多。奇数羽状复叶，互生，长 10 ~ 20 cm；小叶 5 ~ 13 片，全缘，卵形或椭圆形，长 3 ~ 7 cm，宽 2 ~ 3.5 cm，顶端渐尖，基部圆，一侧偏斜，小叶柄短。花小，微香，数朵至多朵组成聚伞花序或圆锥花序，自叶腋出或着生于枝干上，花枝红色；萼片 5 枚；花瓣略背卷，常 8 ~ 10 mm，背面淡紫红色，或粉红色、白色；雄蕊 5 ~ 10 枚。浆果肉质，下垂，5 棱，少有 6 或 3 棱，横切面呈星芒状，长 6 ~ 10 cm，淡绿色或蜡黄色；种子黑褐色。花期 5 ~ 8 月；果期 9 ~ 12 月。

　　鹤山各地偶见栽培，桃源鹤山市林科所、共和里村、宅梧泗云管理区元坑村有栽培。中国广东、海南、广西、福建、台湾、云南有栽培或逸为野生。原产于东南亚热带地区；现广植于热带、亚热带各地。

　　果可作水果或蜜饯；果晒干后可作药用。树形美观，果实形态奇异，为良好的园林风景树。

鹤山各地有栽培，常见各市区栽作行道树、景观树。原产于斯里兰卡、印度、马来西亚、越南及菲律宾。中国广东、广西及福建有栽培。

树冠开展，开花时节，烂漫如火，红艳夺目，为优良的园景树。

72. 千屈菜科 Lythraceae

草本、灌木或乔木；枝通常四棱形。叶常为对生，稀轮生或互生，全缘，叶片下面有时具黑色腺点；托叶细小或无托叶。花两性，通常辐射对称，单生、簇生或组成顶生或腋生的穗状花序、总状花序或圆锥花序；花萼筒状或钟状，平滑或有棱，花瓣与花萼裂片同数，但有时缺；雄蕊常为花瓣的倍数，生于萼管上；子房上位，通常无柄，2～16室。蒴果2～6室，成熟时开裂；种子多数，具翅或无翅。

31属，625～650种，主要分布于热带和亚热带地区，尤以美洲热带地区最盛，少数延伸至温带。中国10属，43种；鹤山栽培1属，1种。

1. 紫薇属 Lagerstroemia L.

落叶或常绿灌木或乔木；枝通常四棱形。叶常为对生，近对生或聚生于小枝的上部，全缘；托叶极小，圆锥状，脱落。花两性，通常辐射对称，顶生或腋生的穗状花序；花梗在小苞片着生处具关节；花萼半球形或陀螺形，常具棱或翅，5～9裂，花瓣通常6枚，或与花萼裂片同数；雄蕊6至多枚，生于萼筒近基部，花丝细长；子房上位，通常无柄，3～6室，每室有胚珠多数。蒴果木质，成熟时开裂；种子多数，顶端具翅。

约55种，分布于亚洲热带和亚热带地区和大洋洲。中国15种，引入栽培2～3种，主要分布于西南部至台湾省；鹤山栽培1种。

1. 大花紫薇
Lagerstroemia speciosa (L.) Pers.

大乔木，高达25 m；树皮灰色，平滑；小枝圆柱形，无毛或微被糠粃状毛。叶革质，矩圆状椭圆形或卵状椭圆形，稀披针形，大型，长10～25 cm，宽6～12 cm，先端钝或短尖，基部阔楔形至圆形，两面无毛，侧脉9～17对；叶色翠绿，冬季落叶前叶色变为黄色或橙红色；叶柄粗壮。圆锥花序顶生；花淡紫色或紫红色，直径5 cm；花萼有棱12条，被糠粃状毛，6裂，裂片三角形，反曲，内面无毛；花瓣6枚，具短爪。蒴果球形至倒卵状矩圆形。花期5～7月；果期10～11月。

81. 瑞香科 Thymelaeaceae

乔木或灌木，稀为草本；茎通常具韧皮纤维。单叶互生或对生，革质或纸质，全缘，基部具关节，羽状脉，无托叶。花辐射对称，两性或单性，雌雄同株或异株，排成顶生或腋生的头状、总状、圆锥状或穗状花序；花瓣缺或退化成鳞片状，与萼片同数；雄蕊通常为萼裂片的 2 倍或同数，多与裂片对生；花盘环状、杯状或鳞片状；子房上位，心皮通常 2 ~ 5 枚合生。果为核果、坚果、浆果或蒴果。种子下垂或倒生。

48 属，约 650 种，分布于热带和温带地区，尤以非洲、大洋洲和地中海为多。中国 9 属，115 种，主产于长江流域以南各省区，北部少见；鹤山 2 属，2 种。

1. 乔木；花瓣 10 枚，退化成鳞片状；蒴果，开裂 ·····················
························· **1. 沉香属 Aquilaria**

1. 灌木或亚灌木；无花瓣；核果，不开裂 ·····················
························· **2. 荛花属 Wikstroemia**

1. 沉香属 Aquilaria Lam.

乔木或小乔木。叶互生，具平行脉。花两性，伞形花序顶生或腋生，无苞片；花萼钟状，宿存，裂片 5 枚，伸张；花瓣 10 枚，退化成鳞片状，基部联合成环，着生于花萼喉部，密被绒毛；雄蕊为萼裂片的 2 倍，与花瓣间生；下位花盘不存；子房近无柄。蒴果倒卵形，室背开裂；种子卵状或椭球形，基部延伸成尾状附属物。

约 15 种，分布于印度、马来半岛以及亚洲东南部。中国 2 种，产于华南各省区，以及云南南部和台湾；鹤山 1 种。

1. 土沉香（牙香树、白木香、莞香）
Aquilaria sinensis (Lour.) spreng.

常绿乔木，高 6 ~ 15 m，树皮暗灰色，几平滑，易剥落；小枝圆柱形，具皱纹，幼时被疏柔毛，后逐渐脱落。叶互生，近革质，卵形至椭圆形，长 5 ~ 10 cm，宽 3 ~ 6 cm，先端锐尖或急尖而具短尖头，基部楔形，上面暗绿色或紫绿色；侧脉每边 15 ~ 20 条，边缘有时被稀疏柔毛。花黄绿色，芳香，多朵组成伞形花序；萼筒浅钟状，5 裂，裂片卵形；花瓣 10 枚，鳞片状，着生于花萼喉部。蒴果卵球形。花期春末夏初；果熟期夏、秋季。

鹤山各地风水林常见，产于桃源鹤山市林科所、共和（里村、獭山村）风水林、龙口（莲塘村、三洞水口村）风水林、宅梧泗云管理区元坑村风水林，生于阔叶林中。分布于中国广东、海南、广西、福建。

树皮为制作皮纸、钞票纸等的原料。木材受伤后产生的"土沉香"供作香料及药用，以东莞产的最为地道，故又称为"莞香"，古代用作朝廷贡品。分枝茂密，树姿优雅健壮，新叶淡绿，逐渐变为深绿而亮泽，可作为园林绿化和造林的乡土树种。

2. 荛花属 Wikstroemia Endl.

灌木或亚灌木。单叶对生或少有互生。花两性或单性，排成顶生或腋生的总状、圆锥状、穗状或头状花序，顶生，少为腋生，无苞片；花萼管状或漏斗状，顶端通常4裂，很少为5裂，伸展；无花瓣；雄蕊8枚，稀10枚，排成2轮；子房具柄或无柄，1室，具1颗胚珠。核果卵状，萼筒凋落或在基部残存包果；种子椭球形。

约70种，分布于亚洲东南部及大洋洲和太平洋岛屿。中国49种，产于西南、华南至河北，尤以长江以南各省区较多；鹤山1种。

1. 了哥王
Wikstroemia indica (L.) C. A. Mey.

半常绿小灌木，高达1.5 m；全株平滑无毛，幼枝纤细，红褐色。叶对生，纸质或近革质，长椭圆形、卵形或倒卵形，长1.5～5.5 cm，宽8～16 mm，顶端钝或急尖，基部楔形，全缘，两面黄绿色，无毛，侧脉5～7对。花黄绿色，数朵组成顶生的短总状花序，总花梗长5～10 mm，直立，无毛；花萼管状，长9～12 mm，顶端4裂，裂片阔卵形或长圆形，长约3 mm，扩展；花瓣缺；雄蕊8枚，二列。核果椭圆形，长6～9 mm，直径4～5 mm，成熟时黄至红色，果皮肉质。花期3～4月；果期8～9月。

鹤山各地常见，生于鹤城昆仑山、宅梧东门村以及共和、龙口等地风水林，生于山地路旁、灌草丛。分布于中国长江以南各省区。越南、印度、菲律宾、马来西亚、缅甸、泰国、澳大利亚，以及太平洋岛屿至斐济、毛里求斯、斯里兰卡也有分布。

茎皮纤维可造纸。根、茎皮和叶可入药，有消炎止痛、拔毒、止痒的功效。可作以观果为主的观赏植物。

83. 紫茉莉科 Nyctaginaceae

草本、灌木或乔木，有时攀援状。叶互生或对生，无托叶。聚伞花序；花辐射对称，两性，具有颜色的总苞；花萼花冠状，顶部3～5裂，花蕾时镊合状或折叠状排列，宿存而将果包围；花瓣缺；雄蕊1至多枚，花蕾时内卷，药2室，纵裂；子房上位，1室，有胚珠1颗；花柱1枚。瘦果；种子含丰富或微量的胚乳，胚直生或弯生。

30属，300种，大部分分布于热带和亚热带地区，美洲尤盛。中国6属，13种；鹤山栽培1属，1种。

1. 叶子花属 Bougainvillea Comm. ex Juss.

灌木或小乔木，有时攀援；枝有刺。叶互生，具柄，叶片卵形或椭圆状披针形。花两性，通常3朵簇生于枝端，外包3片鲜艳的叶状苞片，红色、紫色或桔色，具网脉；花梗贴生苞片中脉上；

花被合生成管状，通常绿色，顶端5～6裂，裂片短，玫瑰色或黄色；雄蕊5～10枚，内藏，花丝基部合生；子房纺锤形，具柄，1室，具1颗胚珠，花柱侧生，短线形，柱头尖。瘦果圆柱形或棍棒状，具5棱；种皮薄，胚弯，子叶席卷，围绕胚乳。

约18种。原产于南美洲，有一些种常栽培于热带及亚热带地区。中国引入栽培2种。鹤山栽培1种。

1. 宝巾
Bougainvillea glabra Choisy

常绿藤本或小灌木，叶卵形，叶状苞片的色彩丰富，可呈红色、紫红色或粉红色。花3朵簇生于苞片腋内；花萼管状，白色或淡黄色，几乎全年开花。

鹤山市区、各住宅小区常见栽培。原产于巴西。世界热带地区普遍栽培。

主要观赏其如花瓣状的美丽大型苞片，盆栽或地栽，让其攀缘而上，花满支架，色泽鲜艳。春季也可栽于露地作耐阴植物的荫棚，衬托背景；也可作棚架或墙垣攀缘材料。

84. 山龙眼科 Proteaceae

乔木或灌木，稀为多年生草本。叶互生，稀对生或轮生，全缘或有齿缺；无托叶。花两性，稀单性，辐射或两侧对称，排成总状、穗状或头状花序，腋生或顶生，有时生于茎上；苞片小，通常早落，有时大，也有花后增大变木质，组成球果状，小苞片1～2片

或无，微小；花被片4，顶部球形、卵球形或椭圆形；雄蕊4枚，着生于花被片上，花药2室，纵裂；心皮1枚，子房上位，1室，胚珠1～2颗或多颗。蓇葖果、核果、坚果或翅果；种子1至多颗，有的具翅。

约80属，1700种，主产于大洋洲和非洲南部，少数种类产于亚洲热带和南美洲。中国3属，25种；鹤山1属，2种。

1. 山龙眼属 Helicia Lour.

乔木或灌木。叶互生，稀近对生或近轮生，全缘或边缘具锯齿。花两性，排成腋生的总状花序，辐射对称；花梗通常双生，分离或下半部彼此粘生；苞片通常小，卵状披针形至钻形，稀叶状，宿存或早落；小苞片微小；花被片花蕾时直立，细长，顶部棒状至近球形，开花时花被片分离，外卷；雄蕊4枚；子房无柄；胚珠2颗，倒生。坚果不开裂或不规则的开裂；种子1～2颗，近球形或半球形。

约97种，分布于亚洲东南部和大洋洲。中国20种，产于东南至西南各省区；鹤山2种。

1. 果较小，果皮厚不及0.5 mm ·················
·················· 1. 越南山龙眼 H. cochinchinensis
1. 果较大，果皮厚约1 mm ······· 2. 网脉山龙眼 H. reticulata

1. 越南山龙眼（小果山龙眼）
Helicia cochinchinensis Lour.

越南山龙眼

乔木或灌木，高4~20m；枝和叶均无毛。叶互生，叶薄革质或纸质，长圆形至椭圆形，长5~15cm，宽2.5~5cm，顶端渐尖，基部楔形或下延至柄，全缘或上半部边缘具疏锯齿；侧脉6~7对，两面均明显。总状花序腋生，花被片白色或淡黄色；子房无毛。果椭圆形，长1~1.5cm，直径0.8~1cm。花期6~10月；果期11月至翌年3月。

鹤山偶见，产于共和里村华伦庙后面风水林、宅梧（泗云管理区元坑村、东门村）风水林，生于山地、路旁或密林中。分布于中国广东、海南、广西、江西、福建、台湾、浙江、湖南、湖北、云南、四川。越南、柬埔寨、泰国、日本也有分布。

2. 网脉山龙眼
Helicia reticulata W. T. Wang

常绿阔叶小乔木或灌木，高3~10m。叶互生，革质，倒卵状矩圆形或倒披针形，长7~27cm，宽3~9cm，顶端急尖或钝，基部楔形，叶缘具疏浅锯齿；叶侧脉和网脉两面凸起成网眼。总状花序腋生或生于小枝已落叶腋部，长10~15cm。花成对并生；花被管白色或黄色；萼片花瓣状，白色；子房无毛。

坚果椭圆状球形。花期5~7月；果期10~12月。

鹤山偶见，产于鹤城昆仑山、龙口三洞水口村风水林，生于常绿阔叶林、山地沟谷。分布于中国东南至西南各省区。

种子含淀粉，经水浸渍后可供食用。木材坚韧，淡黄色，适宜做农具。枝繁叶茂，叶色终年常绿，是荒山绿化的乡土树种。

85. 五桠果科 Dilleniaceae

直立木本或木质藤本，少数为草本。叶互生，偶为对生，全缘或边缘具锯齿，偶为羽状裂；托叶不存在，或在叶柄上有宽广或狭窄的翅。花多两性，放射对称，偶为两侧对称，白或黄色，单生或排成总状、圆锥或岐伞花序；萼片多数，覆瓦状排列，宿存；花瓣5~2枚；雄蕊多数，排成多轮；心皮1至多枚，胚珠1至多颗。浆果或蓇葖果；种子1至多颗；常有假种皮。

约10属，500多种，分布于全世界的热带和亚热带地区，尤以亚洲和澳大利亚为多。中国2属，5种；鹤山栽培1属，1种。

1. 五桠果属 Dillenia L.

常绿或落叶乔木或灌木。单叶互生，长达 50 cm，具羽状脉，侧脉多而密，平行，常在上下两面均突起，边缘有锯齿或波状齿；叶柄粗大，基部常略膨大，并有宽窄不一的翅。花单生或数朵排成总状花序，生于枝顶叶腋内，或生于老枝的短侧枝上，白色或黄色，花梗粗壮；苞片早落或缺；萼片通常 5 枚，覆瓦状排列，宿存，厚革质或硬肉质；花瓣 5 枚，早落，有时或不存在；雄蕊多数，离生，排成 2 轮，外轮较短，有时发育不全，内轮较长，数目较少，花药长或短，生于花丝侧面或顶端，纵裂或顶孔裂开；心皮 5 ~ 20 枚，以腹面贴生于隆起成圆锥状的花托上；胚珠倒生，每心皮有胚珠数颗至多颗。果实圆球形，外有宿存的肥厚萼片包着，成熟心皮有时不裂开，被包在宿萼里；种子有假种皮，有时或无假种皮。

约 60 种，分布于亚洲热带地区，少数到达印度洋西部的马达加斯加。中国有 3 种，产于广东、广西及云南；鹤山栽培 1 种。

1. 大花第伦桃（大花五桠果）
Dillenia turbinata Fine & Gagnep.

常绿乔木，高达 30 m。叶革质，倒卵形或倒卵状长圆形，长 15 ~ 40 cm，宽 7 ~ 15 cm，边有疏离小齿；上面仅叶脉稍被短粗毛，下面被锈色短粗毛；侧脉每边 15 ~ 22 条，稀达 40 条；

叶柄长 2 ~ 4 cm，被锈色粉毛。总状花序顶生，有花 2 ~ 4 朵，总花梗密被锈色长硬毛；花大，直径 10 ~ 13 cm；萼片 5 枚；花瓣 5 枚，黄色，稀白色或粉红色；雄蕊 2 轮，多数。果近球形，不开裂，直径 4 ~ 5 cm，红色，具宿存萼；种子无毛，无假种皮。花、果期 1 ~ 9 月。

鹤山市区公园偶见栽培。分布于中国广东、广西、海南、云南。越南也有分布。

花朵细致，叶色青绿，树冠开展亭亭如盖，花大艳丽，为热带地区优良的庭院树、行道树。

93. 大风子科 Flacourtiaceae

常绿落叶或常绿乔木或灌木，多无刺，稀有枝刺或皮刺。单叶互生，极少对生或轮生，全缘或有锯齿，多数在齿尖有圆腺体；叶柄常基部和顶部增粗，有的有腺点；托叶小。花通常小，辐射对称，单性或两性，雌雄异株或杂株；花序有总状、伞房状、圆锥状；花萼通常 2 ~ 6 枚，花瓣存或缺。蒴果或浆果，稀为核果或干果，有些有棱条，角状或多刺；种子 1 至多颗，有假种皮，少数有翅。

约 87 属，900 种，主要分布于热带和亚热带地区，扩展到温带地区。中国 12 属，39 种，主产于华南、西南地区；鹤山 2 属，2 种。

1. 花两性，花具花瓣；果实顶端宿存花柱长 ⋯⋯⋯⋯⋯⋯⋯⋯⋯⋯⋯⋯⋯ 1. 箣柊属 Scolopia

1. 花单性，花无花瓣；果实顶端宿存花柱短或无 ⋯⋯⋯⋯⋯⋯⋯⋯⋯⋯⋯⋯ 2. 柞木属 Xylosma

1. 箣柊属 Scolopia Schreb.

灌木或小乔木，常在树干或枝条上有刺。单叶互生，革质，全缘或有齿；羽状或三出脉，有时在叶柄顶端或叶片基部有2个腺体；托叶极小，早落。花小，两性，排成顶生或腋生的总状花序，覆瓦状排列，基部稍合生；萼片4~6枚；花瓣4~6枚；雄蕊多数，生于肥厚花托上；花盘10裂或缺。子房无柄，1室。浆果肉质；种子2~4颗或多数。

约40多种，分布于东半球热带、亚热带地区。中国4种；鹤山1种。

1. 广东箣柊
Scolopia saeva (Hance) Hance

小乔木或灌木，树干常具刺，枝无毛。叶革质，叶椭圆形或阔卵形，长6~8 cm，宽3~5 cm，基部无腺体，边缘具波状浅锯齿，两面无毛；网脉明显；叶柄长8~10 mm。总状花序腋生和顶生，比叶短；萼片具缘毛；花瓣倒卵形，长为萼片的2倍，仅具缘毛；雄蕊顶端附属体无毛；花盘8深裂；子房具侧膜胎座2~3个，每个胚珠2颗。浆果卵圆形，长8~9 mm，直径3~5 mm。花期夏季；果期秋季。

鹤山偶见，产于鹤城昆仑山，生于山地疏林。分布于中国

广东、海南、广西、福建、云南。越南也有分布。

材用。株形美观，宜栽作庭园树或用于林下观赏植物。

2. 柞木属 Xylosma G. Forst.

灌木或小乔木，枝干上有刺。单叶互生，薄革质，卵形或长椭圆状卵形，边缘有锯齿，稀全缘；托叶缺。花小，单性，雌雄异株，稀杂性，排成腋生花束或成极短的总状花序；苞片小，早落；花萼小，4~5枚，覆瓦状排列；花瓣缺；雄花的花盘通常4~8裂，稀全缘；雄蕊多数，花丝丝状，花药基部着生，顶端无附属物；子房1室，侧膜胎座2个，稀3~6个。浆果核果状，黑色；种子少数，倒卵形，种皮骨质。

约100种，分布于全球热带和亚热带地区。中国3种；鹤山1种。

1. 柞木
Xylosma congesta (Lour.) Merr.
Xyiosma racemosum (Sieb. et Zucc.) Miq.

常绿乔木或灌木，高4~15 m；树皮棕灰色，不规则从下面向上反卷呈小片，裂片向上反卷；幼时有枝刺，结果株无刺；枝条近无毛或有疏短毛。叶互生，薄革质，叶形变异较大，无托叶，长4~8 cm，宽2.5~3.5 cm，先端渐尖，基部楔形或圆形，边缘有锯齿，两面无毛或在近基部中脉有污毛；叶柄短，有短毛。花单性，雌雄异株，总状花序腋生，长1~2 cm；花萼4~6枚，卵形，外面有短毛；花瓣缺；雄花有多枚雄蕊。浆果黑色，球形；种子少数，倒卵形，鲜时绿色，干后褐色，有黑色条纹，光滑。花期春季；果期冬季。

鹤山偶见，产于宅梧东门村风水林，生于常绿阔叶林中。分布于中国长江以南各省区。印度、日本也有分布。

材用。树皮供药用。可作庭园观赏。

94. 天料木科 Samydaceae

乔木或灌木。单叶互生，二列，具羽状脉，通常有透明的腺点或线条；托叶细小，早落或无。花小，两性，辐射对称，排成总状花序、圆锥花序或团伞花序；花梗常有节；萼片 4 ～ 7 枚，罕更多，下部合生，覆瓦状或镊合状排列；花瓣与萼片同数，很少较多或无，常宿存；雄蕊定数或不定数，1 至多轮排列，有时成束与花瓣对生，花丝丝状，分离或基部合生；退化雄蕊通常存在，有或无花盘；花柱单一或 3 ～ 5 枚。果不开裂或开裂；种子通常少数。

约 17 属，400 种，主产于热带地区，少数产于亚热带地区。中国 2 属，18 种，产于西南部至台湾；鹤山 2 属，2 种。

1. 花无花瓣；叶全缘或具齿，叶常具透明、橙黄色腺点或线条 ······
······ 1. 嘉赐树属 Casearia
1. 花有花瓣；叶缘常有具腺体的钝齿 ········ 2. 天料木属 Homalium

1. 嘉赐树属 Casearia Jacq.

灌木或小乔木。叶明显 2 列，全缘或具齿，通常有透明的腺点和线条；托叶早落，很少宿存。花小，数至多朵簇生成腋生的团伞花序，有时退化为单花；花梗基部以上有节且为很多鳞片状的苞片所围绕，花萼 4 ～ 5 裂，裂片覆瓦状排列，宿存；花瓣缺；雄蕊通常 5 ～ 10（～ 12）枚，花丝等长或不等长，基部和退化雄蕊连合成一短管；退化雄蕊和发育雄蕊同数；子房上位，无花柱或花柱极短；柱头头状。蒴果 2 ～ 3 瓣裂；种子为一膜质假种皮所包围。

约 180 种，分布于美洲热带地区和非洲、亚洲、大洋洲。中国 7 种，产于广东、广西、台湾和云南；鹤山 1 种。

1. 嘉赐树（球花脚骨脆）
Casearia glomerata Roxb.

乔木或灌木，小枝初被小柔毛，后脱落。叶薄革质，长椭圆形，长 5 ～ 10 cm，宽 3 ～ 4.5 cm，先端短渐尖，基部钝或圆而略偏斜，边缘微波形或具小齿；侧脉 7 ～ 8 对，弯拱上升；叶柄长 10 ～ 12 mm，无毛。花黄绿色，10 朵以上簇生于叶腋；萼片 5 裂，边缘近无毛；雄蕊 9 ～ 10 枚，花丝被毛；子房无毛，侧膜胎座 2 个，每个胎座有胚珠 4 ～ 5 颗，柱头头状。果椭圆形，长 1 ～ 1.2 cm，直径 7 ～ 8 mm。花期 4 ～ 12 月；果期 1 ～ 12 月。

鹤山偶见，产于鹤城鸡仔地、共和（里村、獭山村）风水林，生于阔叶林中。分布于中国广东、香港、海南、广西、福建、台湾、云南、西藏。不丹、印度、尼泊尔、越南也有分布。

枝叶婆娑，树形美丽，可用作景观植物。

2. 天料木属 Homalium Jacq.

乔木或灌木。叶互生，具柄，边缘常有具腺体的钝齿，很少全缘；托叶细小，早落或缺。花细小，数朵簇生，很少单生，排成顶生或腋生的总状花序或圆锥花序，花梗上常有关节；萼管陀螺形，裂片宿存，（4 ～）5 ～ 8（～ 12）枚；花瓣通常与萼裂片同数，互生且相似；雄蕊与花瓣对生，同数或多数，或 2 至多枚成束与花瓣对生；花丝丝状；花盘腺体与萼片同数，且与其对生，少有更多或更少；子房半下位，1 室。蒴果革质，顶部 2 ～ 5（～ 6）瓣裂，有少数种子。

约 180 ～ 200 种，广泛分布于热带地区，为热带雨林的主要树种。中国 10 种，分布于西南、南部及台湾；鹤山 1 种。

1. 天料木
Homalium cochinchinense (Lour.) Druce

小乔木或灌木。小枝初时被黄褐色短柔毛，后脱落。叶纸质，阔椭圆形或倒卵状长圆形，长 6 ～ 10（～ 13）cm，宽 3.5 ～ 6 cm，顶端短尖或短渐尖，基部阔楔形或稍钝，两面沿脉被短柔毛，有时下面被稀疏小柔毛；侧脉纤细，每边 7 ～ 9 条；叶柄长 2 ～ 3 mm，被黄色短绒毛。总状花序腋生，有时略有短分枝，长 8 ～ 15 cm，密被黄色短绒毛；花 7 ～ 8 朵，直径 8 ～ 9 mm；花梗丝状，长 2 ～ 3 mm；萼管具纵槽纹；花瓣匙形，长 3 ～ 4 mm，有明显的脉纹，花丝长于花瓣。花期 2 ～ 11 月；果期 9 ～ 12 月。

鹤山偶见，产于鹤城昆仑山、共和里村华伦庙后面风水林、龙口三洞水口村风水林，多生于干燥的山坡灌丛或次生林中。分布于中国广东、海南、广西、江西、福建、湖南。越南也有分布。

树冠呈塔形，树姿雄健；树势旺盛，枝叶婆娑，全年可开

花结果，花洁白淡雅，极具观赏价值，为优良的木本观赏乡土树种。

108. 茶科 Theaceae

乔木或灌木。叶革质，互生，羽状脉，全缘或有锯齿，具柄，无托叶。花两性，稀雌雄异株，单生或数花簇生，有柄或无柄；苞片 2 至多片，宿存或脱落，或苞萼不分逐渐过渡；萼片 5 至多枚，脱落或宿存，有时向花瓣过渡；花瓣 5 至多枚，白色、黄色或红色；雄蕊多数，排成多列，稀为 4 ～ 5 枚，花丝分离或基部合生，子房上位，稀半下位；胚珠垂生或侧面着生于中轴胎座，稀为基底胎座，花柱分离或合生。果为蒴果或不开裂的核果和浆果状；种子圆形、多角形或扁平，有时具翅。

约 19 属，600 种，广泛分布于东西两半球热带和亚热带，尤以亚洲最为集中，中国 12 属，274 余种，全国均有分布；鹤山连引入栽培的共 6 属，12 种，1 变种。

1. 花较小，直径小于 2 cm；浆果或闭果；种子多而小。
   2. 花两性 ·······················1. 杨桐属 Adinandra
   2. 花单性 ·····························3. 柃属 Eurya
1. 花较大，直径 2 ～ 12 cm；蒴果；种子大。
   3. 萼片常多于 5 枚，宿存或脱落；花瓣 5 ～ 14 枚；种子大，无翅。
      4. 蒴果从上部开裂，中轴脱落 ·········2. 山茶属 Camellia
      4. 蒴果从基部向上开裂，中轴宿存 ·····5. 核果茶属 Pyrenaria
   3. 萼片 5 枚，宿存；花瓣 5 枚；种子小，有翅或无翅。
      5. 果长筒形；种子上端有长翅 ·········4. 大头茶属 Polyspora
      5. 果近球形；种子周围有翅 ···········6. 木荷属 Schima

1. 杨桐属 Adinandra Jack

常绿乔木或灌木；枝互生，嫩枝和顶芽通常被毛。单叶互生，二列，革质，有时纸质，常有腺点，或有绒毛突出边缘，全缘或有锯齿；具叶柄。花两性，单朵腋生，偶有双生，具花梗，下弯，稀直立；小苞片 2 片，着生于花梗顶端，对生或互生，宿存或早落；萼片 5 枚，覆瓦状排列，厚而不脱落，花后增大，不等大；花瓣 5 枚，白色，覆瓦状排列，基部稍合生，外面无毛或被绢毛，内面常无毛；雄蕊多数，通常 15 ～ 60 枚，排成 1 ～ 5 轮，着生于花冠基部，花丝通常连合，稀分离，若排成 2 轮以上则常不等长，被毛或无毛，花药长圆形，直立，基部着生；子房被柔毛或无毛，3 或 5 ～ 6 室，稀 2 或 4 室，胚珠每室多数。浆果，不开裂；种子多数，常细小，深色，有光泽，并有小窝孔。

约 85 种，广泛分布于亚洲热带和亚热带地区。中国 22 种，产于长江以南各省区；鹤山 1 种。

1. 杨桐
Adinandra millettii (Hook. et Arn.) Benth et Hook. f. ex Hance

灌木或小乔木。树皮灰褐色；枝圆筒形，小枝褐色，无毛，一年生新枝淡灰褐色，初时被灰褐色平伏短柔毛，后变无毛。叶互生，革质，长圆状椭圆形，长 4.5 ～ 9 cm，宽 2 ～ 3 cm，顶端短渐尖或近钝形，基部楔形，边全缘，极少沿上半部疏生细锯齿，上面亮绿色，下面淡绿或黄绿色。花单朵腋生，花梗纤细，疏被短柔毛或几无毛；小苞片 2 片，早落，线状披针形；雄蕊约 25 枚，长 6 ～ 7 mm；花丝分离或几分离，着生于花冠基部，花药线状长圆形。果球圆形，疏被短柔毛，直径约

1 cm，成熟时黑色；种子多数，深褐色，表面具网纹。花期 5 ~ 7
月；果期 8 ~ 10 月。

鹤山各地常见，生于鹤城昆仑山等地，生于山地疏林中。
分布于中国广东、广西、湖南、湖北、福建、浙江、江西、安徽、
贵州等省。越南也有分布。

果可食。树姿优美，为优良的乡土绿化树种。

2. 山茶属 Camellia L.

灌木或乔木。叶多为革质，羽状脉，有锯齿，具柄，少数
抱茎叶近无柄。花两性，顶生或腋生，单花或 2 ~ 3 朵并生，
有短柄；苞片 2 ~ 6 片或更多；萼片 5 ~ 6 枚，分离或基部连生，
有时更多；苞片与萼片优势逐渐转变，组成包被，脱落或宿存；
花冠白色或红色，有时黄色，基部多少连合；花瓣 5 ~ 12 枚；
雄蕊多数，排成 2 ~ 6 轮，外轮花丝常于下半部连合成花丝管，
并与花瓣基部合生；花药纵裂，背部着生，有时为基部着生。
果为蒴果，3 ~ 5 爿至上部裂开，少数从下部裂开，果爿木质
或栓质；中轴存在；种子圆球形或半圆形，种皮角质，胚乳丰富。

约 120 种，分布于东亚北回归线两侧。中国约 97 种，产于
华南、西南地区。鹤山连引入栽培的共 3 种，1 变种。

1. 嫩枝有毛。
　2. 叶革质，较小，长 5 ~ 7 cm ⋯⋯⋯⋯⋯ 2. 油茶 C. oleifera
　2. 叶薄革质，较大，长 8 ~ 14 cm ⋯⋯⋯⋯
　　⋯⋯⋯⋯⋯⋯ 4. 普洱茶 C. sinensis var. assamica
1. 嫩枝无毛或有微柔毛。
　3. 蒴果较小，直径小于 3 cm ⋯⋯⋯⋯ 3. 茶 C. sinensis
　3. 蒴果较大，直径 4 ~ 6.5 cm ⋯⋯⋯⋯
　　⋯⋯⋯⋯ 1. 浙江红花油茶 C. chekiangoleosa

1. 浙江红花油茶（浙江山茶）
Camellia chekiangoleosa Hu

灌木或小乔木，高 3 ~ 8 m，嫩枝无毛。叶椭圆形，长
6.5 ~ 12.5 cm，宽 2 ~ 6 cm，先端急尖，基部楔形至圆形，
边缘有齿。花顶生或腋生，单花，直径 7.5 ~ 12 cm，花红
色；花瓣 6 ~ 8 枚，基部与雄蕊柱连生成 10 ~ 15 mm；雄蕊
无毛，外轮花丝基部连生成 2 cm 长的短管。蒴果球形，直径
4 ~ 6.5 cm；每室种子 3 ~ 6 颗。花期冬季中期到春季。

鹤山偶见栽培。分布于中国福建、江西、湖南、浙江、安徽。
株形匀称，花大色艳，适于美化庭园。

2. 油茶
Camellia oleifera C. Abel
Camellia drupifera Lour.

常绿灌木或中乔木，树冠扁球形，枝叶繁密。叶革质，椭圆
形或近倒卵形，先端尖而有钝头，基部楔形，长 5 ~ 7 cm，宽
2 ~ 4 cm，上面深绿色、发亮，下面浅绿色，边缘有锯齿。花顶
生，无柄，苞片与萼片约 10 片，由外向内逐渐增大，阔卵形，
长 3 ~ 12 mm，背面有贴紧柔毛或绢毛，花后脱落；花瓣白色，5 ~ 7

枚,倒卵形,先端凹入或2裂,外侧雄蕊仅基部略连生;花药黄色,背部着生;子房3～5室。蒴果球形或卵圆形,直径2～4 cm。冬、春季为花期;果期9～10月。

鹤山各地常见栽培,产于龙口桔园村风水林,生于山地林中,分布于中国长江以南各省区。越南、缅甸、老挝也有分布。

种子可榨油。

3. 茶
Camellia sinensis (L.) Kuntze.
Camellia oleosa (Lour.) Rehder; *Thea sinensis* L.

灌木或小乔木,嫩枝无毛或有微柔毛。叶革质,长椭圆形或椭圆形,长4～12 cm,宽2～5 cm,先端急尖或钝,基部楔形,上面发亮,下面无毛或初时有柔毛,侧脉6～9对,边缘有锯齿;叶柄长3～8 mm,无毛。花1～3朵腋生,白色,直径2～3 cm;苞片2片,早落;萼片5枚,宿存;花瓣5～6枚,阔卵形,基部略连生;子房有毛,花柱3裂。蒴果三角状球形,每球有种子1～2颗,长1～1.5 cm。花期10至翌年2月;果期8～10月。

鹤山各地常见栽培,逸为野生,产于鹤城昆仑山,生于密林中。分布于中国广东、海南。长江流域以南各地有栽培。日本、印度、越南、朝鲜、缅甸、泰国也有分布。

4. 普洱茶
Camellia sinensis (L.) Kuntze var. **assamica** (J. W. Masers) Kitam.
Camellia assamica (Mast.) H. T. Chang; *Thea assamica* Mast.

灌木或小乔木。嫩枝有微毛，顶芽有白柔毛。叶薄革质，椭圆形，长 8 ~ 14 cm，宽 3.5 ~ 7.5 cm，先端锐尖，基部楔形，上面干后褐绿色，略有光泽，下面浅绿色，中肋上有柔毛，其余被短柔毛，老叶变秃，边缘有细锯齿，叶柄被柔毛。花白色，腋生，直径约 3 cm，花柄被柔毛；苞片 2 片，早落；萼片 5 枚，近圆形，外面无毛；花瓣 6 ~ 7 枚，倒卵形，无毛；雄蕊长 8 ~ 10 mm，离生，花柱长 8 mm，先端 3 裂。蒴果扁三角球形，直径约 2 cm，3 片裂开；种子每室 1 颗，近圆形，直径 1 cm。花期 12 月至翌年 2 月；果期 8 ~ 10 月。

鹤山偶见野生，产于鹤城昆仑山，生于疏林中；鹤山各地常见栽培。分布于中国广东、海南、广西、云南西南部，现南方大部分茶场均有栽培。越南、老挝、缅甸、泰国也有分布。

著名的茶饮料植物。

3. 柃属 **Eurya** Thunb.

常绿灌木或小乔木，稀为大乔木；冬芽裸露；嫩枝圆柱形或具 2 ~ 4 棱，被披散柔毛、短柔毛、微毛或无毛。叶革质至几膜质，互生，常排成二列，边缘具齿，稀全缘；通常具柄。花小，1 至数朵腋生或生于无叶小枝的叶痕腋，具短梗；单性，雌雄异株；雄花：苞片 2 片，常贴于萼片下，互生；萼片 5 枚，覆瓦状排列，常不等大，膜质、革质或坚革质，宿存；花瓣 5 枚，白色，膜质，基部合生；雄蕊 5 ~ 35 枚，排成一轮，花丝无毛，与花瓣基部相连或几分离，花药长圆形或卵状长圆形，基部着生，花药 2 室，具 2 ~ 9 分格或不具分格。雌花：常无退化雄蕊；子房上位，2 ~ 5 室，中轴胎座，胚珠每室 3 ~ 60 个，着生于心皮内角的胎座上，花柱 5 ~ 2 枚，分离或呈不同程度的结合，顶端 5 ~ 2 裂，柱头线形。果浆果状；种子黑褐色，具细蜂窝状网纹。

约 130 种，分布于亚洲热带和亚热带地区及西南太平洋岛屿。中国 83 种，分布于长江以南各省区；鹤山 3 种。

1. 嫩芽及嫩枝有毛 ················· 1. 米碎花 E. chinensis
1. 嫩芽及嫩枝无毛。
　2. 叶较大，长 6 ~ 14 cm，宽 2 ~ 4.5 cm；果较大，直径 5 mm ················· 2. 黑柃 E. macartneyi
　2. 叶较小，叶长 4 ~ 7 cm，宽 1.5 ~ 2.5 cm；果较小，直径 3 ~ 4 mm ················· 3. 亮叶柃 E. nitida

1. 米碎花
Eurya chinensis R. Br.

灌木。多分枝；茎皮灰褐色或褐色，平滑；嫩枝具 2 棱，黄绿色或黄褐色，被短柔毛，小枝稍具 2 棱，灰褐色或浅褐色，几无毛；顶芽披针形，密被黄褐色短柔毛。叶薄革质，倒卵形或倒卵状椭圆形，长 2 ~ 5.5 cm，宽 1 ~ 2 cm，顶端钝而有微凹或略尖，偶有近圆形，基部楔形，边缘密生细锯齿，有时稍反卷。花 1 ~ 4 朵簇生于叶腋，花梗长约 2 mm，无毛；花瓣 5 枚，白色，倒卵形；雄蕊 15 枚；雌花的小苞片和萼片与雄花相同，但较小。果实圆球形，有时为卵圆形，成熟时紫黑色；种子肾形，黑褐色，有光泽，表面具细蜂窝状网纹。花期 11 ~ 12 月；果期翌年 6 ~ 7 月。

鹤山偶见，产于龙口仓下村后山、鹤城昆仑山山顶，生于灌草丛。分布于中国广东、广西、福建、台湾、江西、湖南、四川。

2. 黑柃
Eurya macartneyi Champ.

灌木或小乔木，高达 7 m，树皮黑褐色，小枝灰褐色。叶革质，长椭圆形或椭圆形，长 6 ~ 14 cm，宽 2 ~ 4.5 cm，顶端短渐尖，近全缘，或上半部有细锯齿，两面无毛；中脉上面凹下，下面凸起，侧脉 12 ~ 14 对；叶柄长 3 ~ 4 mm。雄花无毛，萼片 5 枚，花瓣 5 枚；雌花萼片 5 枚，花瓣 5 枚，子房 3 室，花柱 3 枚，分离。果实圆球形，直径 5 mm，成熟时黑色。花期 11 月至翌年 1 月；果期 6 ~ 8 月。

鹤山偶见，产于昆仑山山腰，生于山坡沟谷疏、密林中。分布于中国广东、香港、海南、广西、湖南、江西、福建。

3. 亮叶柃（细齿叶柃）
Eurya nitida Korth.

小乔木或灌木，全株无毛，嫩枝有棱。叶长 4 ~ 7 cm，宽 1.5 ~ 2.5 cm；侧脉不明显，边缘密生细钝齿；叶柄长 3 mm。雄花 1 ~ 3 朵腋生，萼片近圆形，花瓣倒卵形，长 3.5 ~ 4 mm，雄蕊 14 ~ 17 枚，与花瓣近等长；雌花 1 ~ 4 朵腋生。果球形，直径 3 ~ 4 mm。花期 11 月至翌年 1 月；果期翌年 7 ~ 9 月。本种与米碎花极相似，但本种嫩枝和顶芽完全无毛，叶片较大，顶端渐尖，易于区别。

鹤山常见，产于鹤城昆仑山山顶、共和獭山村风水林，生于灌草丛。分布于中国长江以南各省区。生于低海拔的常绿林内。东南亚各国也有分布。

4. 大头茶属 Polyspora Sweet

常绿乔木。叶革质，长圆形，羽状脉，全缘或有少数齿突，叶有柄。花大，白色，腋生，有短柄；苞片 2 ~ 7 片，早落；萼片 5 枚，干膜质或革质，宿存或半存；花瓣 5 ~ 6 枚，基部略连生；雄蕊多数，着生于花瓣基部，排成多轮，花丝离生，花药 2 室，背部着生；子房 3 ~ 5 室，有时 7 室，花柱连合，先端 3 ~ 5 浅裂或深裂；胚珠每室 4 ~ 8 颗。蒴果长筒形，室背裂开，果爿木质，中轴宿存，长条形，与多数种脐断落遗下斑痕；种子扁平，上端有长翅，胚乳缺。

约 40 种，产于东南亚。中国 6 种，产于华南、西南地区。鹤山栽培 1 种。

1. 大头茶
Polyspora axillaris (Roxb. ex Ker Gawl.) Sweet
Gordonia axillaris (Roxb. ex Ker Gawl.) D. Dietr.

乔木，嫩枝粗大，无毛。叶革质，倒披针形，长 6 ~ 14 cm，宽 2.5 ~ 4 cm，先端圆形或钝，基部狭而下延，侧脉在上下面均不明显，无毛，全缘，偶有少数齿突；嫩叶红褐色；叶柄长 1 ~ 1.5 cm，粗大，无毛。花生于枝顶叶腋，直径 7 ~ 10 cm，白色，花柄极短；苞片 4 ~ 5 片，早落，萼片卵圆形，长 1 ~ 1.5 cm，背面有柔毛，宿存；花瓣 5 枚，最外 1 枚较短，外面有毛，其余 4 枚阔倒卵形或心形，先端凹入，长 3.5 ~ 5 cm；雄蕊长 1.5 ~ 2 cm，基部连生，无毛；子房 5 室，被毛，花柱长 2 cm，有绢毛。蒴果 2.5 ~ 3.5 cm，5 月裂开。花期 10 月至翌年 1 月；果期 11 ~ 12 月。

桃源鹤山市林科所有栽培。分布于中国广东、海南、广西、台湾。越南也有分布。

树姿优美整齐，叶色终年亮泽，花大而色洁白，可作园林绿化。

5. 核果茶属 Pyrenaria Blume

常绿乔木。叶革质，互生，边缘有锯齿，具柄。花两性，白色或淡黄色，单生于枝顶叶腋内，有短柄；苞片 2 片，与萼片同形；萼片 5 ~ 10 枚，革质，通常被毛，半宿存；花瓣 5 枚，外面常被毛；雄蕊多数，花丝分离，插生于花瓣基部；花药 2 室，背部着生；子房 3 ~ 6 室，花柱连生，柱头 3 ~ 6 裂；胚珠每室 2 ~ 5 颗。蒴果木质，3 ~ 6 爿从基部向上开裂，中轴宿存；种子每室 2 ~ 5 颗，沿中轴胎座垂直排列；种皮骨质，种脐纵长，无胚乳。

约 26 种，分布于亚洲热带地区。中国 13 种，分布于华南、西南地区；鹤山连引入栽培的共 2 种。

1. 叶较小，长 4.5 ~ 12 cm；果较小，宽 1 ~ 1.5 cm ············
 ························· **1. 小果核果茶 P. microcarpa**

1. 叶较大，长 12 ~ 16 cm；果较大，宽 4 ~ 7 cm ············
 ························· **2. 大果核果茶 P. spectabilis**

1. 小果核果茶（小果石笔木）
Pyrenaria microcarpa (Dunn.) H. Keng
Tutcheria microcarpa Dunn.

乔木。嫩枝无毛或初时有微毛。叶革质，椭圆形至长圆形，长 4.5 ~ 12 cm，宽 2 ~ 4 cm，先端尖锐，基部楔形，上面干后黄绿色，发亮，下面无毛，侧脉 8 ~ 9 对，在两面均能见，边缘有细锯齿，叶柄长 5 ~ 8 mm。花细小，白色，直径 1.5 ~ 2.5 cm，花柄长 1 mm；苞片 2 片，卵圆形，长 2 ~ 3 mm；萼片 5 枚，圆形，长 4 ~ 8 mm；花瓣长 8 ~ 12 mm，背面

和萼片同样有绢毛；雄蕊长 6 ~ 8 mm，无毛；子房 3 室，有毛，花柱长 6 ~ 8 mm，无毛。蒴果三角球形，长 1 ~ 1.8 cm，宽 1 ~ 1.5 cm，两端略尖，种子长 6 ~ 8 mm。花期 6 ~ 7 月。

鹤山偶见，产于鹤城昆仑山山顶，生于山地灌丛中。分布于中国华南、华中、华东地区。

株形美观，可作园林绿化。

2. 大果核果茶（石笔木、大果石笔木）
Pyrenaria spectabilis (Champ. ex Berth.) C. Y. Wu & S. X. Yang *Tutcheria championii* Nakai

常绿乔木。树皮灰褐色，嫩枝略有微毛，不久变秃。叶革质，椭圆形或长圆形，长 12 ~ 16 cm，宽 4 ~ 7 cm，先端尖锐，基部楔形，上面干后黄绿色，稍发亮，下面无毛，侧脉 10 ~ 14 对，与网脉在两面均稍明显，边缘有小锯齿，叶柄长 6 ~ 15 mm。花单生于枝顶叶腋，白色，直径 5 ~ 7 cm；花柄长 6 ~ 8 mm；苞片 2 片，卵形，长 8 ~ 12 mm；萼片 2.5 ~ 3.5 cm，先端凹入，外面绢毛，雄蕊长 1.5 cm；子房有毛，花柱连合，顶端 3 ~ 6 裂。胚珠每室 2 ~ 5 颗，蒴果球形，直径 5 ~ 7 cm，由下部向上开裂；果爿 5 片；种子肾形，长 1.5 ~ 2 cm。花期 6 月。

桃源鹤山市林科所有栽培。分布于中国广东、香港、广西、湖南、江西、福建。越南也有分布。

种子可榨油。植株矫健，枝繁叶茂，终年常绿，花大洁白，花期特长，可作园林绿化。

6. 木荷属 Schima Reinw. ex Blume

乔木，树皮有不整齐的块状裂纹。叶常绿，全缘或有锯齿，有柄。花大，两性，单生于枝顶叶腋，白色，有长柄；苞片 2 ~ 7 片，早落；萼片 5 枚，革质，覆瓦状排列，离生或基部连生，宿存；花瓣 5 枚，最外 1 枚风帽状，在花蕾时完全包着花朵，其余 4 枚卵圆形，离生；雄蕊多数，花丝扁平，离生，花药 2 室，常被增厚的药分开，基部着生；子房 5 室，被毛，花柱连合，柱头头状或 5 裂；胚珠每室 2 ~ 6 颗。蒴果球形，木质，室背开裂；中轴宿存，顶端增大，五角形；种子扁平，肾形，周围有薄翅。

约 20 种，产于亚洲热带地区。中国 13 种，产于华南、华东、西南地区；鹤山连引入栽培的共 2 种。

1. 叶边缘有锯齿，嫩枝通常无毛 ·········· 1. 木荷 S. superba
1. 叶全缘，嫩枝有柔毛 ·········· 2. 西南木荷 S. wallichii

1. 木荷（荷木）
Schima superba Gardner & Champ.

乔木。嫩枝通常无毛。叶革质或薄革质，长 7 ~ 12 cm，宽 4 ~ 6.5 cm，先端尖锐，有时略钝，基部楔形，上面干后发亮，下面无毛，侧脉 7 ~ 9 对，在两面明显，边缘有钝齿；叶柄长 1 ~ 2 cm。花生于枝顶叶腋，常多朵排列成总状花序，直径 3 cm，白色；花柄长 1 ~ 2.5 cm，纤细，无毛；苞片 2 片，贴近萼片，长 4 ~ 6 mm，早落；萼片半圆形，常 2 ~ 3 mm，外面无毛，内面有绢毛；花瓣 5 枚，长 1 ~ 1.5 cm，最外 1 枚风帽状，边缘多少有毛；子房有毛。蒴果近球形，直径 1.5 ~ 2 cm；种子有翅。花期 6 ~ 8 月；果期 10 ~ 12 月。

鹤山各地常见，产于桃源鹤山市林科所、共和（里村华伦庙后面风水林、獭山村风水林）、鹤城昆仑山、龙口桔园风水林、宅梧泗云管理区元坑村风水林、雅瑶昆东洞田村风水林，生于常绿阔叶林。分布华东、华南至西南及台湾。

树姿挺拔，叶色四季葱绿，常作荒山绿化。由于木荷具耐火性，故在人工林中常用其作为防火带。

2. 西南木荷（峨眉木荷、红荷木）
Schima wallichii (Candolle) Korthals

常绿乔木，高达 15 m，嫩枝有柔毛，老枝有白色皮孔。叶大，长椭圆状披针形，薄革质，绿色，有光泽，螺旋状着生于枝端，幼时青铜红色，全缘。花白色，数朵生于枝顶叶腋，径约 5 cm，微香，雄蕊鲜黄色。蒴果圆球形，花期 7 ~ 8 月。

鹤山偶见栽培，产于桃源鹤山市林科所、鹤城昆仑山等地。分布于中国广西、贵州、云南、西藏。印度、尼泊尔、中南半岛及印度尼西亚也有分布。

叶色浓绿，枝叶茂盛，是优良的荒山绿化树种。

114. 金莲木科 Ochnaceae

乔木或灌木，少有草本。单叶互生，极少有羽状复叶，通常有多数羽状脉，托叶有时成撕裂状。花两性，辐射对称，排成顶生或腋生的总状花序或圆锥花序，有时为伞形花序，极少单生，具苞片；花萼5枚，少有10枚，分离，覆瓦状排列，有时基部合生，通常宿存；花瓣5～10枚，基部无爪或具短爪，覆瓦状排列或旋转排列；雄蕊5～10枚或多数，分离，花丝通常宿存，花药条形，基着，纵裂或顶孔开裂，退化雄蕊有时存在尖锥状或花瓣状，有时合生成管状；子房上位，全缘或深裂，1～12室，花柱单生或少有顶部分裂，胚珠每室1～2颗或多颗，生于中轴胎座或侧膜胎座上。成熟心皮常完全分离且成核果状，位于增大的花托上，或成蒴果而室间开裂；种子1至多颗。

本科约27属，约500种，分布于热带地区。主产于美洲。中国3属，4种，产于广东、广西。鹤山1属，1种。

1. 金莲木属 Ochna L.

灌木或小乔木。单叶互生，通常有锯齿，少有全缘，侧脉近边缘处弯拱，但不连结成明显的边脉；托叶小，于叶柄内连合，脱落。花大，排成具苞片的圆锥花序、伞房花序或伞形花序，腋生或顶生；花萼5枚，宿存，常有颜色，结果时增大；花瓣5～10枚，黄色，1或2轮排列；雄蕊多数，2或多轮排列，花丝短或伸长，花药通常顶孔开裂；子房深裂，3～12室，每室有直立的胚珠1颗，生于中轴胎座上，花柱合生，柱头通常盘状，浅裂。核果3～10颗，少有12颗，环生于扩大的花托上；种子直立，无胚乳。

约85种，大部分分布于非洲热带地区，少数产亚洲热带。中国有1种，产广东、广西。鹤山1种。

1. 金莲木
Ochna integerrima (Lour.) Merr.
Ochna harmardii Lecomte

落叶灌木或小乔木，高2～7 m，胸径6～16 cm，小枝灰褐色，无毛，常有明显的环纹。叶纸质，椭圆形、倒卵状长圆形或倒卵状披针形，长8～19 cm，宽3～5.5 cm，顶端急尖或钝，基部阔楔形，边缘有小锯齿，无毛，中脉两面均隆起；叶柄长2～5 mm。

花序近伞房状，长约4 cm，生于短枝的顶部；花直径达3 cm，花柄长1.5～3 cm，近基部有关节；萼片长圆形，长1～1.4 cm，顶端钝，开放时外反，结果时呈暗红色；花瓣5枚，有时7枚，倒卵形，长1.3～2 cm，顶端钝或圆；雄蕊3轮排列，花丝宿存；子房10～12室，花柱圆柱形，柱头盘状，5～6裂。核果长1～1.2 cm，顶端钝，基部微弯。花期3～4月；果期5～6月。

鹤山少见，产于雅瑶昆东洞田村风水林，生于常绿阔叶林中。分布于中国广东、海南、广西。印度、巴基斯坦、缅甸、泰国、马来西亚、柬埔寨和越南也有分布。

花大色艳，可供园林观赏。

116. 龙脑香科 Dipterocarpaceae

常绿或半常绿乔木，木质部具芳香树脂；小枝通常具环状托叶痕。单叶互生，全缘或具波状圆齿，侧脉羽状，托叶宿存或早落。花大，部分芳香，组成顶生或腋生的总状花序、圆锥花序；苞片通常小或无，稀大而宿存。花序、花萼、花瓣、子房和其他部分通常被星状毛、鳞片状毛、束毛或绒毛。花两性，辐射对称；花萼裂片5枚，覆瓦状排列或镊合状排列，分离或基部连合；花瓣5枚，旋转状排列或镊合状排列，分离或基部连合；雄蕊（10～）15枚至多数，与花瓣离生、贴生或合生，花丝通常基部扩大，花药2室；子房上位，稀半下位，稍陷于花托内；通常3室，每室具胚珠2颗。果实为坚果状，常被增大的萼管所包围，不开裂或为3瓣裂的蒴果；常具增大的翅状花萼裂片；种子1枚，稀2枚，无胚乳。

约 17 属，550 种，分布于亚洲及非洲热带、南美。中国产 5 属，12 种，分布于云南、海南、广西以及西藏。鹤山栽培 2 属，2 种。

1. 萼片覆瓦状排列；花柱锥状，具明显的花柱基 ······
······ 1. 坡垒属 Hopea
1. 萼片镊合状排列；花柱圆柱形，柱头头状或圆锥状 ······
······ 2. 青梅属 Vatica

1. 坡垒属 Hopea Roxb.

乔木，具白色芳香树脂。叶全缘，近革质，侧脉羽状，在边缘连结；托叶小，早落。花序为腋生或顶生的圆锥花序和圆锥状的总状花序；花无柄或具短柄，偏生于花序分枝的一侧；花萼裂片 5 枚，覆瓦状排列，先端圆形；花瓣 5 枚，通常在蕾时裸露部分被毛；雄蕊 10 ~ 15 枚，花药卵形，药室近相等；子房 3 室，每室具胚珠 2 枚，花柱短，锥状，具明显的花柱基。果实卵圆形或球形，壳较薄，外面通常被腊质，具种子 1 颗；2 枚花萼裂片增大为翅状或均不为翅状。

约 100 种，分布于印度南部、缅甸、泰国、越南、老挝、柬埔寨、马来西亚、印度尼西亚、菲律宾等国。中国 4 种，分布于海南、广西、云南。鹤山栽培 1 种。

1. 坡垒
Hopea hainanensis Merr. & Chun

常绿乔木，高约 20 m，树皮灰白色，具白色皮孔。叶近革质，长圆形，长 8 ~ 14 cm，宽 5 ~ 8 cm，先端微钝或渐尖，基部圆形。侧脉 9 ~ 12 对，叶脉在叶背凸起，叶色翠绿光亮；叶柄粗壮，长约 2 cm。圆锥花序腋生或顶生，密被星状毛或灰色绒毛。花小，偏生于花序分枝的一侧；花萼裂片 5 枚，覆瓦状排列；花瓣 5 枚，旋转排列，长圆形或椭圆形；雄蕊 15 枚，2 轮排列；子房长圆形，基部具长丝毛。果实卵圆形，为宿存的萼片所包围，其中 2 枚扩大成翅状，形状特异。花期 6 ~ 7 月；果期 11 ~ 12 月。

桃源鹤山市林科所有栽培。分布于中国海南。华南地区有栽培。越南也有分布。

珍贵用材树种之一，为有名的高强度用材，经久耐用，最适宜做渔轮的外龙骨；亦作码头桩材、桥梁和其它建筑用材等。四季常绿，果形奇特，可供观赏。

2. 青梅属 Vatica L.

乔木，具白色芳香树脂。叶革质或近革质，全缘，羽状脉，网脉明显。托叶小，早落。花为顶生或腋生的圆锥花序，常被星状毛和绒毛；萼管短小，与子房基部合生，花萼裂片 5 枚，镊合状排列；花瓣 5 枚，镊合状排列，长为花萼的 2 ~ 3 倍；雄蕊（10 ~ ）15 枚，花丝不等长，花药长圆形，药隔附属体短而钝；子房 3 室，每室具胚珠 2 颗，花柱短，圆柱形，柱头头状或圆锥状，全缘或齿裂。果实圆形或椭圆形，具种子 1 ~ 2 颗；花萼裂片或等长而短于果，或不等长而短于果，如属后者时则其中 2 枚常扩大而成狭长的翅。

约 65 种，分布于印度南部与东部、缅甸、泰国、柬埔寨、老挝、越南、马来西亚、印度尼西亚、菲律宾等国。中国 3 种，分布于海南、广西、云南。鹤山栽培 1 种。

1. 青梅
Vatica mangachapoi Blanco
Vatica astrotricha Hance

常绿乔木，具白色芳香树脂；小枝被星状绒毛。叶革质，全缘，长圆形，长 5 ~ 13 cm，宽 2 ~ 5 cm；侧脉 7 ~ 12 对，两面均突起，网脉明显；叶柄密被灰黄色短绒毛。圆锥花序顶生或腋生，被银灰色的星状毛；花萼片 5 枚，镊合状排列；花瓣 5 枚，常白

色，芳香，线状匙形。果近球形，宿存的萼片在基部合成平盘状，其中2个呈翅状。花期5~6月；果期8~9月。

桃源鹤山市林科所有栽培。分布于中国海南。华南地区有栽培。越南、泰国、马来西亚、印度尼西亚和菲律宾也有分布。

木材心材比较大，为优良的渔轮材之一。树形美观，叶色翠绿，花开时节，芳香馥郁，适作园景树、行道树。

118. 桃金娘科 Myrtaceae

乔木或灌木。单叶互生或对生，全缘，常有油点或腺点；羽状脉或基出脉，侧脉于叶边缘处接成边脉。花两性，有时杂性，排成各种花序状的聚伞花序或花单生，常有苞片及小苞片，早落；花萼筒杯状、钟形或漏斗形，花萼片4~5枚或更多，有时花萼片粘合成帽盖状；花瓣4~5枚，离生或合生成帽盖状，或无花瓣；雄蕊多数，稀少数，着生于花盘边缘，在花蕾时内弯或折曲，花丝离生或合生成管状或成束而与花瓣对生，花药2室，纵裂或顶端孔裂，药隔末端常有1枚腺体；子房下位或半下位，稀上位，1至多室，偶有假隔膜；胚珠每室1至多数。蒴果、浆果、核果或坚果；种子1至多数。

约130属，4 500~5 000多种，主产于美洲热带地区、亚洲及大洋洲热带地区。中国10属，121种，主产于中国华南地区，以及福建、云南等省区，少数种分布到长江流域；鹤山连引入栽培的共8属，21种。

1. 果为蒴果。
   2. 叶大，具羽状脉
      3. 萼片与花瓣连合成帽状体 ⋯⋯⋯⋯⋯⋯ 3. 桉属 Eucalyptus
      3. 花瓣基部狭窄，分离 ⋯⋯⋯⋯⋯⋯ 4. 红胶木属 Lophostemon
   2. 叶细小，具1~5条直脉
      4. 成熟叶对生；花单生叶腋或排成聚伞花序，雄蕊5~10枚或稍多 ⋯⋯⋯⋯⋯⋯ 1. 岗松属 Baeckea
      4. 成熟叶互生；花排成穗状、总状或头状花序，雄蕊多数。
         5. 雄蕊离生或基部稍合生，多列 ⋯⋯⋯⋯⋯⋯ 2. 红千层属 Callistemon
         5. 雄蕊基部连成5束，与花瓣对生 ⋯⋯⋯⋯⋯⋯ 5. 白千层属 Melaleuca
1. 果为浆果或核果。
   6. 叶为离基三出脉 ⋯⋯⋯⋯⋯⋯ 7. 桃金娘属 Rhodomyrtus
   6. 叶为羽状脉。
      7. 幼枝被毛；果有种子多颗 ⋯⋯⋯⋯⋯⋯ 6. 番石榴属 Psidium
      7. 嫩枝通常无毛；果有种子1~2颗 ⋯⋯ 8. 蒲桃属 Syzygium

1. 岗松属 Baeckea L.

乔木或灌木。叶线形或披针形，对生，全缘，有油腺点。花小，白色或红色，5朵，有短梗或无梗，单朵或数朵，聚成头状花序状的聚伞花序；小苞片2片，细小，脱落；花萼管钟形或半球形，常与子房合生，花萼齿5枚，膜质，宿存；花瓣5枚，近圆形；雄蕊5~10(~20)枚，比花瓣短，花丝短，花药纵裂；子房下位或半下位，稀上位，2~3室，每室胚珠数颗，花柱短，柱头稍扩大。蒴果，包藏于花萼筒内，成熟时开裂成2~3裂瓣，每室种子1~3颗，或稍多；种子肾形，有角，胚直，无胚乳，子叶短小。

约70种，主产于南亚和东南亚及澳大利亚。中国1种，产于南方各省区；鹤山1种。

1. 岗松（铁扫帚）
Baeckea frutescens L.

灌木，有时为小乔木。嫩枝纤细，分枝多。叶小，对生，狭带形或线形，长0.5~1 cm，宽约1 mm，常对折，先端尖，上面有沟，下面凸起，有透明的油腺点；中脉1条，无侧脉；无叶柄或有短柄。花小，白色，单生于叶腋；苞片早落；花梗极短；花萼筒钟状，萼齿5枚，细小，三角形；花瓣圆形，分离，基部狭窄成短柄；雄蕊10枚或稍少，成对与萼齿对生；子房下位，3室；花柱短，宿存。蒴果小，直径1~2 mm；种子扁平，有角。花期夏、秋季。

鹤山各地常见，产于鹤城昆仑山，生于山顶草丛。分布于中国华南，以及江西、福建、浙江。东南亚各地及澳大利亚也有分布。

叶药用，可治黄疸、膀胱炎等症。

2. 红千层属 Callistemon R. Br.

乔木或灌木。叶互生，有油腺点，线状或披针形，全缘，有柄或无柄。花单生于苞片腋内，常排成穗状或头状花序，生于枝顶，花开后花序轴能继续生长；苞片脱落；无花梗；萼管卵形，萼齿5枚，脱落；花瓣5枚，圆形；雄蕊多数，红色或黄色，分离或基部稍合生，常比花瓣长数倍，花药背部着生，药室平行，

纵裂；子房下位，与萼管合生，3～4室，胚珠多数，花柱线形，柱头不扩大。蒴果全部藏于萼管内，球形或半球形，先端平截，果瓣不伸出萼管，顶部开裂；种子长条状，种皮薄，胚直。

约20种，产于澳大利亚。中国栽培有3种；鹤山栽培1种。

1. 垂花红千层（串钱柳）
Callistemon viminalis G. Don

灌木或小乔木，株高1～5m，枝条细长，上扬不下垂。叶互生，披针形或狭线形。花顶生，圆柱形穗状花序。花、果期春至秋季。

鹤山市各公园有栽培，见于共和、鹤城街心公园。原产于大洋洲。中国南方常见栽培。

株形优美，盛花时悬垂满树，美艳醒目，为高级庭园美化观花树、行道树。

3. 桉属 Eucalyptus L' Hér

乔木或灌木，常有含鞣质的树脂。叶片多为革质，多型，幼态叶与成长叶常截然两样，还有过渡型叶，幼态叶多为对生，3至多对，有短柄或无柄或兼有腺毛；成熟叶片常为革质，互生，全缘，具柄，阔卵形或狭披针形，常为镰状，侧脉多数，有透明腺点，具边脉。花数朵排成伞形花序，腋生或多枝集成顶生或腋生圆锥花序，白色，少数为红色或黄色；有花梗或缺；萼管钟形、倒圆锥形或半球形，先端常为平截；花瓣与萼片合生成一帽状体或彼此不结合而有2层帽状体，花开放时帽状体整个脱落；雄蕊多数，多列，常分离，着生于花盘上；子房与萼管合生，顶端多少隆起，3～6室，胚珠极多，花柱不分裂。蒴果全部或下半部藏于扩大的萼管里，当上半部突出萼管时常形成果瓣；种子极多，种皮坚硬，有时扩大成翅。

约700种，集中于澳大利亚及其附近岛屿，组成当地森林的主要成分，世界各地热带亚热带地区广泛引种栽培，有少数种类引种至温带地区。中国引种约110种，其中半数是解放后引入的，有部分种类在造林方面已取得初步成效。鹤山栽培7种。

1. 全部或下部树皮厚，粗糙，宿存。
  2. 蒴果卵状壶形 ·················· 4. 桉树 E. robusta
  2. 蒴果球形或半球形。
    3. 树皮不脱落；总花梗圆柱形 ·········3. 窿缘桉 E. exserta
    3. 树皮上部剥落，基部宿存；总花梗扁，帽状花等腰圆锥形
    ·················· 7. 尾叶桉 E. urophylla
1. 树皮薄，光滑，脱落。
  4. 成熟叶卵形，有毛 ·············· 6. 毛叶桉 E. torelliana
  4. 成熟叶片披针形或狭披针形，无毛。
    5. 伞形花序；蒴果近球形
      6. 幼态叶卵形至圆形，稀为阔披针形；帽状体长为萼管的3～4倍 ·············· 5. 细叶桉 E. tereticornis
      6. 幼态叶阔披针形；帽状体长为萼管的1～3倍 ··············
      ·················· 1. 赤桉 E. camaldulensis
    5. 圆锥花序；蒴果壶形 ·········· 2. 柠檬桉 E. citriodora

1. 赤桉
Eucalyptus camaldulensis Dehnh.

常绿乔木，高达25m。树皮平滑，暗灰色。幼叶对生，阔披针形；成熟叶薄革质，狭披针形，长达30cm，稍弯曲，两面具有黑腺点。伞形花序腋生，花白色；花梗纤细；花蕾卵形；萼筒半球形，帽状体长约6mm，近先端尖锐。蒴果近球形。花期12至翌年8月。

鹤山人工林有栽培。原产于澳大利亚东部及东北部。中国热带地区有栽培。

2. 柠檬桉
Eucalyptus citriodora Hook. f.

桃源址山等地有栽培。原产于澳大利亚东部及东北部。中国广东、海南、广西、江西、福建、台湾、浙江、四川、云南有栽培。

树干通直,高耸挺拔,树皮光滑洁白,常用作行道树、景观树。

3. 窿缘桉
Eucalyptus exerta F. Muell.

乔木,高达 18 m。树皮不脱落,粗糙,有纵沟,灰褐色。幼枝有钝棱,常下垂。幼态叶窄披针形,有短柄;成熟叶窄披针形,长 8 ~ 15 cm,稍弯曲,两面有黑色腺点;叶柄长约 1.5 cm。伞形花序腋生,花序梗圆柱形;花梗长 3 ~ 4 mm;花蕾长卵圆形,

常绿乔木,高达 28 m。树皮每年剥落后呈灰白色,光滑。幼苗及萌芽枝的叶对生,卵状披针形,密被棕红色腺毛;成熟叶互生,窄披针形,长 10 ~ 15 cm,稍弯曲,两面具有黑腺点,揉之具浓烈的柠檬香味。圆锥花序腋生,花白色;花梗短,有 2 棱;花蕾倒卵圆形;萼筒长约 5 mm,帽状体长约 1.5 mm,比萼筒稍宽,顶端圆,有 1 尖凸。蒴果壶形,种子于夏冬季成熟。花期 4 ~ 9 月。

长 0.8 ~ 1 cm；萼筒半球形，长 2.5 ~ 3 mm。花期 5 ~ 9 月。

鹤山偶见栽培。原产于澳大利亚东部。中国广东、海南、广西、福建及台湾等省广为栽培。

木材红色，坚硬耐腐，是华南地区造林树种及用材树种，适于大面积绿化造林。可用于坡地绿化种植，也适于作城市行道树。

4. 桉树（桉、大叶桉）
Eucalyptus robusta Sm.

大乔木，高 20 m；树皮宿存，深褐色，厚 2 cm，稍软松；嫩枝有棱。幼态叶对生，叶片厚革质，卵形，长 11 cm，宽达 7 cm，有柄；成熟叶卵状披针形，长 8 ~ 17 cm，宽 3 ~ 7 cm；侧脉而明显，两面均有腺点。伞形花序粗大，有花 4 ~ 8 朵。蒴果卵状壶形。花期 4 ~ 9 月。

鹤山偶见栽培，见于桃源。原产于澳大利亚。中国华南、华东、华中以及西南有栽种。

树干高挺，枝繁叶茂，宜单植于庭园或栽作行道树。

5. 细叶桉
Eucalyptus tereticornis Sm.

大乔木，高约 25 m；树皮平滑，灰白色，长片状脱落，干基有宿存的树皮；嫩枝圆形，纤细，下垂。幼态叶片卵形至阔披针形，宽达 10 cm；过渡型叶阔披针形；成熟叶片狭披针形，长 10 ~ 25 cm，宽 1.5 ~ 2 cm，两面有细腺点；叶柄长 1.5 ~ 2.5 cm。伞形花序腋生，有花 5 ~ 8 朵，总花梗圆形，粗壮；花蕾长卵形，纵裂。蒴果近球形，果瓣 4。

鹤山偶见栽培，见于鹤城街心公园等地。原产于澳大利亚。中国华南，以及江西、福建、安徽、浙江、贵州、云南等地有栽培。

材用。可作荒山绿化。

6. 毛叶桉
Eucalyptus torelliana F. Muell.

大乔木；树皮光滑，灰绿色，块状脱落，基部有片状宿存树皮；嫩枝圆形，有粗毛。幼态叶对生，4 ~ 5 对，叶片卵形，长 7 ~ 15 cm，宽 4 ~ 9 cm，下面有毛，有短柄；成熟叶片薄革质，卵形，长 10 ~ 12 cm，宽 5 ~ 7 cm，先端尖，基部圆形，下面灰色。圆锥花序顶生及腋生，长 8 ~ 11 cm。蒴果球形。花期 10 月。

鹤山偶见栽培。原产于澳大利亚。中国广东、广西、福建、台湾有栽培。

园林中常栽作行道树。

尾叶桉

7. 尾叶桉
Eucalyptus urophylla S. T. Blake

常绿乔木，高达 30 m；茎干上部树皮平滑，树皮红棕色，上部剥落，基部宿存，灰褐色。幼态叶披针形，对生；成熟叶披针形或卵形，互生，革质，长 10 ~ 24 cm，揉之具有红花油气味。伞形花序腋生，花白色，总花梗扁，帽状花等腰圆锥形，顶端突尖。蒴果半球形，果瓣内陷。花期 8 ~ 10 月；果翌年 4 ~ 6 月成熟。

鹤山各地常见栽培，生于公路边及山地林。原产于印度尼西亚。中国广东、广西、海南等地有引种栽培。

树冠广阔，叶色浓绿，宜作荒山绿化和行道树。

4. 红胶木属 Lophostemon Schott

乔木或灌木。叶互生或聚于枝顶近似轮生，很少对生。花排成腋生聚伞花序；苞片脱落或缺；萼管卵形或倒圆锥形，萼裂片 5 枚，覆瓦状排列，宿存；花瓣 5 枚，白色或黄色，与萼管均有毛；雄蕊多数，花丝基部常合生成 5 束，与花瓣对生，花药背部着生，药室平行，纵裂；子房下位或半下位，3 室，花柱比雄蕊短，柱头稍扩大，胚珠多数。蒴果半球形或杯状，先端平截，果瓣藏于萼管内，3 片裂开；种子少数，带形，有时有翅。

4 种，分布于大洋洲及新几内亚。中国南部栽培 1 种。鹤山 1 种。

1. 红胶木
Lophostemon confertus (R. Br.) Peter G. Wilson & J. T. Waterhouse
Tristania conferta R. Br.

乔木，高达 20 m，胸径约 50 cm；树皮黑褐色，多少宿存，

坚硬；嫩枝初时扁而有棱，稍后变圆形，有短毛。叶片革质，聚生于枝顶，假轮生，长圆形或卵状披针形，长 7 ~ 15 cm，宽 3 ~ 7 cm，先端渐尖或尖锐，基部楔形，上面多突起腺点，下面有时带灰色，侧脉 12 ~ 18 对，以 50° ~ 60° 开角斜向上，在下面稍突起，网脉明显；叶柄长 1 ~ 2 cm，扁平。聚伞花序腋生，长 2 ~ 3 cm，有花 3 ~ 7 朵，总梗长 6 ~ 15 mm；花梗长 3 ~ 6 mm；萼管倒圆锥形，被灰白色长丝毛，花萼三角形，先端尖锐；花瓣倒卵状圆形，外面有毛；雄蕊束长 1 ~ 1.2 mm，花丝部分游离。蒴果半球形，直径 8 ~ 10 mm，先端平截，果瓣内藏。花期 5 ~ 7 月。

鹤山偶见，产于共和獭山村风水林，生于水沟旁。原产于澳大利亚。我国广东、广西栽培。

木材可供制车辆及家具等用途。树冠广阔，叶色浓绿，生长迅速，适宜作行道树或栽于森林公园、荒山绿化。

5. 白千层属 Melaleuca L.

乔木或灌木。叶互生，少数对生，叶片革质，披针形或线形，具油腺点，有基出脉数条；叶柄短或缺。花无梗，排成穗状或头状花序，有时单生于叶腋内，花序轴无限生长，花开后继续生长；苞片脱落；萼管近球形或钟形，萼片 5 枚，脱落或宿存；花瓣 5 枚；雄蕊多数，绿白色，花丝基部稍连合成 5 束，并与花瓣对生，花药背部着生，药室平行，纵裂；子房下位或半下位，与萼管合生，先端突出，3 室，花柱线形，柱头多少扩大，胚珠多数。蒴果半球形或球形，顶端开裂；种子近三角形，种皮薄，胚直。

约 280 种，主要分布于大洋洲各地。中国栽培 7 种。鹤山栽培 1 种。

1. 白千层
Melaleuca cajuputi Powell subsp. **cumingiana** (Turcz.) Barlow
Melaleuca cumingiana Turcz.

常绿乔木。灰白色树皮厚且疏松，呈薄片状剥落，树的茎干就像是由一层层的疏松白色树皮包裹而成，故此得名。叶互生，叶片革质，披针形或狭长圆形，长 4 ~ 10 cm，宽 1 ~ 2 cm，两端尖，基出脉 3 ~ 5（ ~ 7）条，多油腺点，香气浓郁。叶柄极短。圆柱形穗状花序顶生于枝梢，小瓶刷状，花白色。蒴果近球形。花期夏至秋季。

鹤山有栽培，见于桃源鹤山市林科所公路边、鹤城营顺村，生于公路边。原产于澳大利亚。中国广东、广西、福建、台湾、云南等地有栽培。

树皮及叶供药用，有镇静之效。枝叶含芳香油，供药用及防腐剂。树姿优美整齐，枝叶浓密，是一种美丽的园林风景树和行道树。也可栽作防风、抗尘和降噪。

6. 番石榴属 Psidium L.

灌木或小乔木。树皮光滑，灰色，幼枝被毛。叶对生，全缘，有油腺点；羽状脉；叶柄短。花较大，通常 1 ~ 3 朵腋生；花萼筒钟状、壶形或漏斗形，花萼 4 ~ 5 裂；花瓣 4 ~ 5 片，白色；雄蕊多数，离生，多列，花丝离生，着生在花盘上，花药椭圆形，纵裂；子房下位，与萼管合生，4 ~ 5 室或更多，花柱线形，柱头扩大，胚珠多数。浆果，球形或梨形，大，多浆质，成熟时顶端有宿存的花萼片，胎座发达，肉质；种子多数，种皮坚硬。

约 150 种，原产于南美洲。中国引种 2 种，其中 1 种已归化；鹤山栽培 1 种。

1. 番石榴
Psidium guajava L.

小乔木，高达 13 m。树皮平滑，灰色，成片状剥落；嫩枝有棱，被毛。叶厚革质，长圆形至椭圆形，长 6 ~ 12 cm，宽 3.5 ~ 6 cm，顶端急尖或钝，基部近圆形，叶面粗糙，背面被毛，侧脉 12 ~ 15 对，于叶面下陷，背面凸起，网脉明显。花单生叶腋或 2 ~ 3 朵排成聚伞花序；花萼筒钟形，花萼片有毛；花瓣 5 枚，白色；雄蕊多数，比花瓣短。浆果球形或梨形，直径 3 ~ 8 cm，顶端有宿存的萼片，成熟时淡红色；种子多数。花期 8 ~ 9 月。

鹤山偶见栽培，产于鹤城、龙口桔园村，生于林缘、屋旁。约 150 种，原产于南美洲。中国华南各地有栽培，常见有逸为野生种，北达四川西南部。

果可食用。叶药用，有止痢、止血之功效。

1. 桃金娘
Rhodomyrtus tomentosa (Ait.) Hassk.

7. 桃金娘属 **Rhodomyrtus** (DC.) Reich.

  灌木或小乔木。叶对生；离基3出脉；叶柄短。花较大，1～3朵腋生；花萼筒卵形或近球形，花萼片（4～）5枚，明显；花瓣（4～）5枚，比花萼片大；雄蕊多数，多列，花丝离生，比花瓣短，花药纵裂；子房下位，2～3室，花柱线形，柱头扩大，每室胚珠二列，有时有假隔膜而成假4～6室。浆果，卵状壶形或球形，多浆质，成熟时顶端有宿存的花萼片；种子多数，压扁，肾形或近球形，种皮坚硬。

  约18种，分布于亚洲热带地区与大洋洲。中国1种，产于南方各省区；鹤山1种。

灌木，高 1 ~ 2 m。小枝密被灰白色柔毛。叶革质，对生，长圆形至椭圆形，长 3 ~ 6 cm，宽 1 ~ 4 cm，顶端圆或钝，常有小凹口，基部宽楔形或近圆形，叶面初时有毛，后脱落，背面被灰色绒毛；离基 3 出脉，另有侧脉 3 ~ 5 对，网脉明显。花有明显的梗；花萼筒钟形，被灰色绒毛，花萼片 5 枚，明显，宿存，被毛；花瓣淡红色、淡紫红色或白色；雄蕊比花瓣短，红色。浆果，卵状壶形，直径 1 ~ 1.5 cm，成熟时紫黑色；种子多数，每室成二列排列。花期 4 ~ 5 月；果期 7 ~ 11 月。

鹤山各地常见，产于鹤城昆仑山、桃源鹤山市林科所，生于丘陵坡地，为酸性土指示植物。分布于中国华南、东南、西南各省区。菲律宾、日本、马来西亚、斯里兰卡、印度尼西亚和中南半岛也有分布。

果可食用及酿酒、入药、制栲胶或作染料；根药用，可治风湿、肝炎。花美丽，可供园林观赏。

8. 蒲桃属 Syzygium P. Brown. ex Gaertn.

常绿乔木或灌木。嫩枝通常无毛，有时有 2 ~ 4 棱。叶革质或厚纸质，对生，有时近轮生，有透明腺点；羽状脉；有叶柄或近无柄。花 3 至多朵，排成聚伞花序，再组成圆锥花序状的聚伞花序；花萼筒杯状或漏斗状，花萼片 4 ~ 5 枚，或更多；花瓣与花萼片同数，离生或合生成帽盖状，开放时脱落；雄蕊多数，多列，花丝离生，偶基部合生，着生在花盘外，芽时卷曲，花药丁字着生，纵裂，顶端常有腺体；子房下位，2 ~ 3 室；花柱线形，胚珠多数。浆果或核果状，顶端常有宿存的环状萼檐；种子 1 ~ 2 颗。

约 1 200 种，主产于亚洲热带地区及大洋洲、非洲。中国 80 种，产于华南、东南及西南各省区；鹤山连引入栽培的共 8 种。

1. 侧脉疏，脉间相隔 5 ~ 10 mm；花直径大于 1cm ···················
··· 6. 蒲桃 S. jambos
1. 侧脉密而平行，脉间相隔 1 ~ 4 mm；花直径小于 1 cm。
　2. 果实椭圆形，直径 1 ~ 2cm。
　　3. 圆锥花序顶生，长 2 ~ 6cm。
　　　4. 叶卵状披针形或狭披针形，先端尾状渐尖，尾尖长达 2 cm
　　　··············· 1. 肖蒲桃 S. acuminatissimum
　　　4. 叶椭圆形至卵状长圆形，先端渐尖，尖头钝 ············
　　　····················· 2. 黑嘴蒲桃 S. bullockii
　　3. 圆锥花序腋生或生于老枝上，偶有顶生，长可达 12 cm ·
　　　····························· 3. 乌墨 S. cumini
　2. 果实球形，直径小于 1 cm。
　　5. 叶片上面有多数细小而下陷的腺点 ·····················
　　　····················· 5. 红鳞蒲桃 S. hancei
　　5. 叶片两面有细小的腺点。
　　　6. 聚伞花序腋生，长 1 cm ·····························
　　　··············· 4. 卫矛叶蒲桃 S. euonymifolium
　　　6. 圆锥花序顶生或上部腋生，长于 4 cm。
　　　　7. 叶较小，长 4 ~ 8cm，宽 1.5 ~ 3.5 cm；浆果近球形，
　　　　较小，直径 7 ~ 8 mm ···········7. 山蒲桃 S. levinei
　　　　7. 叶较大，长 11 ~ 17cm，宽 4.5 ~ 7cm；浆果宽卵球形，
　　　　较大，直径 1 ~ 1.3 cm ···········8. 水翁 S. nervosum

1. 肖蒲桃
Syzygium auminatissimum (Blume) Cand.
Acmena acuminatissima (Blume) Merr. et L. M. Perry

常绿乔木，高达 20 m。嫩枝圆柱形或有钝棱。叶革质，卵状披针形或狭披针形，长 5 ~ 12 cm，宽 1 ~ 3.5 cm，先端尾状渐尖，尾尖 2 cm，基部阔楔形，上面干后暗色，多油腺点，侧脉多而密；叶柄长 5 ~ 8 mm。聚伞花序排成圆锥花序，长 3 ~ 6 cm，顶生，花序轴有棱；花小，3 朵聚生，有短柄；花蕾倒卵形；萼管倒圆锥形；萼齿不明显；花瓣小，白色；雄蕊极短。浆果球形，直径约 1.5 cm，成熟时黑紫色；种子 1 颗。花期 7 ~ 10 月。

鹤山偶见栽培。分布于中国华南,以及台湾。马来西亚、印度、印度尼西亚、菲律宾、缅甸、新几内亚、泰国及太平洋岛屿也有分布。

果可食。株形优美,可作庭院观赏。

2. 黑嘴蒲桃
Syzygium bullockii (Hance) Merr. et L. M. Perry

灌木至小乔木,高达5 m;嫩枝稍压扁,干后灰白色。叶革质,椭圆形至卵状长圆形,长4 ~ 12 cm,宽2.5 ~ 5.5 cm,先端渐尖,尖头钝,基部圆形或微心形。圆锥花序顶生,长2 ~ 4 cm,多分枝,花小;萼管倒圆锥形,萼齿波状;花瓣连成帽状。果椭圆形,直径约1 cm。花期3 ~ 8月。

鹤山市区公园或居住小区有栽培。分布于中国广东、海南、广西。老挝、越南也有分布。

株形美观,枝繁叶茂,可供观赏。

3. 乌墨(海南蒲桃)
Syzygium cumini (L.) Skeels

常绿乔木。树干通直,枝繁叶茂,树姿挺拔。叶革质,长6 ~ 12 cm,宽3 ~ 7 cm。花白色,3 ~ 5朵簇生,呈聚伞式圆锥花序腋生或生于老枝上,偶有顶生,长达11 cm;盛花期,白花满树,吸引各种昆虫。果卵圆形或壶形,长1 ~ 2 cm,成熟时紫黑色。花期2 ~ 3月;果期秋季。

鹤山偶见栽培,见于址山、龙口桔园,生于沟边。分布于中国华南、华东至西南,以及亚洲东南部和澳大利亚也有分布。中国华南各地常见栽培。大树枝繁叶茂,适合做行道树、园景树。

4. 卫矛叶蒲桃
Syzygium euonymifolium (Metcalf) Merr. & L. M. Perry

田村风水林、龙口仓下村后山，生于常绿阔叶林、山地林中。分布于中国广东、海南、广西、福建。越南也有分布。

树形美丽，嫩叶红色，老叶翠绿，是优良的野生观赏资源。

乔木，高 8 ~ 12 m；老枝灰白色。叶片薄革质，阔椭圆形，长 4 ~ 9 cm，宽 3 ~ 4 cm，先端渐尖，尖尾长 1 ~ 2 cm，基部楔形，下延，干后灰绿色，两面多细小腺点。聚伞花序腋生，长 1 cm，有花 6 ~ 11 朵；花瓣分离，圆形，长 2 mm。果实球形，直径 6 ~ 7 mm。花期 5 ~ 8 月。

鹤山偶见，产于龙口莲塘村风水林、宅梧泗云管理区元坑村风水林，生于常绿阔叶林中。分布于中国广东、广西、福建。

5. 红鳞蒲桃（红车、小花蒲桃）
Syzygium hancei Merr. et Perry

乔木，高达 20 m。嫩枝圆柱形，干后变黑褐色。叶革质，椭圆形至狭长圆形或倒卵形，长 3 ~ 7 cm，宽 1.5 ~ 4 cm，先端钝或略尖，基部阔楔形或较狭窄；上面干后暗褐色，不发亮，有多数细小而下陷的腺点，下面同色，侧脉间相隔 2 mm，以 60° 开角缓斜向上，在两面均不明显，边脉离边缘约 0.5 mm；叶柄长 3 ~ 6 mm。圆锥花序腋生，长 1 ~ 1.5 cm，多花；无花梗；萼管倒圆锥形，萼齿不明显；花瓣 4 枚，分离，圆形；雄蕊比花瓣略短；花柱与花瓣同长。果球形，直径 5 ~ 6 mm。花期 7 ~ 9 月；果于翌年春季成熟。

鹤山偶见，产于共和里村华伦庙后面风水林、雅瑶昆东洞

6. 蒲桃
Syzygium jambos (L.) Alston

乔木，高达 10 m。小枝圆形。叶革质，多透明小腺点，披针形或长椭圆形，长 12 ~ 25 cm，宽 3 ~ 4.5 cm，顶端长渐尖，基部宽楔形，叶面深绿色，背面色稍浅；侧脉 12 ~ 16 对；叶柄长 6 ~ 8 mm，背面网脉明显。花数朵排成顶生的聚伞花序，花序梗长 1 ~ 1.5 cm，花梗长 1 ~ 2 cm；花萼筒漏斗形，花萼齿 4 枚；花瓣 4 片，长约 1.4 cm，白色；雄蕊长 2 ~ 2.8 cm；花柱与雄蕊等长。浆果，球形或壶形，直径 3 ~ 5 cm，成熟时黄色，顶端有宿存萼齿；种子 1 ~ 2 颗。花期 3 ~ 4 月；果期 5 ~ 6 月。

鹤山各地常见，产于桃源鹤山市林科所、共和里村风水林、雅瑶昆东洞田村风水林等地，生于阔叶林中、路旁、河边等。分布于中国广东、海南、广西、福建、台湾、贵州、云南、四川。菲律宾、马来西亚及东南亚也有分布。中国南方普遍栽培。

果可食。亦可供观赏。

7. 山蒲桃（白车）
Syzygium levinei (Merr.) Merr. & L. M. Perry

乔木，高达 14 m。嫩枝圆柱形，有糠秕，干后灰白色。叶革质，长圆形或卵状椭圆形，长 4 ~ 8 cm，宽 1.5 ~ 3.5 cm，顶端急锐尖，基部宽楔形，叶面干后灰褐色，背面色稍浅，具细小腺点；侧脉 10 ~ 14 对；叶柄长 5 ~ 7 mm。花排成圆锥花序状的聚伞花序顶生，此花序长 4 ~ 7 cm，花序轴有糠秕或乳凸，花梗极短；花萼筒短小，漏斗形，花萼齿小；花瓣 4 枚，小，白色；雄蕊短。浆果，近球形，直径 7 ~ 8 mm；种子 1 颗。花期 7 ~ 9 月；果于翌年春季成熟。

鹤山偶见，产于宅梧泗云管理区元坑村、东门村风水林、龙口莲塘村风水林，生于常绿阔叶林中。分布于中国广东、海南、广西。越南也有分布。

可作绿化和材用。

8. 水翁

Syzygium nervosum Cand.

Cleistocalyx operculatus (Roxb.) Merr. et L. M. Perry

乔木，高可达 15 m。树皮厚，灰褐色，不开裂，分枝多；嫩枝压扁，有沟。叶对生，薄革质，长圆形或椭圆形，长 11 ～ 17 cm，宽 4.5 ～ 7 cm，顶端急尖或渐尖，基部宽楔形或

略圆，两面多透明腺点；侧脉 9 ～ 13 对，网脉明显；叶柄长 1 ～ 2 cm。花无梗，2 ～ 3 朵聚生，并排成圆锥花序状的聚伞花序，花序着于老枝上，长 6 ～ 12 cm；花萼筒半球形，花萼片合生成帽盖状，其先端成短喙；雄蕊较花柱长。浆果，宽卵球形，直径 10 ～ 13 mm，成熟时紫黑色。花期 5 ～ 6 月。

鹤山偶见，产于共和里村、獭山村风水林，生于水边、沟谷等地。分布于中国广东、海南、广西、云南和西藏。中南半岛至印度尼西亚和大洋洲也有分布。

花、叶可治感冒；根可治黄疸性肝炎。可供水边绿化。

120. 野牡丹科 Melastomataceae

小乔木、灌木、亚灌木或草本，稀少为攀缘状灌木或为附生植物。枝对生，常具纵棱。单叶对生或轮生；基出脉 3、5、7 或 9 条，稀 11 条，或为羽状脉。花两性，多为 5 基数，少数为 3 或 4 基数，在茎、枝上排成顶生或腋生的二歧或蝎尾状聚伞花序，或花单生；小苞片早落；花萼筒杯状、壶状或漏斗状，外面常具棱；花瓣色艳丽，芽时呈螺旋状或覆瓦状排列，常偏斜；雄蕊为花瓣同数或为 1 倍，等长或不等长，花药 2 室，稀 4 室，顶端单孔开裂，稀 2 孔裂或纵裂，有些基部具小瘤或附属物，药隔通常膨大，下延成长柄或短距；子房下位或半下位，稀上位，花柱单一；中轴胎座、侧膜胎座或特立中央胎座，胚珠多数或少数。蒴果，顶孔开裂或纵裂，或为浆果或核果，与花萼筒合生；种子极小。

约156～166属,4 500余种。产于世界热带及亚热带地区,中、南美洲,尤其巴西最多,亚洲次之,大洋洲、非洲及欧洲南部略少。中国21属,114种,产于长江以南各省区;鹤山3属,6种。

1. 叶具羽状脉;种子1颗 ·················· 3. 谷木属 Memecylon
1. 叶具基出脉;种子多数。
  2. 叶片被毛通常较疏或无毛 ·············· 1. 柏拉木属 Blastus
  2. 叶片通常密被紧贴的糙伏毛或刚毛 ·····
  ················· 2. 野牡丹属 Melastoma

1. 柏拉木属 Blastus Lour.

灌木。常有分枝;茎通常圆柱形,被小腺毛,稀被毛。叶片薄,全缘或具细浅齿,3～5(～7)基出脉,侧脉互相平行;具叶柄或无。花常4朵,组成聚伞花序,复排成顶生的圆锥花序或腋生的伞形花序;花萼漏斗形或圆柱形,常具4棱,常被小腺点;花瓣通常白色,稀粉红色或浅紫色,卵形或长圆形;雄蕊4(～5)枚,等长;子房下位,卵形,4室;胚珠多数。蒴果椭圆形或倒卵形,具不明显的4棱,纵裂,与宿存萼贴生;宿存萼与果等长或略长,常被小腺点;种子多数,通常为楔形。

12种,分布于印度东部至中国台湾及日本琉球群岛。中国9种,3变种,分布于西南部至台湾;鹤山1种。

1. 柏拉木
Blastus cochinchinensis Lour.

灌木,高0.6～3 m。茎圆柱形,幼时密被红褐色小腺点,后脱落。叶纸质或近坚纸质,披针形至椭圆状披针形,顶端渐尖,基部楔形,长6～18 cm,宽2～5 cm,全缘或具极不明显的小浅波状齿;3～5基出脉,叶面疏被小腺点;叶柄长1～2(～3)cm,被小腺点。伞状聚伞花序腋生,总梗极短;花萼钟状漏斗形,钝四棱形,裂片4～5枚,广卵形;花瓣4～5枚,白色至粉红色,卵形;雄蕊等长;子房下位,坛形,4室。蒴果椭圆形,4裂,为宿存花萼所包;宿存萼与果等长,被小腺点。花期6～8月;果期10～12月。

鹤山各地偶见,产于鹤城昆仑山,生于山地林中。分布于中国华南地区,以及云南、福建、台湾等省区。柬埔寨、老挝、缅甸、印度、越南也有分布。

全株药用,可拔毒生肌;根可止血。为酸性土的指示植物。

2. 野牡丹属 Melastoma L.

灌木。茎具4纵棱或近圆形;茎、枝通常被糙毛或鳞片状糙毛。叶对生,常被糙伏毛;3、5或7出脉,全缘。花单生或在茎、枝端组成头状或伞房花序状的聚伞花序,花5基数;花萼筒杯状或壶状,萼裂片披针形至卵形;花瓣倒卵形,常偏斜;雄蕊10枚,5长,5短,长雄蕊花药披针形,弯曲,基部无瘤,药隔基部伸长呈短柄,弯曲,末端2裂,短雄蕊花药基部前方具1对瘤,药隔不伸长;子房5室,中轴胎座,胚珠多数。蒴果卵形或近球形,包被于花萼筒中;种子多数,小,近马蹄形,常密布小突起。

22种,分布于东南亚及太平洋群岛至大洋洲北部。中国9种,1变种,分布于长江流域以南各省区;鹤山4种。

1. 茎被平展的长粗毛 ············· 4. 毛菍 M. sanguineum
1. 茎密被紧贴状糙伏毛。
  2. 花大,花瓣长于4 cm。
    3. 叶片披针形、卵状披针形或近椭圆形,基出脉5条 ·····
    ·················· 1. 多花野牡丹 M. affine
    3. 叶片卵形或广卵形,基出脉7条 ·····
    ·················· 3. 野牡丹 M. malabothricum
  2. 花小,花瓣长2～2.5 cm ·····
  ·················· 2. 细叶野牡丹 M. intermedium

1. 多花野牡丹
Melastoma affine D. Don

灌木，高约 1 m。分枝多；茎、枝、叶面、花萼筒背面密被紧贴的鳞片状糙伏毛。叶厚纸质，披针形、卵状披针形或近椭圆形，长 5.4 ~ 13 cm，宽 1.6 ~ 4.4 cm；5 出脉；在叶面上凹下，背面隆起；叶背面被糙伏毛及密短柔毛。花 10 至多朵，排成顶生、伞房状或近头状花序状的聚伞花序，基部具叶状总苞片 2 片；花梗短；萼裂片宽披针形，萼裂片被鳞片状糙伏毛及短柔毛；花瓣倒卵形，粉红色至红色，稀紫红色，上部具缘毛；长雄蕊的药隔基部伸长，末端弯曲，2 深裂，雄蕊药隔基部各具 1 个小瘤。蒴果近球形；包于花萼筒中，萼筒密被鳞片状糙伏毛。花期 2 ~ 5 月；果期 8 ~ 12 月。

鹤山各地常见，产于雅瑶昆东洞田村、鹤城昆仑山，生于林下、山坡或路边。分布于中国广东、海南、云南、贵州及台湾等省区。中南半岛至澳大利亚、菲律宾以南也有分布。

果可食。全株药用，可活血化瘀。花大色艳，花期甚长，可供观赏。

2. 细叶野牡丹
Melastoma intermedium Dunn

矮小灌木，高 30 ~ 60 cm。直立或匍匐上升，被紧贴的糙伏毛。叶对生；叶柄长 3 ~ 6 mm，被糙伏毛；叶上面密被糙伏毛，毛隐于表皮下，仅尖端露出，有时夹有微柔毛，叶下面沿脉上被糙伏毛；基出脉 5 条，有时 3 条。伞房花序顶生，有花 1 ~ 5 朵，基部有叶状总苞片 2 片；苞片 2 片，披针形，长 5 ~ 10 mm；花萼外面被糙伏毛，裂片披针形，裂片间具 1 枚小裂片，棒状，较裂片短；花瓣长 2 ~ 2.5 cm，宽约 1.5 cm，先端微凹；雄蕊 5 长 5 短，长者药隔基部伸长，末端具 2 小瘤，短者药隔不伸延，花药基部具 2 个小瘤；子房半下位，先端被刚毛，果坛状球形，平截，肉质，不开裂，长约 8 mm，径约 10 mm。花期 7 ~ 9 月；果期 10 ~ 12 月。

鹤山偶见，产于鹤城昆仑山，生于山顶草丛。分布于中国广东、广西、贵州、福建、台湾等省区。

花色美丽，可供观赏。

3. 野牡丹
Melastoma malabathricum L.
Melastoma candidum D. Don.

宽 2.5 ~ 5 cm，5 出脉；两面被糙伏毛；叶柄长 1.5 ~ 2.5 cm。花单生于枝顶或 3(~ 5) 朵组成顶生的聚伞花序，花梗短；花萼

筒顶端，萼裂片三角形至三角状披针形；花瓣宽倒卵形、粉红色或紫红色；长雄蕊的药隔基部延伸，末端 2 裂，短雄蕊的药隔不延伸，基部具 2 个小瘤。果近球形，包于杯状花萼筒中；花萼筒外密被红色长硬毛。花、果期全年，主要在 8 ~ 10 月。

鹤山各地常见，产于昆仑山，生于山坡、路边或灌丛中。分布于中国华南及福建。印度、马来西亚至印度尼西亚也有分布。

果可食。根、叶药用，收敛止血。可供观赏，开花时令山野增添美丽的景色。

灌木，高 0.5 ~ 1.5 m。分枝多；茎、枝、叶两面、叶柄、花梗、花萼筒外面密被紧贴的鳞片状糙伏毛，边缘流苏状。叶厚纸质，卵形或宽卵形，长 4 ~ 10 cm，宽 2 ~ 6 cm，全缘；7 出脉；叶两面被糙伏毛外，还有短柔毛；叶柄长 5 ~ 15 mm。花 3 ~ 5 朵排成顶生、近头状花序状或伞房状的聚伞花序，基部具总苞片 2 片；花梗短；花萼筒长约 2.2 cm，除密被糙伏毛外，还被长柔毛，萼裂片卵形；花瓣倒卵形，玫瑰红色或粉红色；密被缘毛；长雄蕊的药隔基部伸长，弯曲，末端 2 深裂，短雄蕊的药隔不延伸，花药基部具 1 对小瘤。蒴果卵球形，包于花萼筒中。花期 5 ~ 7 月；果期 10 ~ 12 月。

鹤山各地常见，产于雅瑶昆东洞田村、龙口仓下村后山、鹤城昆仑山，生于林下或灌丛中。分布于中国华南地区及台湾、福建、云南。印度、越南、日本也有分布。

叶药用，可止血。花大色艳，花期甚长，为美丽的观花植物。

4. 毛菍（毛稔）
Melastoma sanguineum Sims

大灌木，高 1.5 ~ 3 m。茎、枝、叶柄、花梗及花萼筒被平展的长粗毛。叶厚纸质，卵状披针形至披针形，长 8 ~ 15 cm，

3. 谷木属 Memecylon L.

灌木或小乔木。植株通常无毛；小枝圆柱形或四棱形，分枝多。叶片革质，全缘，羽状脉，具短柄或无柄。聚伞花序或伞形花序，腋生、生于落叶的叶腋或顶生；花小，4朵，花萼杯形、钟形或近漏斗形；檐部浅波状或浅4裂；花瓣白色、黄绿色或紫红色，圆形、长圆形或卵形；雄蕊8枚，等长；花药短，椭圆形、纵裂，药隔膨大，伸长呈圆锥形；子房下位，半球形，1室；胚珠6～12枚。浆果状核果；种子1颗，表面光滑，种皮骨质，子叶折皱，胚弯曲。

约300种，分布于非洲、亚洲、澳大利亚、马达加斯加及太平洋群岛。中国11种，分布于广东、福建、西藏、云南等省区；鹤山1种。

1. 谷木
Memecylon ligustrifolium Champ. ex Benth.
Memecylon scutellatum Hook. & Arn.

大灌木或小乔木，高达2～8 m；小枝圆柱形或不明显的四棱形，分枝多。叶革质，对生，椭圆形至卵形，或卵状披针形，顶端渐尖，钝头，基部楔形，长5.5～8 cm，宽2.5～3.5 cm，全缘，两面无毛。聚伞花序腋生或生于落叶的叶腋；苞片卵形；

花萼半球形，边缘浅波状齿；花瓣白色或淡黄绿色，或紫色，半圆形；雄蕊蓝色；子房下位，顶端平截。浆果状核果球形，密布小瘤状凸起，顶端具环状宿存萼檐，直径约1 cm。花期5～8月；果期12月至翌年2月。

产于共和里村风水林，生于阔叶林下。分布于中国华南地区，以及福建、云南。

121. 使君子科 Combretaceae

乔木或灌木，少数为木质藤本。单叶互生或对生，稀少近轮生，具叶柄，叶基、叶柄或叶下缘齿尖具腺体，常分泌有草酸钙结晶，并成鳞片状或成透明的细乳凸状。花两性，或杂性雄花，同株，多数，排成头状、穗状、总状或圆锥花序状的聚伞花序；花萼筒（管）长或短，花萼裂片4～5(～8)枚；花瓣4～5枚或无；雄蕊着生在花萼管上，与花萼裂片同数，或为其2倍，或仅2枚，花药纵裂，通常具花盘；子房下位，1室，具2～6颗倒生胚珠，顶生，

花柱单一，柱头头状或不明显。坚果、核果，常有 2 ~ 5 棱或翅；种子 1 颗。

约 20 属，500 种，广泛分布于热带和亚热带地区。中国 6 属，20 种，分布于长江以南省区；鹤山栽培 1 属，1 种。

1. 榄仁属 Terminalia L.

大乔木，具板根，稀为灌木。叶互生或成假轮状聚生枝顶，稀对生或近对生，全缘或稍有锯齿，无毛或被毛，间或具细瘤点及透明点，稀具管状粘腺腔；叶柄上或叶基部常具 2 枚以上腺体。穗状花序或总状花序腋生或顶生，有时排成圆锥花序状；花小，5 朵，稀为 4 朵，两性，稀花序上部为雄花，下部为两性花，雄花无梗，或雄花内子房退化而萼管狭窄成假的花梗，两性花无梗；苞片早落，萼管杯状，延伸于子房之上，萼齿 5 或 4 枚，镊合状排列；花瓣缺；雄蕊 10 或 8 枚，2 轮，着生于萼管上，花药背着；花盘在雄蕊内面，花盘上通常被髯毛或长柔毛，偶或无毛或近无毛；子房下位，1 室；胚珠 2（3 ~ 4），悬垂。假核果，大小形状悬殊，通常肉质，有时革质或木栓质，具棱或 2 ~ 5 翅；种子 1 颗。

约 150 种，分布于亚洲热带、非洲南部、美洲、澳大利亚及太平洋岛屿。中国 6 种；鹤山栽培 1 种。

1. 小叶榄仁
Terminalia mantaly H. Perrier

半落叶乔木，主干通直，树冠塔形；侧枝轮生，呈水平展开。叶小，全缘，提琴状倒卵形，簇生于枝顶，犹如人工修剪的一样，风格独具。花小，绿色，果卵形，种子无翅，长 1.5 cm。

鹤山城区有栽培，见于共和公路边、鹤山市区公路、公园及住宅小区。原产于马达加斯加。中国华南地区有栽培。

为庭园美化、行道树的高级树种。

122. 红树科 Rhizophoraceae

常绿灌木或小乔木。小枝常有膨大的节。单叶，交互对生而具托叶或互生而无托叶；具羽状脉。花两性，稀单性，单生或簇生于叶腋或排成疏花或密花的聚伞花序，萼筒与子房合生或分离，萼裂片 4 ~ 16 枚，镊合状排列，宿存；花瓣与萼裂片同数，全缘，2 裂，撕裂状、流苏状或顶部有附属体，常具柄，早落或花后脱落，稀宿存；雄蕊与花瓣同数或 2 倍或无定数，常成对或单枚与花瓣对生，并为花瓣所抱持；花药 4 室，纵裂；子房下位或半下位，稀上位，2 ~ 6（8）室，胚珠 2 颗或 1 室多颗。果实肉质或革质，核果或浆果，稀为蒴果；种子 1 ~ 2 颗。

17 属，120 余种，广泛分布于热带和亚热带地区。中国 6 属，13 种，产于西南至东南部，而以南部海滩为多；鹤山 1 属，1 种。

1. 竹节树属 Carallia Roxb.

灌木或乔木。树干基部常有板状根。叶交互对生，具叶柄，全缘或具锯齿，纸质或薄革质，下面常有黑色或紫色小点；托叶披针形。聚伞花序腋生，稀退化为 2 ~ 3 朵花；小苞片 2 片，分离而早落，或基部合生而宿存；花两性；花萼 5 ~ 8 裂，裂片三角形；花瓣膜质，与花萼裂片同数；雄蕊为花萼裂片的 2 倍，分离，生于波状花盘的边缘；子房下位，3 ~ 5（8）室，每室具胚珠 1 ~ 2 颗。果肉质，近球形，有种子 1 至多颗；种子椭圆形或肾形。

10 种，分布于东半球热带地区。中国 4 种；鹤山 1 种。

1. 竹节树
Carallia brachiata (Lour.) Merr.

乔木，高 7 ~ 10 m。基部有时具板状支柱根；树皮光滑，很少具裂纹，灰褐色。叶薄革质，叶形变化很大，倒卵形、椭圆形或长圆形，顶端短渐尖或钝尖，基部楔形，长 5 ~ 8 cm，全缘，背面有散生明显的紫红色小点，脱落后在老枝上形成有明显突起

1. 黄牛木属 Cratoxylum Blume

灌木或乔木，常绿或落叶。枝条在节上多少压扁且大多有叶柄间线痕。叶对生或稀近对生，全缘，下面常具白粉或腊质，脉网间有透明的细腺点。聚伞花序顶生或腋生，或单花；萼片5枚，革质，宿存；花瓣5枚，与萼片互生，红色或白色，基部有或无鳞片，具线形或点状的淡红黑色腺体；雄蕊多数，合生成3～5束，花丝纤细，下位，肉质腺体与雄蕊束互生；子房3室；花柱3枚，分离，纤细；柱头小，头状，每室4至多颗胚珠。蒴果坚硬，椭圆形至长圆柱形，先端圆形或锐尖，室背开裂；种子长圆形，胚直。

约6种，分布于亚洲东南部。中国2种；鹤山1种。

1. 黄牛木（雀笼木）
Cratoxylum cochinchinense (Lour.) Blume
Cratoxylum ligustrinum Blume

灌木或小乔木。全株无毛。叶对生或稀近对生，纸质或革质，椭圆状长圆形或狭椭圆形，卵状长圆形，长3～11 cm，宽1.5～4 cm，顶端急尖、短渐尖，基部楔形，稀圆形，全缘，叶背有透明腺点及黑点。聚伞花序腋生或腋外生，有花1～5朵，花红色，直径约10 mm；萼片5枚，椭圆形，长5～7 mm，宽2～5 mm，宿存；花瓣5枚，倒卵形，基部无鳞片，具线形腺体；雄蕊合生成3束，稀4束，花丝纤细；子房上位，3室；花柱3枚，分离，纤细，胚珠每室多颗胚珠。蒴果椭圆形，长8～12 mm，室背开裂；种子1侧具翅。花期4～5月；果期6月后。

的叶痕。花序腋生，分枝短，每一分枝有花2～5朵，有时退化为1朵；花小，基部有浅碟状的小苞片；花萼6～7裂，稀5或8裂，钟形；花瓣白色，近圆形，边缘撕裂状；雄蕊长短不一，柱头盘状，4～8裂。果近球形，顶端冠以短三角形萼齿；种子肾形或长圆形。花期冬、春季；果期翌年春、夏季。

鹤山偶见，产于宅梧东门村风水林，生于杂木林中。分布于中国华南，以及福建、云南。东南亚、澳洲、马达加斯加、尼泊尔、新几内亚及太平洋岛屿也有分布。

材用。枝繁叶茂，叶色终年青翠，常作园景树。

123. 金丝桃科 Hypericaceae

乔木、灌木或草本。常有黄色的树脂液，常具腺点。单叶对生，稀轮生，无托叶或有托叶。花两性或单性，通常雌雄异株，稀杂性，辐射对称，单生或排成聚伞花序；萼片和花瓣2～6枚，稀更多，覆瓦状排列；雄蕊多数，花丝分离或基部合生，有时合生成数束且与花瓣对生，花药2室，纵裂；子房上位，无柄，2至多室，稀1室，每室有胚珠1至多颗；花柱细长或粗短，有时缺，柱头形状多样，但通常盾状，基生或生于子房的内角，很少为侧膜胎座；退化雄蕊和雌蕊都有。果为蒴果或浆果，稀为核果；种子通常有假种皮，无胚乳。

约7属，500多种，主要分布于温带和亚热带地区，少数在热带地区。中国5属，60多种，分布于全国各地；鹤山1属，1种。

鹤山各地常见，产于龙口桔园风水林、鹤城昆仑山、大雁山，生于丘陵或山地、次生林或疏林中。分布于中国广东、广西、云南。缅甸、泰国、越南、马来西亚、印度尼西亚、菲律宾等地也有分布。

嫩叶、根、树皮药用：健胃、清热解毒，治感冒发热、肠炎腹泻等。材用。观赏。

126. 藤黄科 Clusiaceae

乔木或灌木，稀为草本，在裂生的空隙或小管道内含有树脂或油。单叶对生，全缘，对生或有时轮生，常无托叶。花单性，雌雄异株；两性或杂性，辐射对称；萼片 2 ～ 6 枚，稀更多，覆瓦状排列；花瓣与萼片同数，覆瓦状排列或旋转排列；雄蕊常多数；子房上位，1 至多室，每室有胚珠 1 至多颗。浆果、核果或蒴果；种子 1 至多颗，完全被直伸的胚所充满，假种皮有或不存在，无胚乳，胚较大。

约 40 属，1 000 种，分布于热带地区。中国 4 属，15 种，产于西南部至台湾；鹤山 2 属，3 种。

1. 叶片的侧脉极多，密而近平行，与中脉垂直；核果；种子无假种皮 ································ 1. 红厚壳属 Calophyllum
1. 叶片的侧脉较少，疏或稍密而斜升，不与中脉垂直；浆果；种子有肉瓢状的假种皮 ················· 2. 藤黄属 Garcinia

1. 红厚壳属 Calophyllum L.

乔木或灌木。叶对生，光滑无毛，全缘，有多数平行纤细的侧脉且与中脉垂直，具叶柄。聚伞花序或总状花序腋生或顶生；花两性或单性，具花梗；花萼 2 ～ 4 枚，覆瓦状排列，里面的 1 对常花瓣状；花瓣常 4 枚，很少 2 或 6 ～ 8 枚；雄蕊极多数，基部合生成数束或分离，花药基着；子房 1 室，具 1 颗基生的胚珠。核果球形、椭圆形或卵形；种子大，无假种皮，子叶厚，肉质，富含油脂。

约 187 种，主要分布于亚洲热带地区，其次是南美洲和大洋洲。中国 4 种，产于中国华南地区，以及台湾、云南；鹤山 1 种。

1. 薄叶红厚壳（横经席）
Calophyllum membranaceum Gardner et Champ.

灌木或小乔木，高 1 ～ 5 m。小枝四棱形，常具狭翅，无毛。叶薄革质，长圆形、椭圆形或披针形，长 4 ～ 13 cm，宽 1.5 ～ 4.5 cm，顶端渐尖，基部楔形，边全缘；侧脉多数，纤细，密而直达边缘，在两面均凸起。花两性，白色略带微红，常 3 ～ 9 朵组成长 1 ～ 3 cm 的聚伞花序；花序生于上部叶腋；花萼 4 枚，外面 2 枚较小，近圆形，里面 2 枚较大，花瓣状；花瓣通常 4 枚，倒卵形；雄蕊多数；子房卵形。核果椭圆形，稀卵形，成熟时黄色；种子长约 15 mm。花期 3 ～ 5 月；果期 8 ～ 12 月。

鹤山偶见，产于宅梧泗云管理区元坑村风水林，生于常绿阔叶林中。分布于中国华南地区。越南也有分布。

根、叶可作药用，治跌打损伤、风湿骨痛。

2. 藤黄属 Garcinia L.

常绿乔木或灌木。通常有黄色的树脂液。单叶对生，全缘，有时具托叶。花单性或杂性，腋生或顶生，单生或数朵聚生，很少排成伞房花序；萼片和花瓣通常 4 枚，有时 5 枚，覆瓦状排列；雄花，雄蕊多数，分离或合生成 1 ～ 5 束，或合生为一全缘或 4 裂的雄蕊体，花药纵裂，有时孔裂；雄花和雌花均有退化雄蕊；子房 2 ～ 12 室，每室有胚珠 1 颗；花柱短或缺，柱头盾状。果为一硬而不开裂的浆果，具革质或肉质的外果皮；种子有肉瓢状的假种皮。

约 450 种，分布于东半球热带地区。中国 20 种，产于西南部至东南部；鹤山 2 种。

1. 花瓣长 12 ～ 14 mm；雄蕊合生成 4 束；果顶端具宿存的柱头 ································ 1. 多花山竹子 G. multiflora

1. 花瓣长 7 ~ 9 mm；雄蕊合生成 1 束；果顶端无宿存柱头 ……………… 2. 岭南山竹子 **G. oblongifolia**

1. 多花山竹子（木竹子）
Garcinia multiflora Champ. ex Benth.

常绿乔木，高 5 ~ 17 m。有黄色的树脂液。叶对生，革质，卵形或长圆状卵形至长圆状倒卵形，长 5 ~ 20 cm，宽 2 ~ 6(~ 10) cm，顶端短渐尖或急尖，基部楔形，全缘，边缘反卷；叶柄长 1 ~ 2 cm。花单生或数朵组成聚伞花序再排成总状或圆锥花序；花橙黄色，4 基数，单性，稀杂性。雄花：花多数，萼片 4 枚，圆形，凹陷，外面 2 枚长 6 ~ 7 mm，内面 2 枚较大，长约 1 cm；花瓣倒卵形，长约 15 mm；雄蕊合生成 4 束，高出于退化雌蕊，花药密生于雄蕊束的顶端。雌花：花少数，1 ~ 5 朵；花萼、花瓣与雄花的相似；子房长圆形，2 室；无花柱，柱头盾状。浆果近球形，长 3 ~ 4 cm，径 2.5 ~ 3 cm，成熟时青黄色，顶端具宿存的柱头。花期 4 ~ 6 月；果期 8 ~ 11 月。

鹤山偶见，生于山地林中。分布于中国华南地区，以及江西、湖南、福建、台湾、贵州、云南。越南也有分布。

根、果及树皮入药，可消肿、收敛止痛。树冠呈伞形，枝繁叶茂，叶色青翠，宜作庭园和绿地的风景树。

2. 岭南山竹子（海南山竹子）
Garcinia oblongifolia Champ. ex Benth.

常绿乔木。叶对生，近革质，长圆形、倒卵状长圆形至倒披针形，长 4 ~ 14 cm，宽 2 ~ 3.5 cm，顶端急尖或钝，基部楔形，干时边缘反卷；侧脉 10 ~ 18 对。花单性，异株，单生或成伞形聚伞花序；雄花萼片等大，近圆形，长 3 ~ 5 mm；花瓣橙黄色或淡黄色，倒卵状披针形，长 7 ~ 9 mm；雄蕊多数，合生成 1 束，短于雌蕊；子房卵球形，8 ~ 10 室；无花柱，柱头盾状，辐射状分裂，上面具乳头状瘤凸。浆果卵球形或圆球形，直径 2 ~ 3.5 cm。花期 4 ~ 5 月；果期 10 ~ 12 月。

产于宅梧泗云管理区元坑村风水林、龙口仓下村后山，生

于常绿阔叶林中。分布于中国华南地区。越南也有分布。

树皮药用，可消炎止痛。树冠呈伞形，枝繁叶茂，树形优美，宜作庭园和绿地的风景树。

128. 椴树科 Tiliaceae

乔木或灌木，稀为草本。常被星状毛或盾状鳞片；树皮富含纤维。单叶互生，少对生，全缘或分裂；常具基出脉；托叶小。花两性，辐射对称，稀单性，排成腋生或顶生的聚伞花序或圆锥花序；萼片5枚，稀3或4枚，分离或合生；花瓣5枚或更少或缺，基部常有腺体；雄蕊极多数，花丝分离或成束；子房上位，2～10室，每室有胚珠1至多数。果为蒴果、核果或浆果状。种子无假种皮，胚乳存在，胚直，子叶扁平。

约52属，500种，广泛分布于热带和亚热带地区。中国11属，70种，分布全国各地，主产于西南部；鹤山1属，1种。

1. 破布叶属 Microcos L.

灌木或小乔木。叶革质，互生，卵形或长卵形，通常全缘或稍分裂，具短的叶柄；基出脉3条。花小，两性，具短梗；花序顶生或腋生，由多个具3朵花的聚伞花序排成圆锥花序式；萼片5枚，离生；花瓣5枚，有时或缺，内面基部有腺体；雄蕊多数，离生，着生于雌雄蕊柄上部；子房上位，被毛或无毛，通常3室；花柱单生，柱头尖细或分裂，胚珠每室4～6颗。核果近球形或梨形，无沟槽，不具分核。

约60种，分布于非洲、印度、马来西亚和印度尼西亚等地。中国3种，产于西南部至南部；鹤山1种。

1. 破布叶（布渣叶）
Microcos paniculata L.

灌木或小乔木，高3～13 m。叶纸质，卵形或卵状长圆形，长8～18 cm，宽4～8 cm，顶端渐尖，基部圆形，上面无毛，边缘有小锯齿；叶柄长约1.5 cm。花序大，顶生或生于上部叶腋内；萼片5枚，长圆形，长约5 mm；花瓣5枚，淡黄色，长圆形；雄蕊多数，离生。核果近球形或倒卵形，长约1 cm，黑褐色，无毛，3室。花期4～9月；果期11～12月。

鹤山各地常见，产于共和里村风水林、宅梧东门村风水林，生于山坡、沟谷及路边灌丛。分布于中国华南，以及云南。印度、印度尼西亚、中南半岛也有分布。

叶药用，可清热解毒。可栽于较贫瘠土壤作先锋绿化植物。

128A. 杜英科 Elaeocarpaceae

常绿或半落叶乔木。单叶互生或对生；有托叶或无托叶。花两性或杂性，单生或排成总状花序或圆锥花序；苞片有或无；萼片 4 ~ 6 枚，常镊合状排列；花瓣 4 ~ 6 枚或缺，顶端常为撕裂状或具缺齿，很少全缘，镊合状或覆瓦状排列，有时无花瓣；雄蕊极多数，生于花盘上或花盘外，花药 2 室，常于顶孔开裂，药隔顶端常伸出成喙状或芒刺状或具羽毛丛；子房上位，2 室至多室；花柱单一；胚珠每室 2 至多颗。核果、浆果或蒴果，有时果皮有刺；种子有丰富胚乳，胚扁平。

12 属，约 550 种，分布于热带和亚热带地区。中国 2 属，53 种，产于西南部至东部；鹤山连引入栽培的共 2 属，7 种。

1. 花排成腋生的总状花序；核果 ⋯⋯⋯⋯⋯⋯ 1. 杜英属 Elaeocarpus
1. 花通常单生；蒴果外表有针刺⋯⋯⋯⋯⋯ 2. 猴欢喜属 Sloanea

1. 杜英属 Elaeocarpus L.

乔木。单叶互生，有锯齿或全缘，背面常有黑色腺点，叶落前常变红色；叶柄长；有或无托叶，有时则为叶状。花两性或杂性，排成总状花序，腋生或生于无叶的二年生枝上；萼片 4 ~ 6 枚，常为 5 枚，分离，镊合状排列；花瓣 4 ~ 6 枚，常为 5 枚，白色，分离，顶端常为撕裂状；雄蕊多数，花丝分离，稀丛生成束，着生于环状花盘内，花药顶孔开裂；花盘常分裂为 5 ~ 10 枚腺体；子房 2 ~ 5 室；花柱锥形，每室有胚珠 2 ~ 6 颗。核果，1 ~ 5 室，内果皮骨质，外果皮及中果皮肉质；种子每室通常 1 颗，种皮硬，胚乳肉质，子叶薄而平坦。

约 360 种，分布于热带和亚热带地区。中国 39 种，产于西南部至东部；鹤山连引入栽培的共 6 种。

1. 叶较大，长大于 10 cm。
  2. 核果圆形，直径约 2.5 cm ⋯⋯⋯⋯⋯ 1. 尖叶杜英 E. apiculatus
  2. 核果椭圆形，直径小于 2 cm ⋯⋯⋯⋯ 5. 锡兰橄榄 E. serratus
1. 叶较小，长常短于 10 cm。
  3. 叶背有黑腺点。
    4. 嫩枝有短柔毛；果核有 2 条直沟 ⋯⋯ 2. 华杜英 E. chinensis
    4. 嫩枝无毛；果核有 3 条直沟 ⋯⋯⋯ 4. 日本杜英 E. japonicus
  3. 叶背无黑腺点。
    5. 核果纺锤形 ⋯⋯⋯⋯⋯⋯⋯⋯ 3. 水石榕 E. hainanensis
    5. 核果椭圆形 ⋯⋯⋯⋯⋯⋯⋯⋯ 6. 山杜英 E. sylvestris

1. 尖叶杜英（长芒杜英）
Elaeocarpus apiculatus Mast.

常绿大乔木，高 10 ~ 30 m，有板根，分枝有层次地假轮生。叶聚生枝顶，革质，倒披针形，长 10 ~ 20 cm，宽 5 ~ 7.5 cm，先端钝，偶有短小尖头。总状花序生于分枝上部叶腋，长 4 ~ 7 cm；花冠白色，萼片外被褐色柔毛。核果圆形，绿色，直径约 2.5 cm。种子秋末成熟。

鹤山各地有栽培，桃源鹤山市林科所等地有栽培。分布于中国广东、海南、云南南部。中南半岛至马来西亚也有分布。

树冠塔形，盛花时素洁幽香的花朵悬于枝端，是优良木本花卉、园林风景树和行道树。

宽 1.5 ～ 3 cm，顶端渐尖，基部圆或圆楔形，边缘有不明显浅锯齿，叶面有光泽，两面变无毛，叶背具黑色腺点；叶柄长 1 ～ 2.5 cm，顶端稍膨大。花序长 2 ～ 5 cm，花序轴有微毛；花梗长 3 mm；花两性或单性；花瓣 5 枚，白色，长圆形，长约 3 mm；雄蕊 8 ～ 10 枚。核果椭圆形，蓝绿色，长 7 ～ 10 mm，内果皮有 2 条直沟。花期 5 ～ 6 月；果期 9 ～ 12 月。

鹤山偶见，产于鹤城昆仑山、龙口桔园风水林，生于林缘、疏林中。分布于中国广东、广西、江西、福建、浙江、贵州。越南也有分布。

2. 华杜英（中华杜英）
Elaeocarpus chinensis (Gardner et Champ.) Hook. f. ex Benth.

常绿小乔木。树皮灰褐色，平滑，小枝疏被短柔毛。叶薄革质，多聚生于小枝顶端，卵状披针形或披针形，长 4 ～ 8 cm，

木材可培植香菇、白木耳。树皮和果皮含单宁，可提制栲胶。也是园林绿化树种。

广西、云南。越南、缅甸、泰国也有分布。

树冠圆锥形，分枝多，花色洁白淡雅，株形优美，为良好的木本花卉，宜作风景树，孤植或丛植于水滨。

3. 水石榕
Elaeocarpus hainanensis Oliver.

常绿灌木或小乔木。叶革质，狭窄倒披针形，先端尖，基部楔形，聚生于枝顶。初夏开出很多莹白可爱的花朵，花瓣白色，先端流苏状撕裂。果纺锤形，两端渐尖。花期6~7月；果期7~9月。

鹤山市区公园或住宅小区有栽培。分布于中国广东、海南、

4. 日本杜英〔薯豆〕
Elaeocarpus japonicus Sieb. et Zucc.
Elaeocarpus yunnanensis I. Brandis ex Tutcher

常绿乔木。嫩枝无毛，叶芽被发亮的绢毛。叶革质，形状及大小多变，通常为椭圆形或卵形，长6~13 cm，宽3~6 cm，顶端渐尖，基部圆或钝，边缘有疏浅锯齿，叶背有黑色腺体；侧脉每边5~7条；叶柄长2~6 cm，顶部稍膨大。花序腋生，长3~6 cm；花两性或杂性，有香味；花萼和花瓣均长圆形，花瓣全缘或有数个浅齿；两性花雄蕊15枚，雄花雄蕊9~12枚；两性花的子房有白色伏毛，3室。核果椭圆形，深蓝色，长1~1.5 cm，直径约8 mm，内果皮有3条直沟。花期4~5月；果期5~9月。

产于宅梧泗云管理区元坑村风水林，生于常绿阔叶林中。分布于中国长江以南各省区。日本及越南也有分布。

树冠优美，分枝多，花色洁白淡雅，为良好的木本花卉，宜作绿化树。

5. 锡兰橄榄
Elaeocarpus serratus L.

常绿乔木，高达 10 m。叶互生，革质，椭圆状披针形，长 10 ~ 14 cm，宽 4 ~ 8cm，上面亮绿，先端急尖，基部宽楔形，边缘有疏齿。总状花序顶生和腋生，长约 10 cm；花淡黄绿色；花瓣顶端撕裂状。核果椭圆形，长 3 ~ 3.5 cm。花期 6 ~ 8 月；果期 8 ~ 10 月。

鹤山偶见栽培。原产于印度和斯里兰卡。中国台湾、福建、广东等省有栽培。热带地区广泛栽培。

树姿挺拔，叶色亮绿，老叶红色，果实形似橄榄，十分可爱，为优美的园林观赏树种。

6. 山杜英
Elaeocarpus sylvestris (Lour.) Poir.

常绿乔木，小枝红褐色。枝条圆柱形，无毛或被微毛。叶纸质，狭倒卵形，长 4 ~ 8 cm，宽 2 ~ 4 cm，顶端稍钝，基部窄楔形，无毛，边缘有钝齿；侧脉 5 ~ 6 对；叶柄长 10 ~ 15 mm。总花序长 4 ~ 6 cm，无毛；萼片披针形，长 5 ~ 6 mm；花瓣顶端撕裂，裂片约 10 枚，略被毛；雄蕊约 15 枚；花盘 5 裂，被白毛；子房 2 ~ 3 室。核果椭圆形，长 1 ~ 1.2 cm，内果皮

鹤山有野生、有栽培，共和公路边有栽培，龙口三洞水口村风水林、宅梧东门村风水林有野生，生于常绿阔叶林中。分布于中国长江以南。越南也有分布。

枝叶繁密，可作园林绿化树种。对二氧化硫的抗性较强，宜作厂矿区的绿化树种。

2. 猴欢喜属 Sloanea L.

叶互生或近对生，全缘或有波状锯齿，羽状脉，具长柄，无托叶。花通常两性，单生或数朵生于枝顶叶腋；萼片 4 ~ 5 枚，镊合或覆瓦状排列；花瓣 4 ~ 5 枚或有时缺，全缘或顶端撕裂；雄蕊多数，分离，着生于肥厚的花盘上；子房 2 ~ 7 室，每室胚珠多颗。蒴果球形或卵圆形，表面有针状刺毛，室背开裂 3 ~ 5 枚果瓣，外果皮木质，内果皮革质；种子 1 至数颗。

约 120 种，分布于热带和亚热带地区。中国 14 种，产于西南部至台湾；鹤山 1 种。

1. 猴欢喜
Sloanea sinensis (Hance) Hemsl.
Sloanea hongkongensis Hemsl.

常绿乔木。树皮棕褐色至黑褐色，略粗糙，具明显的散生黄褐色皮孔；嫩枝棕红色，无毛。叶薄革质，通常为长圆形或狭倒卵形，长 6 ~ 12 cm，宽 2 ~ 5 cm，全缘或上半部有疏钝齿，无毛；叶柄长 1 ~ 4 cm，顶端稍膨大。花数朵聚生于枝顶或小枝上部叶腋，下垂；花梗长 2.5 ~ 5 cm；萼片和花瓣均 4 枚，被毛，花瓣绿白色；雄蕊多数，与花瓣等长。蒴果木质，成熟时 3 ~ 7 片裂开，密生黄褐色针状刺；种子椭圆形，

长 0.5 ~ 1.5 cm。花期 8 ~ 10 月；果期翌年夏季。

鹤山偶见，产于桃源鹤山市林科所等地，生于常绿林中。分布于中国华南，以及湖南、江西、福建、浙江、贵州。越南、柬埔寨、老挝、缅甸、泰国也有分布。

可作绿化树种。

130. 梧桐科 Sterculiaceae

乔木或灌木，稀为草本或藤本。树皮常有粘液和纤维。单叶互生，少为掌状复叶，全缘，具齿或深裂；叶柄两端膨大；通常有托叶。花两性、单性或杂性，腋生，稀为顶生，排成各式花序，稀单生花；萼片 5 枚，稀为 3 ~ 4 枚，基部多少合生，镊合状排列；花瓣 5 枚或缺，分离或基部与雌雄蕊柄合生，旋转或覆瓦状排列；雄蕊多数，合生成筒状或柱状，很少分离，花药 2 室，纵裂；雌蕊由 2 ~ 5 枚多少合生的心皮或单心皮组成；子房上位，室数与心皮同数，每室有胚珠 2 至多颗，很少为单颗；花柱 1 枚或与心皮同数。蒴果或蓇葖果，极少为浆果或核果。

68 属，约 1 100 种，分布于热带和亚热带地区，少量分布于温带地区。中国 19 属，90 种，主要分布于南部和西南部各省区；鹤山 2 属，2 种。

1. 花两性，有花瓣 ································ 1. 翅子树属 Pterospermum
1. 花单性或杂性，无花瓣 ····················· 6. 苹婆属 Sterculia

1. 翅子树属 Pterospermum Schreb.

乔木或灌木。枝条被星状绒毛或鳞秕。单叶互生，叶革质，分裂或不分裂，全缘或有锯齿，基部通常偏斜；托叶早落。花两性，大，单生或数朵排成顶生或腋生的聚伞花序；小苞片通常 3 片，全缘、条裂或掌状裂，稀无小苞片；萼 5 裂或更多，有时裂至近基部；花瓣 5 枚；雄蕊柄短，雄蕊 15 枚，每 3 枚组成一组；花药 2 室，药室平行，药隔具凸尖；退化雄蕊线状，比花丝长且较粗，与雄蕊群互生；子房 5 室，每室有倒生胚珠多颗，中轴胎座，花柱棒状或线状，柱头有 5 纵沟。蒴果木质或革质，圆筒形或卵形，室背开裂为 5 果瓣；种子有膜质长翅；子叶叶状，常折合，很薄。

约 40 种，分布于亚洲热带和亚热带地区。中国 9 种，产于广东、广西、云南、福建和台湾；鹤山 1 种。

1. 翻白叶树（异叶翅子树、半枫荷）
Pterospermum heterophyllum Hance

常绿乔木，高达 20 m，小枝被黄褐色短柔毛。叶革质，二型，生于幼树或萌蘖枝上的叶盾形，直径约 15 cm，掌状 3 ~ 5 裂，上面几无毛，下面密被褐色星状短柔毛，叶柄长约 12 cm，被毛；生于成长树上的叶矩圆形至卵状距圆形，顶端渐尖或钝，基部斜圆形或斜心形，长 7 ~ 15 cm，宽 3 ~ 10 cm，下面密被黄褐色短柔毛，叶柄长 1 ~ 2 cm。花单生或 2 ~ 4 朵组成腋生的聚伞花序；萼片 5 枚；花瓣 5 枚，青白色，与萼片等长；雄蕊 15 枚，退化雄蕊 5 枚；子房卵圆形，5 室，花柱无毛。蒴果木质，距圆状卵形，被黄褐色绒毛；种子具膜质翅。花期 6 ~ 7 月；果期 8 ~ 12 月。

鹤山偶见，产于桃源鹤山市林科所等地。生于山地或丘陵。分布于中国广东、香港、澳门、海南、广西、福建。

木材可供建筑、家具及体育器材用。树皮纤维代替麻及人造棉用。根供药用，浸酒或煎汤服，治风湿性关节炎和脚软病。树冠广卵形，高大雄伟，叶形多变，是优良的庭院独赏树。

2. 苹婆属 Sterculia L.

乔木或灌木。有星状毛。叶为单叶，全缘、具齿或掌状分裂，少为掌状复叶。花两性或杂性，通常排成圆锥花序，少为总状花序，常腋生；萼管状，4 ~ 5 裂；无花瓣；雄蕊柱与子房柄合生；雄花的花药聚生于雄蕊柄顶端，包围着退化的雌蕊；两性花的雌蕊柄很短，顶端有轮生的花药和发育的雌蕊；雌花由 4 ~ 5 枚心皮组成，每心皮有胚珠 2 至多颗，花柱基部合生，柱头与心皮同数，分离。蓇葖果多为革质或木质，成熟时始开裂；种子 1 至多颗，具假种皮或翅，有胚乳。

约 100 ~ 150 种，产于热带和亚热带地区，尤以亚洲热带地区为最多。中国 26 种；鹤山 1 种。

1. 假苹婆
Sterculia lanceolata Cav.

常绿乔木。小枝初时被毛。叶薄革质，椭圆形、披针形或椭圆状披针形，长 9 ~ 20 cm，宽 3.5 ~ 8 cm，顶端急尖，基部圆钝，上面无毛，下面近无毛；侧脉 7 ~ 9 对，弯曲，在近叶缘处连接；叶柄长 2.5 ~ 3.5 cm。花淡红色，萼齿 5 枚，仅基部连合，向外开展呈星状，长圆状披针形或长圆状椭圆形，顶端有小尖凸，长 4 ~ 6 mm，外面被柔毛，边缘有缘毛。蓇葖果红色，厚革质，长圆状卵形或长椭圆形，长 5 ~ 7 cm，宽

2 ～ 2.5 cm，被短绒毛，顶端有喙；种子黑褐色，椭圆状卵形，直径约 1 cm。花期 4 ～ 6 月；果期 8 ～ 9 月。

　　鹤山各地常见，产于共和里村华伦庙后面风水林、雅瑶昆东洞田村风水林、龙口仓下村后山，生于阔叶林、山谷溪边。分布于中国广东、香港、澳门、广西、云南、贵州、四川。缅甸、泰国、越南、老挝也有分布。

　　枝条上的皮可做纺织麻袋的原料。种子可食用，也可榨油。株形优美，可作景观树。树冠呈伞形，枝叶浓密，秋季果实累累，色彩鲜艳，具有很高的观赏价值。

131. 木棉科 Bombacaceae

　　乔木，主干基部常有板状根。叶互生，掌状复叶或单叶，常具鳞秕；托叶早落。花两性，大而美丽，辐射对称，腋生或近顶生，单生或簇生；花萼杯状，顶端截平或不规则的 3 ～ 5 裂；花瓣 5 枚，覆瓦状排列，有时基部与雄蕊管合生，有时无花瓣；雄蕊 5 至多数，退化雄蕊常存在，花丝分离或合生成雄蕊管，花药肾形至线形，常 1 室或 2 室；子房上位，2 ～ 5 室，每室有倒生胚珠 2 至多数，中轴胎座，花柱不裂或 2 ～ 5 浅裂。蒴果，室背开裂或不裂；种子常为内果皮的丝状绵毛所包围。

　　约 30 属，250 种，广泛分布于热带（特别是美洲）地区。中国 3 属，5 种，其中引种栽培 3 属，2 种。鹤山栽培 3 属，3 种。

1. 树干无刺；小叶 3 ～ 11 枚 ·············· 3. 瓜栗属 Pachira
1. 树干有刺；小叶 5 ～ 7 枚。
　2. 花瓣线形或长圆形；雄蕊管 2 层，外层花丝较短，花药不育，内层花丝较长，花药可育 ·············· 2. 丝木棉属 Chorisia
　2. 花瓣倒卵形或倒卵状披针形；雄蕊多数，合生成管，花丝排成若干轮，最外轮集生为 5 束 ·············· 1. 木棉属 Bombax

1. 木棉属 Bombax L.

　　落叶大乔木，幼树的树干通常有圆锥状的粗刺。叶为掌状复叶。花单生或簇生于叶腋或近顶生，花大，先于叶开放，通常红色，有时橙红色或黄白色；无苞片；萼革质，杯状，几乎或具短齿，花后基部周裂，连同花瓣和雄蕊一起脱落；花瓣 5 枚，倒卵形或倒卵状披针形；雄蕊多数，合生成管，花丝排成若干轮，最外轮集生为 5 束，各束与花瓣对生，花药 1 室，肾形，盾状着生；子房 5 室，每室有胚珠多数，花柱细棒状，比雄蕊长，柱头星状 5 裂。蒴果室背开裂为 5 片，果片革质，内有丝状绵毛；种子小，黑色，藏于绵毛内。

　　约 50 种，主要分布于美洲热带，少数产于亚洲热带、非洲和大洋洲。中国 3 种，分布于南部和西南部。鹤山栽培 1 种。

1. 木棉（英雄树、红棉）
Bombax ceiba L.
Bombax malabaricum D C.

　　落叶大乔木，高达 25 m，幼树树干和老树枝条上有圆锥状皮刺。掌状复叶，小叶 5 ～ 7 片，长圆形至长圆状披针形，全缘。花较大，单生于枝顶叶腋，常为红色，偶有橙红色，花萼杯状，花瓣 5 枚，花柱长于雄蕊。蒴果长圆形，密被灰白色长柔毛和星状柔毛，果内有丝状绵毛。花期春季，先花后叶；果期夏季。

　　鹤山各地常见栽培，产于桃源、共和里村，生于路旁。原产于中国华南、西南，以及江西、福建、台湾。亚洲热带地区至澳大利亚也有分布。现热带地区普遍栽培。

　　春季先花后叶，火红的花朵，灿烂耀目，富热带色彩，是热带特有的木本花卉。为优良的园林风景树和行道树。

2. 丝木棉属 Chorisia Kunth.

落叶或半常绿乔木，树干有刺。叶为互生掌状复叶，小叶 5～7片，有锯齿。花大而美丽，单生或数朵组成总状花序，生于枝端叶腋；花萼杯状，不规则的 2～5 裂，厚，宿存；花瓣 5 枚，线形或长圆形，开展或外卷；雄蕊管 2 层，外层花丝较短，花药不育，内层花丝较长，花药可育。蒴果室背开裂为5 果瓣；种子多数，藏于绵毛内。

5 种。分布于热带美洲。中国引入栽培 1 种；鹤山栽培 1 种。

1. 美丽异木棉（丝木棉）
Chorisia speciosa (St. Hill) Gibbs et Semir

落叶乔木，高 10～15 m，树干基部膨大，幼树树皮绿色着生瘤刺。掌状复叶，有小叶 5～9 片；小叶椭圆形，长 12～14 cm。花单生，花苞圆柱形，花淡紫红色，近中心白色，

蒴果椭圆形，长约 10 cm，内含丝绵。果实拳头大与木棉相似，种子于翌年春季成熟。秋、冬季落叶开花。

鹤山各地偶见栽培，见于共和公路边及鹤山市区。原产于南美。热带地区多有栽培作观赏。华南地区有栽培。

全株盛开时满树姹紫，鲜丽耀目，树冠伞形，为良好的行道树、庭院造景、美化的高级树种。

3. 瓜栗属 Pachira Aubl.

落叶或常绿乔木；树干无刺。叶互生，掌状复叶，小叶 3～11 片，全缘。花单生于叶腋，具梗；苞片 2～3 枚；花萼杯状，短、截平或具不明显的浅齿，内面无毛，果期宿存；花瓣长圆形或线形，白色或淡红色，外面常被绒毛；雄蕊多数，基部合生成管，基部以上分离为多束，每束再分离为多数花丝，花药肾形；子房 5 室，每室胚珠多数；花柱伸长，柱头 5 浅裂。果近长圆形，木质或革质，室背开裂为 5 片，内面具长绵毛；种子大，近梯状楔形，无毛，种皮脆壳质，光滑；子叶肉质，内卷。

约 50 种，分布于美洲热带。中国引入 1 种。鹤山栽培 1 种。

1. 瓜栗（马拉巴栗、发财树）
Pachira aquatica Auble
Pachira macrocarpa (Schltdl. & Cham.) Walp.

常绿小乔木，树高 4～5 m，茎干绿色，基部膨大。掌状复叶，小叶 5～11 片，枝条多轮生，具短柄或无柄，长圆形或倒卵状长圆形，中央小叶长 13～24 cm；中肋表面平坦，背面强烈隆起，侧脉 16～20 对。花单生于枝顶叶腋，花大，长达 22.5 cm，花瓣条裂，花色有红色、白色或淡黄色，色泽艳丽。果有 10～20 颗种子，大粒，形状不规则，浅褐色。花期 4～5

月；果熟期 9 ~ 10 月。

　　鹤山偶见栽培，龙口莲塘村民居庭院内有栽培。原产于热带美洲。现整个热带地区有栽培或逸为野生。中国华南，以及福建、云南等地有栽培。

　　果皮未熟时可食，种子可炒食。造型奇特、寓意吉祥，盆栽种植用于家庭、商场、宾馆、办公室等室内绿化美化装饰，可取得较为理想的艺术效果，为室内美化的优良树种。用其美化厅、室，富有南国海滨风光，并且寓意"发财"给人以美好的祝愿。

132. 锦葵科 Malvaceae

　　草本、灌木或乔木，茎皮层纤维发达；嫩枝、叶被星状毛。叶互生，常有浅裂，通常为掌状脉；托叶 2 片。花两性，单朵或排成总状或圆锥花序；花梗长，具节；花萼通常杯状，萼裂片通常 5 枚，镊合状排列；花萼基部的小苞片线形或卵圆形，组成副萼；花冠具颜色，花瓣 5 枚，旋转排列，近基部与雄蕊管合生；雄蕊多数，花丝合生成单体的雄蕊管，其上部或顶部具短的分离花丝，花药肾形或马蹄形，1 室；子房上位，3 至多室，每室具胚珠 1 ~ 3 颗或多颗，花柱为雄蕊管包围，近顶部分裂为花柱枝，柱头头状。果为蒴果或分果；种子肾形或卵球形，被毛或无毛。

　　约 100 属，1 000 种，分布于世界各地。中国 19 属，81 种，其中引种 16 种；鹤山连引入栽培的共 2 属，4 种。

1. 果为蒴果，室背开裂 ·················· 1. 木槿属 Hibiscus
1. 果裂成 5 个卵状三角形的分果 ·········· 2. 梵天花属 Urena

1. 木槿属 Hibiscus L.

　　灌木或小乔木。叶互生，叶片不裂或 3 ~ 5 掌状分裂；中脉基部具有 1 蜜腺。花单朵腋生或排成总状花序；花萼钟状或碟状，5 浅裂或 5 深裂，宿存；小苞片 3 ~ 12 片，贴生于花萼基部，宿存；花瓣 5 枚，较大，具各种颜色；雄蕊管全部或上半部有多数具花药的短花丝，顶端截平或 5 齿裂；子房 5 室或每室具假隔膜呈 10 室，每室具胚珠 2 至多颗，花柱顶部分离为 5 枚花柱枝，柱头头状或盘状。蒴果，具毛或无毛，室背开裂；种子被毛或无毛，肾形或球形，被毛或为腺状乳突。

　　约 200 种，分布于热带和亚热带地区。中国 25 种；鹤山栽培 2 种。

1. 花冠漏斗形，直径 6 ~ 10 cm ··············· 1. 朱槿 H. rosa-sinensis
1. 花冠钟形，直径 6 ~ 7 cm ··············· 2. 黄槿 H. tiliaceus

1. 朱槿（大红花、扶桑）
Hibiscus rosa-sinensis L.

　　常绿灌木，高约 1 ~ 3 m；小枝圆柱形，疏被星状柔毛。叶阔卵形或狭卵形，长 4 ~ 9 cm，宽 2 ~ 5 cm，先端渐尖，基部圆形或楔形，边缘具粗齿或缺刻。花单生于上部叶腋间，常下垂；花梗长 3 ~ 7 cm；花苞片 6 ~ 7 片，线形，长 8 ~ 15 mm；萼钟形，长约 2 cm；花冠漏斗形，直径 6 ~ 10 cm，花瓣玫瑰红色或淡红、淡黄等色。蒴果卵形，平滑无毛，有喙。花期全年。

　　鹤山各地常见栽培，桃源鹤山市林科所、鹤城营顺村等地有栽培。中国广东、海南、广西、福建、台湾、四川、云南等省区广泛栽培。

　　花期长，花大色艳，着花多，为常见的木本花卉。

2. 黄槿
Hibiscus tiliaceus L.

　　常绿灌木或小乔木，高 4 ~ 10 m。树皮灰白色。叶革质，近圆形或广卵形，直径 8 ~ 15 cm，顶端凸尖，基部心形，全缘或具不明显细圆齿，上面绿色；叶脉 7 或 9 条；叶柄长 3 ~ 8 cm；托叶叶状，长圆形，长约 2 cm。花序顶生或腋生，常数花排列成聚伞花序，总花梗长 4 ~ 5 cm，花梗长 1 ~ 3 cm，基部有一

对托叶状苞片；花萼长 1.5 ~ 2.5 cm；花冠钟形，直径 6 ~ 7 cm，花瓣黄色，中央暗紫色，倒卵形，长约 4.5 cm；雄蕊柱长约 3 cm，平滑无毛。蒴果卵圆形，长约 2 cm，被绒毛；种子无毛。花期 6 ~ 8 月。

鹤山市区公园或居住小区有栽培。分布于中国广东、香港、澳门、海南、福建、台湾等省。印度及东南亚也有分布。

树皮纤维可制作绳索。嫩叶可作蔬食。材用。可作园林绿化树种，为海岸防风固沙树种。

2. 梵天花属 Urena L.

一年生或多年生小灌木。叶具掌状脉，其中央 1 ~ 3 条叶脉具蜜腺。花 1 朵或数朵簇生于叶腋，粉红色；花萼钟状至筒状，花萼裂片 5 枚；副萼钟状或杯状，紧贴花萼，具 5 枚裂片；花瓣 5 枚，通常粉红色；雄蕊管全部或上半部有具花药的分离花丝；子房 5 室，每室具胚珠 1 颗，花柱顶部分裂为 10 枚花柱枝。果多数呈球形，分离为 5 个卵状三角形的分果；分果背部具锚状刺和星状毛；种子倒卵状三棱形或肾形，无毛。

6 种，分布于热带和亚热带地区。中国 3 种；鹤山 2 种。

1. 侧枝斜伸，花萼裂片三角形························1. 地桃花 U. lobata
1. 侧枝平展，花萼裂片线形························2. 梵天花 U. procumbens

1. 地桃花（肖梵天花）
Urena lobata L.

直立、多分枝小灌木。被星状柔毛。叶形多样，长 3 ~ 8 cm，茎下部的叶近圆形，3 ~ 5 浅裂或深裂，生于枝上部的叶呈卵形或披针形，不分裂，下面被灰白色毛；通常仅中脉具线状蜜腺；托叶披针形，长 2 ~ 4 mm。花腋生，单生或稍丛生，淡红色，直径约 15 mm；花梗长约 3 mm，被绵毛；小苞片 5 片，长约 6 mm，基部 1/3 合生；花萼杯状，5 裂，裂片三角形，急尖，结果时直立，紧贴果实；花瓣粉红色，长 1.5 cm。果扁球形，直径 7 ~ 10 mm，黑色，分果爿具锚状刺和星状柔毛，成熟时分离为 5 个分果。花期 7 ~ 12 月。

鹤山各地各常见，生于旷野或路边。分布于中国西南至东南部各省。广泛分布于全球热带地区。

根、叶药用，可祛风、清热解毒。

2. 梵天花（狗脚迹）
Urena procumbens L.

小灌木，高约 0.8 m。侧枝平展，被星状毛。叶纸质，叶形多样，长 1.5 ~ 3.5 cm，下部的叶近卵形，3 ~ 5 深裂，生于中上部的叶浅裂呈葫芦形，下面疏生星状毛；叶缘具浅锯齿，中央 1 ~ 3 条脉具线状蜜腺；托叶线形，长 3 mm。花单生或近簇生，花萼杯状，裂片线形至披针形，渐尖，结果时开展；花瓣粉红色，长 1.5 ~ 2 cm。果近球形，直径 7 mm，成熟时分离为 5 个分果，分果爿具锚状刺和星状柔毛。花期 7 ~ 11 月。

鹤山市郊野常见，散生于路旁、草坡。分布于中国东南部各省区。

全株药用，治风湿、跌打肿痛、毒蛇咬伤等。

136. 大戟科 Euphorbiaceae

乔木、灌木或草本，稀为藤本或肉质植物。常有乳汁。通常为单叶，稀复叶或退化成鳞片状，互生，稀对生或轮生；叶柄顶端或叶片基部具 1 ~ 2 枚腺体；托叶 2 片，有时退化为腺体或无。花单性，组成各种花序；花通常为 5 基数；萼片离生、合生或无；花瓣有或无，与萼片互生；具花盘或腺体，稀无；雄蕊 1 至多枚；花药 2 室，稀 3 ~ 4 室，纵裂，稀顶孔开裂；雄花有时具不育雌蕊；雌花通常 3 室，每室具 1 或 2 颗胚珠；

花柱与子房室同数，离生或各式合生，顶部常二叉裂至多裂；柱头形状多样。果为蒴果，自宿存的中轴弹裂，脱落，稀核果状或浆果状。种子常有种阜，胚乳丰富。

约 322 属，8 900 种，广泛分布于全球，主产于热带、亚热带地区。中国 75 属，约 406 种，其中引种 9 属，27 种，分布于全国各地；鹤山连引入栽培的共 19 属，29 种。

1. 叶为三出复叶 ·················· **5. 秋枫属 Bischofia**
1. 叶为单叶。
  2. 子房每室具 2 枚胚珠。
    3. 花具花瓣 ·················· **7. 土蜜树属 Bridelia**
    3. 花无花瓣。
      4. 雌花具花盘或腺体。
        5. 子房 1 ~ 2 室，稀 3 室；核果 ··········
        ·················· **3. 五月茶属 Antidesma**
        5. 子房通常 3 室；蒴果或浆果状。
          6. 雄花有不育雌蕊 ·········· **12. 白饭树属 Flueggea**
          6. 雄花无不育雌蕊 ·········· **17. 叶下珠属 Phyllanthus**
      4. 雌花无花盘和腺体。
        7. 叶在小枝上不排成二列 ·········· **4. 银柴属 Aporosa**
        7. 叶在小枝上排成二列。
          8. 雄蕊 3 ~ 8 枚，花丝和花药均合生；子房 3 ~ 15 室，花柱合生，顶端具裂缝或小裂齿状 ··········
          ·················· **13. 算盘子属 Glochidion**
          8. 雄蕊 3 枚，花丝合生，花药通常分离；子房 3 室，花柱离生或基部合生，2 裂 ··········
          ·················· **6. 黑面神属 Breynia**
  2. 子房每室具 1 枚胚珠。
    9. 雄花与雌花具花瓣，稀雌花无花瓣。
      10. 总状花序 ·················· **9. 巴豆属 Croton**
      10. 圆锥花序。
        11. 常绿乔木 ·················· **2. 石栗属 Aleurites**
        11. 落叶乔木或灌木。
          12. 托叶全缘或分裂为刚毛状或为有柄的一列腺体
          ·················· **14. 麻疯树属 Jatropha**
          12. 托叶早落 ·················· **19. 油桐属 Vernicia**
    9. 雄花与雌花均无花瓣。
      13. 雄花簇生于苞腋，再排成穗状花序或总状花序；花蕾时雄蕊已伸出。
        14. 蒴果球形、梨形或为 3 个分果爿 ··········
        ·················· **18. 乌桕属 Triadica**
        14. 蒴果自中轴开裂而成具 2 瓣裂的分果爿 ··········
        ·················· **11. 海漆属 Excoecaria**
      13. 雄花密集成团伞花序或簇生，再排成穗状、总状或圆锥花序；花蕾时雄蕊内藏。
        15. 雄花的萼片或花萼裂片覆瓦状排列
        ·················· **10. 黄铜属 Endospermum**
        15. 雄花的萼片或花萼裂片镊合状排列。
          16. 全株被星状毛 ·················· **16. 野桐属 Mallotus**
          16. 非全株被星状毛。
            17. 叶下面具颗粒状腺体
            ·················· **15. 血铜属 Macaranga**
            17. 叶下面无颗粒状腺体。
              18. 蒴果具 2 ~ 3 个分果爿，果皮平滑或具

1. 山麻杆属 Alchornea Sw.

　　乔木或灌木。嫩枝无毛或被柔毛。叶互生，纸质或膜质，边缘具腺齿，近基部具斑状腺体；羽状脉或基出脉 3 条；叶柄长或短，在叶柄和叶片相接处通常具 2 片小托叶。雌雄同株或异株，无花瓣；花序穗状、总状，有时圆锥状；雌雄花异序，稀同序；雄花多朵簇生于苞腋，萼片 2 ~ 5 裂，镊合状排列，雄蕊 4 ~ 8 枚，花丝基部合生成碟状，花药 2 室，纵裂；无不育雌蕊；雌花单生，萼片 4 ~ 8 枚，有时基部有腺体，子房（2 ~）3 室，每室具胚珠 1 颗，花柱（2 ~）3 枚，通常线状，不分裂，离生或基部合生。蒴果具 2 ~ 3 个分果爿，果皮平滑或具小疣凸；种子通常扁卵球形，无种阜，种皮具瘤凸或凹凸不平。

　　约 50 种，分布于全世界热带、亚热带地区。中国 8 种，分布于西南部和秦岭以南热带和温带地区；鹤山 1 种。

1. 红背山麻杆（红背叶）
Alchornea trewioides (Benth.) Müell. Arg.

　　灌木，高 1 ~ 2.5 m。小枝初被灰色微柔毛。叶互生，纸质，阔卵形，长 7 ~ 13 cm，上面无毛，下面浅红色，仅沿主脉和侧脉被微绒毛；基出脉 3；小托叶披针形。花雌雄异株；雄花序穗状，腋生或生于一年生小枝已落叶的腋部，长 7 ~ 15 cm，花序轴细长，具微柔毛，苞片三角形，雄花 3 ~ 5 朵簇生或 11 ~ 15 朵排成团伞花序生于苞腋，花蕾球形，无毛，萼片 4 枚，雄蕊 7 ~ 8 枚；雌花序总状，顶生，有花 5 ~ 12 朵，苞片狭三角形，被短柔毛，其中 1 枚基部被腺体，子房球形，被短绒毛，花柱 3 枚，线形，长 2 ~ 15 mm，合生部分长不及 1 mm。蒴果球形，具 3 圆棱，微被柔毛。花期 3 ~ 5 月；果熟期 6 ~ 8 月。

　　鹤山各地常见，产于昆仑山、龙口仓下村后山、雅瑶昆东洞田村风水林等地，生于矮灌丛、疏林下。分布于中国广东、香港、澳门、海南、广西、福建、江西、湖南、四川、云南。柬埔寨、老挝、泰国、越南、日本也有分布。

　　枝、叶煎水，外洗可治风疹。叶形、叶色优美，适合庭植或大型盆栽。

2. 石栗属 Aleurites J. R. Forst. et G. Forst.

　　常绿乔木。嫩枝密被星状柔毛。叶互生，卵形或近菱形，不分裂或 3 ~ 5 裂；掌状脉；叶柄顶端具 2 枚腺体；托叶小或不明显。花雌雄同株，排成扩展的聚伞状圆锥花序，顶生或腋生；雄花远多于雌花，雌花着生于末级聚伞状花序叉状分枝的顶部，稍大于雄花；雄花花萼 2 ~ 3 裂，花瓣 5 枚，离生，花盘具 5 枚腺体，雄蕊 15 ~ 20 枚，排成 3 ~ 4 轮，外轮的花丝离生，内轮的花丝合生，无不育雌蕊；雌花，花萼在花蕾时闭合，开花时 2 ~ 3 裂，花瓣 5 枚，离生，开展，腺体 5 枚；子房卵状，被绒毛，2(~3) 室，每室具胚珠 1 颗，花柱 2 (~3) 枚，2 深裂。果大型，核果状，不分裂；种子扁球形。

　　2 种，分布于亚洲和大洋洲热带、亚热带地区。中国 1 种；鹤山栽培 1 种。

1. 石栗
Aleurites moluccana (L.) Willd.

　　乔木，高达 20 m，嫩枝被褐色星状短柔毛，后呈粉状脱落。叶薄革质，倒卵形或近菱形，全缘，或阔卵状心形且 3 ~ 5 裂，

顶端短渐尖，无毛或仅下面疏生星状毛；叶柄长，顶端具2枚腺体；托叶鳞片状。聚伞状圆锥花序长7～15 cm，开展，密被星状短柔毛；雄花，花萼通常2深裂，被毛，花白色，花瓣长圆形，顶端钝，雄蕊15～20枚，花药卵形；雌花，花萼通常3裂，花瓣稍长于花萼，子房密被毛，花柱2枚，2深裂，线状。果核果状，近球形或斜球形，直径5～6 cm；外果皮稍肉质，绿黄色，被微毛，内果皮薄革质；种子1～2颗，扁球形，种皮骨质，具瘤状凸棱，直径2.5 cm。花、果期4～10月。

鹤山城区偶见栽培，见于沙坪等地。原产于柬埔寨、印度、印度尼西亚、菲律宾、斯里兰卡、泰国、越南及太平洋岛屿。中国广东、澳门、香港、台湾、福建、广西、云南均有栽培。现世界热带地区广泛栽培。

为优良的风景树。

3. 五月茶属 Antidesma Burman ex L.

乔木或灌木。单叶互生，全缘，羽状脉；叶柄短；托叶2片，小。花小，雌雄异株，排成顶生或腋生的总状花序、穗状花序或圆锥花序，无花瓣；雄花：花萼杯状，3～5浅裂或深裂，稀8裂，裂片覆瓦状排列，花盘环状或垫状，雄蕊3～5枚，少数1～2或6枚，花丝较花萼长，基部着生于花盘内面或花盘裂片之间，药室分离，药隔厚，不育雌蕊通常小，柱状；雌花：花萼和花盘同雄花，子房1～2室，每室具胚珠2颗，花柱2～3（～5）枚，顶部2裂，顶生或侧生。核果小，卵形，通常稍扁，内果皮有网状小孔穴；种子通常1颗，胚乳肉质。

约100种，广泛分布于东半球热带、亚热带地区。中国11种，1变种，分布于西南、中南及华东地区；鹤山2种。

1. 小枝无毛；叶片上面常有光泽 ·················· 1. 五月茶 A. bunius
1. 小枝密被黄色绒毛；叶片上面无光泽 ··················
······································ 2. 黄毛五月茶 A. fordii

1. 五月茶
Antidesma bunius (L.) Spreng.

乔木，高达10 m。小枝有明显皮孔；除叶背中脉、叶柄、花萼两面和退化雌蕊被短柔毛或柔毛外，其余均无毛。叶纸质，长椭圆形、倒卵形或长倒卵形，长8～23 cm，上面常有光泽，顶端急尖至圆，有短尖头；侧脉在叶面扁平，干后凸起；托叶线

形，早落。雄花序为顶生的穗状花序；雄花：花萼杯状，顶端 3 ~ 4 裂，裂片卵状三角形，雄蕊 3 ~ 4 枚，着生于花盘内面，花盘杯状，全缘或不规则分裂；退化雌蕊棒状；雌花序为顶生的总状花序，雌花：花萼和花盘与雄花的相同，雌蕊稍长于萼片，子房宽卵圆形，子房 1 ~ 2 室，稀 3 室，花柱顶生，柱头短而宽，顶端微凹缺。核果近球形或椭圆形，长 8 ~ 10 mm，成熟时红色。花期 3 ~ 5 月；果期 6 ~ 11 月。

鹤山各地常见，产于共和里村华伦庙后面风水林、宅梧泗云管理区元坑村风水林，生于常绿阔叶林、屋旁。分布于中国华南地区以及江西、福建、贵州、云南、西藏。亚洲热带地区各国及澳大利亚、太平洋岛屿也有分布。

果供食用。适作园景树、绿篱、大型盆栽，尤其适合滨海绿化美化。

2. 黄毛五月茶
Antidesma fordii Hemsl.

灌木或小乔木，高达 7 m；小枝密被黄色绒毛。叶长圆形或椭圆形，长 7 ~ 17 cm，宽 3 ~ 8 cm；侧脉 7 ~ 11 对，背面凸出；上面初时被黄色柔毛，后变无毛，下面密被黄色柔毛；叶柄长 1 ~ 3 mm，密被黄绒毛。雄花序为分枝的穗状花序；雄花花萼 5 裂；花盘生于雄蕊之外，雄蕊 4 ~ 5；雌花花萼 5 裂，被短柔毛。核果纺锤形，长 5 ~ 7 mm，稍压扁，被稀疏的柔毛和有皱纹。花期夏季。

产于雅瑶昆东洞田村风水林，生于常绿阔叶林中。分布于

中国广东、海南、广西、福建、云南。老挝、越南也有分布。

可作景观树。

4. 银柴属 Aporosa Blume

乔木或灌木。单叶互生，羽状脉，全缘或浅波状，边缘具疏生的小腺齿，具绒毛或无毛；叶柄顶端具 2 枚小腺体；托叶常偏斜，早落。花单性，雌雄异株；无花瓣及花盘；雄花序穗状，幼时苞片密生，稀疏生，苞腋具雄花数朵，萼片 3 ~ 6 枚，覆瓦状排列，雄蕊通常 2 ~ 3 枚，花丝分离，通常长于花萼，花药小，2 室，近球形，不育雌蕊小或无；雌花序穗状，雌花萼片 (3 ~)4 ~ 5 枚，宿存，子房 2 ~ 3 室，每室具胚珠 2 颗，花柱短，基部合生，柱头 2 裂，具流苏状或乳头状凸起。蒴果核果状，成熟时不规则开裂，分隔常具毛，具种子 1 ~ 2 颗；种子无种阜。

约 80 种，分布于亚洲东南部；中国 4 种，分布于华南及西南地区；鹤山 1 种。

1. 银柴（大沙叶）
Aporosa dioica (Roxb.) Müell. Arg.

灌木或小乔木，高 2 ~ 7 m。嫩枝被黄色稀疏粗毛，老渐无毛。叶互生，革质，椭圆形、长椭圆形、长圆状倒卵形或长圆状披针形，长 6 ~ 12 cm，宽 3.5 ~ 6 cm，近全缘或具疏离的浅波状小齿，下面沿叶脉疏生短柔毛，干后浅褐色；叶柄疏生短柔毛，顶端具 2 枚小腺体；托叶卵状披针形。雄花序穗状，苞片密生，卵状三

角形，外被短柔毛，苞腋具花3～5朵，苞片3～5片，被绒毛，雄蕊2～4枚；雌花序穗状，雌花单生于苞腋，萼片4(～6)枚，被微柔毛；子房被疏柔毛，2室，花柱2枚，浅2裂，具流苏状凸起。蒴果椭圆形，长1～1.4 cm，初被疏柔毛，具种子2颗。花、果期几乎全年。

鹤山各地常见，产于鹤城鸡仔地、共和里村华伦庙后面山、龙口（桔园、莲塘村）风水林，生于山地、路旁或密林中。分布于中国广东、香港、澳门、广西、海南、云南。印度、缅甸及亚洲东南部各国也有分布。

可用于荒山绿化。

5. 秋枫属 **Bischofia** Blume

乔木。汁液呈红色或淡红色。叶互生，三出复叶，小叶边缘具细锯齿；叶柄长；托叶膜质，凋落。花单性，雌雄异株，稀同株，无花瓣及花盘，排成腋生、稀疏的总状花序或圆锥花序；雄花萼片5枚，勺状，覆瓦状排列，雄蕊5枚，与萼片对生，花丝短，花药内向，药室纵裂，不育雌蕊圆盾状，具短柄；雌花萼片5枚，覆瓦状排列，凋落，不育雄蕊缺，稀极小，子房2～3室，每室具胚珠2颗，花柱2～3枚，线状钻形，不分裂，近基部彼此合生。核果近球形，中果皮肉质，内果皮薄革质；种子3～6颗，无种阜，种皮具光泽。

2种，分布于亚洲南部及东南部至澳大利亚和波利尼西亚。中国均产，分布于西南、华中、华东和华南等省区；鹤山栽培1种。

1. 秋枫
Bischofia javanica Blume

乔木，高达40 m，树皮浅褐色，无浅纵沟纹，汁液红色。三出复叶，薄革质，小叶纸质，长圆形至阔卵形，稀披针形，长7～15 cm，基部宽楔形或钝边缘具浅圆锯齿；干后网脉略可见；托叶长三角形。圆锥花序腋生；雄花序被微柔毛或无毛，苞片长卵形，急尖或渐尖，花梗长约1 mm，雄花小，萼片5枚，疏生微柔毛或无毛，雄蕊5枚，不育雌蕊盾状；雌花序下垂，苞片如雄花序，果梗长1 cm，具关节，雌花萼片5枚，长卵形或阔披

针形，通常无不育雄蕊，子房卵圆形，无毛，花柱3枚。核果近球形，褐色或黄褐色，直径约10 mm；种子倒卵状，褐色，长约5 mm。花期2～4月；果期10～12月。

鹤山各地常见栽培，桃源鹤山市林科所、鹤城街心公园等地，生于河堤旁、溪岸或栽植于村旁。分布于中国长江以南各地。日本、亚洲东南部各国、印度及大洋洲北部各岛屿也有。

优质木材。果可酿酒。种子含油量丰富。根有祛风消肿作用。树干挺拔，树冠圆整，优良的河堤绿化和行道树树种。

6. 黑面神属 **Breynia** J. R. Forst. et G. Forst.

灌木或小乔木。枝、叶干后常变黑色。单叶互生，二列，全缘，羽状脉，具叶柄和托叶；托叶小。花雌雄同株，1或数朵簇生于叶腋，具花梗，无花瓣和花盘；雄花花萼陀螺状、漏斗形或半球形，顶端边缘通常6浅裂或细齿裂，小，内折，雄蕊3枚，花丝合生呈柱状；花药2室，椭圆形，着生于花丝柱上，纵裂，无退化雌蕊；雌花：花萼半球状、钟状或辐状，6深裂或6浅裂，稀5浅裂，

花后不增大或增大呈盘状，子房3室，每室具胚珠2颗；花柱3枚，顶端通常2裂。蒴果近球形，果皮稍肉质，成熟时或干后为壳质，具宿存的花萼。种子具3棱，外种皮薄肉质，无种阜。

约26种，主要分布于亚洲东南部，少数分布于澳大利亚及太平洋诸岛。中国5种，分布于西南部、南部和东南部；鹤山1种。

1. 黑面神（鬼画符）
Breynia fruticosa (L.) Müll. Arg.

灌木，高 0.5 ～ 3 m。全株无毛，小枝绿色。叶革质，菱状卵形、卵形或阔卵形，长 3 ～ 7 cm，下面通常粉绿色；托叶三角形。花小，2 ～ 4 朵簇生于叶腋；雄花位于小枝下部，花萼倒圆锥状，裂片6枚，小，半圆形，2轮，内折，雄蕊3枚，花丝合生呈柱状，与萼管等长，花药内藏；雌花位于小枝上部，花萼辐状，裂片6枚，几等宽，顶端截平或急尖，花后增大呈碟状，子房球形，花柱2裂，裂片外弯。蒴果圆球形，绿色，直径 6 ～ 7 mm，宿萼杯状；种子三棱状，长约 5 mm，具红色种皮。花期 4 ～ 9 月；果期 5 ～ 12 月。

鹤山各地常见，产于鹤城昆仑山、桃源鹤山市林科所等地，生于山地、丘陵等疏林或灌丛中。分布于中国华南，以及福建、浙江、四川、贵州、云南。越南、泰国也有分布。

枝叶为生草药，可治感冒发热、皮肤湿疹、皮炎等。

7. 土蜜树属 Bridelia Willd.

乔木或攀缘状灌木。单叶互生，全缘，羽状脉；托叶通常早落。花通常雌雄同株，排成密生的团伞花序或聚伞花序，腋生，有时生于只具小叶片的花枝或无叶片的花枝节上呈穗状或圆锥状花序；雄花花萼裂片5枚，镊合状排列，花瓣5枚，小，薄，花盘垫状或杯状，雄蕊5枚，花丝下半部合生呈柱状，花药2室，不育雌蕊柱状，小，分裂或不分裂；雌花：花萼和花瓣同雄花；花盘杯状或坛状，子房2 ～ 3室，每室具胚珠2颗，花柱通常2枚，离生或基部合生，顶端不裂或2裂。核果，1或2室，每室1颗种子发育，果梗短或几无；种子腹面常具浅纵沟，种皮平滑。

约60种，分布于东半球热带、亚热带地区。中国7种，分布于东南部、南部和西南部；鹤山1种。

1. 土蜜树（逼迫子）
Bridelia tomentosa Blume

灌木或小乔木，高 2 ~ 10 m。小枝被黄褐色柔毛。叶薄革质，长圆形、长椭圆形或卵状长圆形，长 3 ~ 10 cm，下面被柔毛；托叶线状披针形，早落。花雌雄同株，多朵组成腋生的团伞花序；雄花：萼裂片 5 枚，三角形，无毛，花瓣阔楔形，顶端具小裂片，花盘垫状，黄色，雄蕊 5 枚，花丝基部合生，上部外展；不育雌蕊柱状，顶端有 4 个乳头状突起；雌花：花萼同雄花；花瓣舌形或长圆形，顶端急尖，不裂或具小齿，花盘杯状，花后分裂，子房 2 室，无毛，花柱 2 枚，各 2 裂。核果近球形，2 室，直径约 5 mm，成熟时黑色，果梗短，被柔毛；种子褐红色。花、果期几乎全年。

鹤山各地常见，产于桃源鹤山市林科所、龙口三洞水口村风水林等地，生于次生林或林缘、村旁、灌木林中。分布于中国华南。以及福建、台湾、云南。亚洲东南部，经印度尼西亚、马来西亚至澳大利亚也有分布。

叶可治外伤出血、跌打损伤；根可治感冒、神经衰弱、月经不调。蜜源植物，可供观赏；枝条柔软下垂，花、果满树，常栽作园林观赏绿化。

8. 蝴蝶果属 Cleidiocarpon Airy Shaw

乔木；嫩枝被微星状毛。叶互生，全缘，羽状脉；叶柄具叶枕；托叶小。圆锥状花序，顶生，花雌雄同株，无花瓣，花盘缺，雄花多朵在苞腋排成团伞花序，稀疏地排列在花序轴上，雌花 1 ~ 6 朵，生于花序下部；雄花：花萼花蕾时近球形，萼裂片 3 ~ 5 枚，镊合状排列；雄蕊 3 ~ 5 枚，花丝离生，花药背着，4 室，药隔不突出；不育雌蕊柱状，短，无毛；雌花：萼片 5 ~ 8 枚，覆瓦状排列，宿存；副萼小，与萼片互生，早落；子房 2 室，每室具胚珠 1 颗，花柱下部合生，顶部 3 ~ 5 裂，裂片短并叉裂。果核果状，近球形或双球形，基部急狭呈柄状，具宿存花柱基，外果皮壳质，具微皱纹，密被微星状毛；种子近球形，胚乳丰富，子叶扁平。

2 种，分布于缅甸北部、泰国西南部、越南北部。中国 1 种，分布于中国贵州、广西和云南。鹤山栽培 1 种。

1. 蝴蝶果
Cleidiocarpon cavaleriei (Lévl.) Airy Shaw

常绿乔木，高 10 ~ 30 m，嫩枝被星状毛。叶互生，椭圆形或长椭圆形，长 6 ~ 22 cm；宽 1.5 ~ 6 cm，顶端渐尖，基部楔形，托叶钻状，叶柄两端有两枚黑色腺体。圆锥花序顶生，长 10 ~ 15 cm，密生灰黄色微星状毛，由多数雄花和 1 ~ 6 朵雌花组成。花淡黄色。核果单球形或双球形，直径 2 ~ 3 cm，成熟时黄绿色。花、果期 5 ~ 11 月。

桃源鹤山市林科所有栽培。分布于中国广西、云南和贵州。生于山地常绿林中。越南也有分布。

种子含丰富的淀粉和油，煮熟并除去胚后可食用。木材适做家具等。树形美观，常绿，抗病力强，枝叶茂盛，树姿挺拔庄重，绿荫效果好，花与果均具观赏价值，适宜作园景树、行道树等。

9. 巴豆属 Croton L.

乔木或灌木，稀草本。通常植株各部均被星状毛或鳞秕，稀近无毛。叶互生，稀对生或假轮生，全缘或具齿，有时具裂片，羽状脉或具基出脉，叶片基部或叶柄顶端有 2 枚具柄或无柄的腺体；托叶小，线形或钻形，早落。花通常雌雄同株，排成顶生或腋生的总状花序，雌雄花同序，雌花位于花序下部，有时仅 1 朵；雄花花萼通常 5 枚，覆瓦状或镊合状排列，花瓣 5 枚，通常较萼裂片小，近等长，顶端具绵毛，雄蕊离生，5 ~ 30 枚，花蕾时花丝顶部内折，无不育雌蕊；雌花花萼同雄花，花瓣细小或无，子房 3 室，每室具胚珠 1 颗，花柱 3 枚，通常离生，上部 2 或 4 裂，裂片线状或加厚，有时呈扇形分裂。蒴果具 3 个分果爿；种子卵形或椭圆形。

约 1 300 种，广泛分布于全世界热带、亚热带地区。中国 23 种，主要分布于南部各省区；鹤山 1 种。

1. 毛果巴豆（小叶双眼龙）
Croton lachnocarpus Benth.

灌木，高 1.5 ~ 2 m。一年生枝条、嫩叶、花序和果均密被灰黄色星状毛。叶纸质，椭圆形、长椭圆形或近卵状椭圆形，长 4 ~ 12 cm，宽 1.5 ~ 5 cm，边缘有不明显细齿，二齿间弯缺处常有 1 枚具柄的杯状腺体；基出脉 3；叶柄顶端或叶片基部具 2 枚有柄的浅杯状腺体；托叶线形，被毛。总状花序 1 ~ 3 个，顶生；苞片钻形；雄花萼片卵状三角形，被星状毛，花瓣长圆形，顶端被绵毛，雄蕊 10 ~ 12 枚，花丝无毛，花托密生绵毛；雌花萼片披针形，被星状毛；花瓣细小，卵形，子房被绒毛，花柱 3 枚，2 深裂，分枝线形。蒴果近球形，直径 7 ~ 8 mm，被毛；种子卵形，暗褐色，平滑。花期 4 ~ 6 月；果期 7 ~ 9 月。

鹤山偶见，产于鹤城昆仑山等地，生于山地灌木林中。分布于中国广东、香港、澳门、广西、江西、湖南、贵州。老挝、缅甸、

泰国、越南也有分布。

根散瘀活血，治跌打肿痛；叶治带状疱疹，有毒，一般外用。

10. 黄桐属 Endospermum Benth.

乔木。嫩枝、叶被微星状毛或近无毛。叶互生，卵形或近圆形，全缘，羽状脉，有时盾状着生；叶柄长，顶端具2枚腺体；托叶卵形，小，早落。花雌雄异株；雄花序为圆锥花序，多花；苞片三角形；雄花：花萼浅杯状，具3～4个微齿，稍覆瓦状排列；花盘5～6浅裂；雄蕊5～10枚，花丝多少合生，花药4室，无不育雌蕊；雌花排成总状花序或有短分枝的圆锥花序，花萼具5齿，花盘环状，子房球形，2～3室或4～6室，每室具胚珠1颗，花柱短，合生成一无柄的盘状体。果为不开裂的蒴果或核果，果皮多少肉质；种子近球形或扁圆形，无种阜。

约10种，分布于亚洲东南部和大洋洲热带地区。中国1种；鹤山1种。

1. 黄桐
Endospermum chinense Benth.

乔木，高达25 m。嫩枝和花序被浅黄色短星状毛。叶薄革质，常密生于小枝顶部，近圆形、阔卵形至椭圆形，长8～20 cm，近叶柄着生处具2枚球形腺体，有时部分侧脉近叶缘分叉处也有腺体，下面被微星状毛；托叶三角状卵形，被毛。雄花序圆锥状，腋生；花梗几无；苞片阔三角形；雄花单生于苞腋，花萼杯状，被毛，雄蕊5～8枚，2轮，花丝柱状；雌花序狭圆锥状，腋生，

苞片阔三角形，雌花单生于苞腋，花萼杯状，具3～5波状齿，被毛，宿存，子房近球形，被黄色绒毛，2～3室，花柱盘状。蒴果近球形，直径约1 cm，果皮稍肉质，被绒毛，黄绿色；种子2～3颗，浅褐色。花期5～8月；果期8～11月。

鹤山各地常见，产于共和里村华伦庙后面风水林、龙口（桔园、莲塘村、三洞水口村）风水林、宅梧泗云管理区元坑村风水林，生于常绿阔叶林中。分布于中国广东、香港、海南、广西、福建、云南。印度、缅甸、泰国、越南也有分布。

速生树种，木材可作板材。根、树皮和叶可作草药用。树形高大，树姿挺拔。叶色常青，适作园景树。

11. 海漆属 Excoecaria L.

乔木或灌木，具乳状汁液。叶互生或对生，具柄，全缘或有锯齿，具羽状脉。花单性，雌雄异株或同株异序，极少雌雄同序者，无花瓣，聚集成腋生或顶生的总状花序或穗状花序。雄花萼片3枚，稀为2枚，细小，彼此近相等，覆瓦状排列；雄蕊3枚，花丝分离，花药纵裂，无退化雌蕊。雌花花萼3裂、3深裂或为3萼片；子房3室，每室具1胚珠，花柱粗，开展

或外弯，基部多少合生。蒴果自中轴开裂而成具2瓣裂的分果爿，分果爿常坚硬而稍扭曲，中轴宿存，具翅；种子球形，无种阜，种皮硬壳质，胚乳肉质，子叶宽而扁。

约40种，分布于亚洲、非洲和大洋洲热带地区。中国5种，产于西南部，经南部至台湾。鹤山栽培1种。

1. 红背桂
Excoecaria cochinchinensis Lour.

常绿灌木，高1～2m。叶对生，稀兼有互生或近3片轮生，纸质，倒披针形或长圆形，长8～12cm，宽1.2～4cm，顶端长渐尖，基部渐狭，边缘有疏细齿。叶片上面绿色，下面紫红色；托叶卵形。花单性，雌雄异株；花初开时黄色，后渐变为淡黄白色。蒴果球形，基部截平，顶端凹陷；种子近球形。花期几乎全年。

鹤山各地常见栽培，鹤城共和里村有栽培，生于路旁。分布于中国广东、海南、广西、福建、台湾、云南。中国南方普遍栽培。越南也有分布。

叶背红色，叶面翠绿，是庭园、公园和绿地普遍栽种的观叶植物，可孤植、丛植于庭园或列植作绿篱。

12. 白饭树属 Flueggea Willd.

小乔木或直立灌木。通常无刺。单叶互生，常排成二列；羽状脉；叶柄短；有托叶。花小，雌雄异株，稀同株，单生、簇生或组成密集聚伞花序；苞片不明显；无花瓣；雄花花梗纤细，萼片4～7枚，覆瓦状排列，雄蕊4～7枚，比萼片长，花丝分离，花药直立，外向，2室，纵裂，花盘腺体4～7，分离或靠合，稀为合生；退化雌蕊小，2～3裂，裂片伸长；雌花花梗圆柱形或具棱，萼片与雄花的相同；花盘蝶状或盘状；子房3(稀2或4)室，分离，每室有横生胚珠2颗，花柱3枚，分离，顶端2裂或全缘。蒴果圆球形或三棱形，基部有宿存的萼片，3片裂或不裂而成浆果状；种子通常三棱形，平滑或有疣状凸起。

约13种，广泛分布于亚洲、美洲、欧洲及非洲的热带至温带地区。中国4种，除西北外，全国各省区均有分布；鹤山1种。

1. 白饭树
Flueggea virosa (Roxb. ex Willd.) Voigt
Securinega virosa (Roxb. ex Willd.) Baill.

落叶灌木，高1～4m。小枝具纵棱槽，有皮孔；全株无毛。叶互生，纸质，椭圆形、倒卵形或近圆形，长2～5cm，顶端有小尖头，全缘；托叶披针形。花小，淡黄色，雌雄异株，多朵簇

生于叶腋；苞片鳞片状；雄花花梗纤细，萼片5枚，卵形，雄蕊5枚，花药椭圆形，伸出萼片之外，花盘腺体5枚，与雄蕊互生，退化雌蕊通常3深裂，顶端弯曲；雌花3～10朵簇生，有时单生，萼片与雄花的相同，子房卵圆形，3室，花柱3枚，基部合生，顶部2裂，裂片外弯。蒴果浆果状，近圆球形，直径3～5 mm，成熟时果皮淡白色，不开裂；种子栗褐色，具光泽，有小疣状凸起及网纹。花期3～8月；果熟期7～12月。

产于雅瑶昆东洞田村，生于路旁草丛。分布于中国华东、华南及西南各省区。非洲、大洋州和亚洲东部及东南部也有分布。

全株药用，有清热解毒的功效，外用治湿疹、烫伤、疮疖。

13. 算盘子属 Glochidion J. R. Forst. & G. Forst.

乔木或灌木。单叶互生，在小枝上排成二列，全缘，羽状脉；叶柄短；托叶小。花无花瓣，也无花盘腺体，雌雄同株，稀异株，簇生或排成聚伞花序，雌花束常位于雄花束上部或雌雄花束分生于不同的小枝叶腋内；雄花花梗通常细长，萼片(5～)6枚，离生，覆瓦状排列，雄蕊3～8枚，花丝极短且合生，花药合生呈长圆状或椭圆状，2室，外向，纵裂，药隔凸出，合生呈圆锥状，无不育雌蕊；雌花萼片同雄花，子房球形，3～15(～25)室，每室具胚珠2颗，花柱直立，合生成柱状、圆锥状，顶部具裂片或齿，或不裂成球形，稀花柱离生。蒴果圆球形或扁球形，具3～25个分果爿；种子扁椭圆状，无种阜。

约200种，主要分布于亚洲热带地区、太平洋岛屿、马来西亚，少数在美洲热带地区和非洲。中国28种，主要分布于西南部至台湾。鹤山6种。

1. 雄蕊4～8枚。
　　2. 小枝、叶片均被毛 ······ 2. 厚叶算盘子 G. hirsutum
　　2. 小枝、叶片均无毛。
　　　　3. 叶片基部急尖或宽楔形；花在叶腋内簇生；雄花萼片倒卵形或长圆状倒卵形；子房密被短柔毛 ······
　　　　　　　　　　　　　　 ······ 3. 大叶算盘子 G. lanceolarium
　　　　3. 叶片基部浅心形、截形或圆；聚伞花序腋外生；雄花萼片卵形或阔卵形；子房无毛 ······ 6. 香港算盘子 G. zeylanicum
1. 雄蕊3枚。
　　4. 叶片光滑无毛 ······ 5. 白背算盘子 G. wrightii
　　4. 叶片或叶脉被毛。
　　　　5. 叶片和蒴果均被扩展的长柔毛；叶片基部钝、截形或圆；花柱比子房长3倍 ······ 1. 毛果算盘子 G. eriocarpum
　　　　5. 叶片下面和蒴果均被短柔毛或短绒毛；叶片基部楔形、急尖或钝；花柱比子房短或等长 ······
　　　　　　　　　　　　　　 ······ 4. 算盘子 G. puberum

1. 毛果算盘子（漆大姑）
Glochidion eriocarpum Champ. ex Benth.

灌木，高0.5～5 m。小枝密被淡黄色、扩展的长柔毛。叶纸质，卵形、狭卵形或宽卵形，长4～7 cm，两面均被长柔毛，下面被毛较密；基部钝、截形或圆；叶柄被柔毛；托叶钻状，被毛。花单生或2～4朵簇生于叶腋内，雌花生于小枝上部，雄花则生于下部；雄花花梗被毛，萼片6枚，长圆形，顶端急尖，外面被疏柔毛，雄蕊3枚；雌花花梗几无，萼片6枚，长圆形，其中3枚较狭，两面均被长柔毛，子房扁球形，4～5室，密被柔毛，花柱合生呈圆柱状，顶部4～5裂。蒴果扁球状，

直径约1 cm，4～5室，具纵沟4～5条，密被长柔毛，顶端具圆柱状稍伸长的宿存花柱。花、果期几乎全年。

鹤山各地常见，产于龙口仓下村后山、共和里村风水林，生于山坡、山谷灌木林中或林缘。分布于中国华南，以及湖南、福建、台湾、贵州、云南。越南、泰国也有分布。可用于园林绿化。

全株供药用，解漆毒、收敛止泻、祛湿止痒。

2. 厚叶算盘子
Glochidion hirsutum (Roxb.) Voigt

灌木或小乔木，高1～8 m。小枝密被长柔毛。叶革质，卵形、长卵形或长圆形，长7～15 cm，叶基偏斜，上面疏被短柔毛，脉上毛被较密，老渐近无毛，下面密被柔毛；叶柄被柔毛；托叶披针形。聚伞花序通常腋生；雄花萼片6枚，长圆形或倒卵形，其中3枚较宽，外围被柔毛；雄蕊5～8枚；雌花萼片6枚，卵形或阔卵形，其中3枚较宽，外面被柔毛；子房圆球形，被柔毛，5～6室，花柱合生呈近圆锥状，顶端截平。蒴果扁球状，直径8～12 mm，被柔毛，具5～6条纵沟，宿存花柱短。花、果期3～12月。

产于龙口三洞水口村风水林，生于山地林下或河边、沼地灌木丛中。分布于中国华南、以及福建、台湾、云南、西藏。印度也有分布。

根、叶有收敛固脱、祛风消肿之功效。树形优美，适于各式庭园绿化。

3. 大叶算盘子（艾胶算盘子、泡果算盘子）
Glochidion lanceolarium (Roxb.) Voigt.
Glochidion macrophyllum Benth.

常绿灌木或乔木，通常高 1 ~ 3 m。除子房和蒴果外，全株均无毛。叶革质，椭圆形、长圆形或长圆状披针形，长 6 ~ 16 cm，基部急尖或宽楔形；托叶三角状披针形，长 1.5 ~ 2 mm。花簇生于叶腋内，雌雄花分别生于不同的小枝或雌花 1 ~ 3 朵生于雄花束内；雄花花梗长 6 ~ 8 mm，萼片 6 枚，倒卵形或长倒卵形，长约 3 mm，黄色，无毛，雄蕊 5 ~ 6 枚；雌花花梗长 5 ~ 6 mm，萼片 6 枚，3 枚较大，3 枚较小，大的卵形，小的狭卵形，子房圆球状，6 ~ 8 室，密被短柔毛，花柱合生呈卵形，顶端近截平。蒴果近球状，直径 12 ~ 18 mm，顶端常凹陷，边缘具 6 ~ 8 条纵沟，顶端被微柔毛，后变无毛。花、果期几乎全年。

鹤山各地常见，产于龙口莲塘村风水林，生于旷野或山坡灌丛或林中。分布于中国华南，以及福建、云南。越南、泰国、柬埔寨、印度、老挝也有分布。

药用。观赏。

4. 算盘子
Glochidion puberum (L.) Hutch.

直立灌木，高 1 ~ 5 m。小枝、叶片下面、萼片外面、子房和果实均密被短柔毛。叶纸质或近革质，长圆形、长卵形或倒卵状长圆形，稀披针形，长 3 ~ 8 cm，上面仅中脉被疏短柔毛或几无毛；基部楔形至钝；叶柄长约 2 mm；托叶三角形。花小，雌雄同株或异株，2 ~ 5 朵簇生于叶腋内，雄花束常着生于小枝下部，雌花束则在上部，或有时雌花和雄花同生于一叶腋内；

雄花萼片 6 枚，狭长圆形或长圆状倒卵形，雄蕊 3 枚；雌花萼片 6 枚，与雄花的相似，但较短而厚，子房圆球形，5 ~ 10 室，每室有 2 颗胚珠。蒴果扁球状，直径 8 ~ 15 mm，边缘有 8 ~ 10 条纵沟，成熟时带红色，顶端具宿存花柱；种子近肾形，具 3 棱，长约 4 mm，朱红色。花期 4 ~ 8 月；果期 7 ~ 11 月。

鹤山各地常见，产于龙口仓下村后山、雅瑶昆东洞田村风水林，生于山地林或灌丛中。分布于中国长江以南各省区。日本也有分布。

5. 白背算盘子
Glochidion wrightii Benth.

灌木或乔木，高 1 ~ 8 m。全株无毛。叶纸质，长圆形或长圆状披针形，常呈镰刀状弯斜，长 2.5 ~ 5.5 cm，顶端渐尖，基部急尖，两侧不相等，上面绿色，下面粉绿色，干后灰白色；侧脉 5 ~ 6 条；叶柄长 3 ~ 5 mm；托叶三角形。雌花或雌雄花同

簇生于叶腋内；雄花花梗长 2 ~ 4 mm，萼片 6 枚，长圆形，长约 2 mm，黄色，无毛，雄蕊 3 枚，合生；雌花几无花梗，萼片 6 枚，其中 3 枚较宽而厚，卵形、椭圆形或长圆形，长约 1 mm；子房圆球形，3 ~ 4 室；花柱合生呈圆柱状，长不及 1 mm。蒴果扁球状，直径 6 ~ 8 mm，红色，顶端有宿存的花柱。花、果期几全年。

鹤山各地常见，产于鹤城昆仑山，生于山地疏林或灌木丛中。分布于中国华南地区及贵州、云南。

观赏。

6. 香港算盘子
Glochidion zeylanicum (Gaertn.) A. Juss.
Glochidion hongkongense Müll. Arg.

灌木或小乔木，高 1 ~ 6 m。全株无毛。叶革质，长圆形、卵状长圆形或卵形，长 6 ~ 18 cm，两侧稍偏斜，顶端钝尖或急尖，基部阔楔形至心形，干后下面紫褐色，侧脉明显；叶柄长 5 ~ 7 mm，粗壮；托叶卵状三角形，长约 2.5 mm。聚伞花序腋外生，具花多朵，总花梗长约 5 mm，雌花和雄花通常分别生于不同的小枝上；雄花花梗长约 1 mm，萼片 6 枚，卵形，长约 2.5 mm，雄蕊 6 枚，花药合生呈球形，药隔凸出；雌花花梗长约 4 mm，萼片同雄花，子房球形，6 室，几无毛，花柱短，靠合成柱状或圆锥状。蒴果扁球状，直径约 1 cm，果皮革质，具浅纵沟 12 条，6 室。花、果期 4 ~ 10 月。

鹤山各地偶见，产于鹤城昆仑山，生于旷野或山坡灌丛或水旁。分布于中国华南，以及福建、台湾、云南。越南、泰国及喜马拉雅山东部至西北部各国也有分布。

根皮可治咳嗽、肝炎，茎叶治腹痛、跌打扭伤。强健粗放，枝叶茂密，可栽于公路绿地、斜坡及中庭阴蔽地等绿化美化。

14. 麻疯树属 Jatropha L.

乔木、灌木、亚灌木或为具根状茎的多年生草本。叶互生，掌状或羽状分裂，稀不分裂；托叶全缘或分裂为刚毛状或为有柄的一列腺体，或托叶小。花雌雄同株，稀异株，伞房状聚伞圆锥花序，顶生或腋生，在二歧聚伞花序中央的花为雌花，其余花为雄花；萼片 5 枚，覆瓦状排列，基部多少连合；花瓣 5 枚，覆瓦状排列，离生或基部合生；腺体 5 枚，离生或合生成环状花盘；雄蕊 8 ~ 12 枚，有时较多，排成 2 ~ 6 轮，花丝多少合生，有时最内轮花丝合生成柱状，不育雄蕊丝状或缺，不育雌蕊缺；子房 2 ~ 3(~ 4 ~ 5) 室，每室有 1 颗胚珠，花柱 3 枚，基部合生，不分裂或 2 裂。蒴果椭圆形或球形；种子有种阜，种皮脆壳质。

约 175 种，主产于美洲热带、亚热带地区，少数产于非洲。中国常见栽培或逸为野生的有 3 种；鹤山栽培 1 种。

1. 麻疯树
Jatropha curcas L.

灌木或小乔木，高 2 ~ 5 m。具水状液汁；枝条苍灰色，无毛，疏生凸起皮孔，髓部大。叶纸质，近圆形至卵圆形，长 7 ~ 18 cm，

1. 鼎湖血桐
Macaranga sampsoni Hance
Macaranga hemsleyane Pax & k. Hoffm.

顶端短尖，基部心形，全缘或 3 ~ 5 浅裂，上面无毛，下面初沿脉被微柔毛，后变无毛；掌状脉 5 ~ 7 条；托叶小。花序腋生，苞片披针形；雄花萼片 5 枚，基部合生，花瓣长圆形，黄绿色，合生至中部，内面被毛，腺体 5 枚，近圆柱状，雄蕊 10 枚，外轮 5 枚离生，内轮花丝下部合生；雌花花梗花后伸长，萼片离生，花后长约 6 mm，花瓣和腺体与雄花同，子房 3 室，无毛，花柱顶端 2 裂。蒴果椭圆状或球形，长 2.5 ~ 3 cm，黄色；种子椭圆状，黑色。花期 9 ~ 11 月。

鹤山偶见栽培。中国广东、海南、广西、台湾、福建、云南、贵州、四川有栽培。原产于美洲。多为栽培，也有逸为野生。

油料植物。观赏。

15. 血桐属 Macaranga Thouars

乔木或灌木；嫩枝、叶通常被柔毛。叶互生，下面具有颗粒状腺体，近基部具斑状腺体；具托叶。雌雄异株，稀同株，花序总状或圆锥状，腋生或生于已落叶腋部；花无花瓣及花盘；雄花序的苞片小或叶状，苞腋具花数朵至多朵，簇生或排成团伞花序；雄花花萼花蕾时球形或近棒状，开花时 2 ~ 4 裂或萼片 2 ~ 4 枚，镊合状排列，雄花 1 ~ 3 枚或 5 ~ 15 枚，稀 20 ~ 30 枚，花丝离生或在基部合生；花药 4 或 3 室；无不育雌蕊；雌花花序的苞片小或叶状，苞腋具花 1 朵，稀数朵，雌花花萼杯状或酒瓶状，分裂或浅齿裂，有的近截平，宿存或凋落；子房 (1 ~)2(~ 6) 室，每室具胚珠 1 颗。蒴果具 (1 ~)2(~ 6) 个分果爿，果皮平滑或具软刺或具瘤体；种子近球形。

约 260 种，分布于非洲、亚洲和大洋洲的热带地区。中国 10 种，分布于广东、海南、广西、福建、台湾、贵州、四川、云南、西藏；鹤山 2 种。

灌木或小乔木，高 2 ~ 7 m。嫩枝、叶和花序均被黄褐色绒毛。叶薄革质，三角卵形或卵圆形，长 12 ~ 17 cm，叶下面具柔毛和颗粒状腺体，叶缘波状或具腺点的粗锯齿；掌状脉 7 ~ 9 条；叶柄具疏柔毛或近无毛；托叶披针形，具柔毛，早落。雄花序圆锥状，长 8 ~ 12 cm；苞片卵状披针形，顶端尾状，边缘具 1 ~ 3 个长齿，苞腋具花 5 ~ 6 朵；雄花萼片 3 枚，具微柔毛，雄蕊 4（3 ~ 5）枚，花药 4 室；雌花序圆锥状，苞片形状同雄花序的苞片，雌花萼片 4（ ~ 3）枚，卵形，具短柔毛，子房 2 室，花柱 2 枚。蒴果双球形，长 5 mm，具颗粒状腺体。花期 5 ~ 6 月；果熟期 7 ~ 8 月。

产于雅瑶昆东洞田村风水林，生于山地林或山谷常绿阔叶林中。分布于中国华南，以及福建、云南。越南北部也有分布。

叶大浓密，可供观赏。

2. 血桐
Macaranga tanarius (L.) Müll. Arg. var. **tomentosa** (Blume) Müll. Arg.

乔木，高 5 ~ 10 m。嫩枝、嫩叶、托叶均被黄褐色柔毛或有时嫩叶无毛；小枝被白霜。叶纸质或薄纸质，近圆形或卵圆形，长 17 ~ 30 cm，上面无毛，下面密生颗粒状腺体，沿脉序被柔毛；托叶膜质，长三角形或阔三角形。雄花序圆锥状，苞片卵圆形，

边缘流苏状，被柔毛，苞腋具花约 11 朵；雄花萼片 3 枚，疏生柔毛，雄蕊(4 ~)5 ~ 6(~ 10) 枚，花药 4 室；雌花序圆锥状，花序轴疏生柔毛，苞片卵形，叶状，边缘篦齿状条裂，被柔毛，雌花花萼 2 ~ 3 裂，被短柔毛，子房 2 ~ 3 室，近脊部具软刺数枚，花柱 2 ~ 3 枚，疏生小乳头。蒴果具 2 ~ 3 个分果爿，长 8 mm，密被颗粒状腺体和数枚软刺；种子近球形。花期 4 ~ 6 月；果期 6 ~ 7 月。

鹤山市区有栽培，见于龙口三洞水口村、址山等地。分布于中国广东、台湾。东南亚至澳大利亚也有分布。

材用。庭院观赏。

16. 野桐属 Mallotus Lour.

灌木或乔木。全株常被星状毛。叶互生或对生，全缘或有锯齿，有时具裂片，下面常有颗粒状腺体，近基部具 2 至数枚斑状腺体，有时盾状着生；掌状脉或羽状脉。花雌雄异株，稀同株，无花瓣及花盘；花序顶生或腋生，总状花序、穗状花序或圆锥花序；雄花在每一苞片内有多朵，花萼在花蕾时球形或卵形，开花时 3 ~ 4 裂，裂片镊合状排列，雄蕊多数，花丝分离，花药 2 室，纵裂，无不育雌蕊；雌花在每一苞片内 1 朵，花萼 3 ~ 5 裂或佛焰苞状，裂片镊合状排列，子房 3 室，稀 2 ~ 4 室，每室具胚珠 1 颗，花柱分离或基部合生。蒴果具 (2 ~)3(~ 4) 个分果爿，常具软刺或颗粒状腺体；种子卵形或近球形。

约 150 种，主要分布于亚洲热带和亚热带地区。中国 28 种，主要产于长江流域以南各省区；鹤山 2 种。

1. 叶基部非盾状着生 ·························· 1. 白背叶 M. apelta
1. 叶基部盾状或稍盾状着生 ············ 3. 白楸 M. paniculatus

1. 白背叶
Mallotus apelta (Lour.) Müll. Arg.

灌木或小乔木，高 1 ~ 3(~ 4) m。小枝、叶背、叶柄和花序均密被淡黄色星状柔毛和散生橙黄色颗粒状腺体。叶互生，卵形或阔卵形，稀心形，长和宽均 6 ~ 16(~ 25) cm，上面无毛或被疏毛；基出脉 5 条；基部近叶柄处有褐色斑状腺体 2 枚。花雌雄异株，雄花序为开展的圆锥或穗状花序，苞片卵形，雄花多朵生于苞腋；雄花花萼裂片 4 枚，卵形或卵状三角形，雄蕊 50 ~ 75 枚；雌花序穗状，苞片近三角形，雌花花萼裂片 3 ~ 5 枚，卵形或近三角形，花柱 3 ~ 4 枚，基部合生，柱头密生羽毛状凸起。蒴果近球形，密生灰白色星状毛的软刺，软刺线形，黄褐色或浅黄色；种子近球形，褐色或黑色，具皱纹。花期 6 ~ 9 月；果期 8 ~ 11 月。

鹤山各地常见，产于共和里村、鹤城鸡仔地风水林、龙口仓下村后山，生于灌丛或疏林中。分布于中国华南，以及福建、湖南、云南。越南也有分布。

茎皮可供编织；种子可制油漆、杀菌剂、润滑剂、大环香料。可作坡面或林缘绿化。

2. 白楸
Mallotus paniculatus (Lam.) Müll. Arg.

乔木或灌木，高 3 ~ 15 m。小枝被褐色星状绒毛。叶互生，卵形、卵状三角形或菱形，长 5 ~ 15 cm，叶基部盾状着生，边缘波状或近全缘，上部有时具 2 枚裂片或粗齿；嫩叶两面均被灰黄色或灰白色星状绒毛，成长叶上面无毛；基出脉 5 条，

基部近叶柄处具斑状腺体 2 枚。花雌雄异株，总状花序或圆锥花序顶生；雄花序苞片卵状披针形，苞腋有雄花 2 ~ 6 朵；雄花花萼裂片 4 ~ 5 枚，卵形，外面密被星状毛，雄蕊 50 ~ 60 枚；雌花序苞片卵形，苞腋有雌花 1 ~ 2 朵，花萼裂片 4 ~ 5 枚，长卵形，常不等大，外面密生星状毛，花柱 3 枚，基部稍合生，柱头密生羽毛状凸起。蒴果扁球形，具 3 个分果爿，直径 1 ~ 1.5 cm，被褐色星状绒毛和疏生钻形软刺；种子近球形，深褐色，常具皱纹。花期 7 ~ 10 月；果熟期 11 ~ 12 月。

鹤山各地常见，产于雅瑶昆东洞田村风水林，生于林缘或灌丛中。分布于中国华南地区，以及福建、台湾、贵州、云南。孟加拉、柬埔寨、印度、印度尼西亚、老挝、马来西亚、缅甸、巴布新几内亚、菲律宾、泰国、越南及澳大利亚也有分布。

木材质地轻软。种子油可作工业用油。适作水土保持林及园景树。

17. 叶下珠属 Phyllanthus L.

灌木或草本，少数为乔木。无乳汁。单叶，互生，通常在侧枝上排成二列，呈羽状复叶状，全缘；羽状脉；具短柄；托叶 2 片，小，常早落。花通常小，单性，雌雄同株或异株，单生、簇生组成聚伞、团伞、总状或圆锥花序；花梗纤细；无花瓣；雄花萼片 (2 ~)3 ~ 6 枚，离生，1 ~ 2 轮，覆瓦状排列；雄蕊 2 ~ 6 枚，花丝离生或合生成柱状，花药 2 室，外向，无退化雌蕊；雌花萼片与雄花的同数或较多；花盘腺体 通常小，离生或合生呈环状或坛状。子房通常 3 室，稀 4 ~ 12 室，每室有胚珠 2 颗，花柱与子房室同数，分离或合生，顶端全缘或 2 裂。蒴果，通常为扁球形，成熟后常开裂成 3 个 2 裂的分果爿，中轴通常宿存；种子三棱形，无假种皮和种阜。

约 750 ~ 800 种，主要分布于世界热带及亚热带地区，少数为温带地区。中国 32 种，其中引种 1 种，主要分布于长江以南各省区；鹤山连引入栽培的共 2 种。

1. 果实为蒴果，圆球形，较小，直径约 5 mm，干后开裂 ············
 ······························· **1. 越南叶下珠 P. cochinchinensis**
1. 果实呈核果状，圆球形，较大，直径 1 ~ 1.3 cm，干后不开裂
 ······························· **2. 余甘子 P. emblica**

1. 越南叶下珠（乌蝇翼）
Phyllanthus cochinchinensis (Lour.) Spreng.

灌木，高达 3 m。小枝具棱，与叶柄幼时同被黄褐色短柔毛，老时变无毛。叶互生，革质，倒卵形、长倒卵形或匙形，

长 1 ~ 2 cm；托叶褐红色，卵状三角形，边缘具睫毛。花雌雄异株，1 ~ 5 朵着生于叶腋垫状凸起处，凸起处的基部具有多数苞片；苞片干膜质，黄褐色，边缘撕裂状；雄花通常单生，萼片 6 枚，倒卵形或匙形，不相等，雄蕊 3 枚，花丝合生成柱，花药 3，顶部合生，下部叉开，药室平行，纵裂；雌花单生或簇生，萼片 6 枚，外面 3 枚为卵形，内面 3 枚为卵状菱形，子房圆球形，3 室，花柱 3 枚，下部合生成柱，上部分离，下弯，顶端 2 裂，裂片线形。蒴果圆球形，直径约 5 mm，具 3 纵沟，成熟后开裂成 3 个 2 瓣裂的分果爿；种子橙红色，上面密被稍凸起的腺点。花、果期 6 ~ 12 月。

鹤山各地常见，产于鹤城昆仑山、龙口仓下村后山，生于旷野、山坡疏林下或林缘。分布于中国华南，以及福建、云南、四川、西藏。柬埔寨、印度、老挝、越南也有分布。

叶小型密生，排列整齐，分枝茂密，全株质感细致柔美，庭园美化、矮篱、修剪造型皆优美。

2. 余甘子（油甘树）
Phyllanthus emblica L.

乔木，高达 23 m。枝条具纵细条纹，被黄褐色短柔毛。叶纸质至革质，二列，线状长圆形，长 8 ~ 20 mm；托叶三角形，褐红色，边缘有睫毛。多朵雄花和 1 朵雌花或全为雄花组成腋生的聚伞花序，萼片 6 枚，萼片膜质，黄色，长倒卵形或匙形，近等长，雄蕊 3 枚，花丝合生，花药直立，长圆形，顶端具短尖头；雌花萼片长圆形或匙形，子房卵圆形，3 室，花柱 3 枚，基部合生，顶端 2 裂，裂片顶端再 2 裂。蒴果呈核果状，圆球形，直径 1 ~ 1.3 cm，外果皮肉质，绿白色或淡黄白色，内果皮硬壳质；种子略带红色，长 5 ~ 6 mm。花期 4 ~ 6 月；果熟期 7 ~ 9 月。

桃源鹤山市林科所有栽培。分布于中国华南，以及福建、台湾、江西、贵州、四川、云南。南亚、东南亚及南美也有分布。

先锋树种；庭院观赏。果实可食用。根叶可入药，治喉痛、咳嗽等。

叶柄顶端具 2 枚毗连的腺体；托叶小，近卵形。花单性，雌雄同株，密集成顶生总状花序；雌花生于花序轴下部，雄花生于花序轴上部或有时整个花序全为雄花；雄花花梗丝状，苞片卵形，基部两侧各具一长圆形或肾形的腺体，每一苞片内有 5 ~ 7 朵花，小苞片小，狭，花萼杯状，雄蕊 2 枚，稀 3 枚，花丝短，花药球形；雌花苞片几与雄花的相似，每一苞片内仅有 1 朵花，花萼 3 深裂几达基部，裂片三角形，子房卵形，3 室，柱头 3 枚，外反。蒴果黑色，球形，直径 1 ~ 1.5 cm；种子近球形，长 4 ~ 5 mm，外薄被蜡质的假种皮。花期 4 ~ 6 月；果期 8 ~ 9 月。

产于鹤山市林科所、龙口仓下村后山，生于山地林中。分布于中国长江以南各省区。东南亚也有分布。

根、叶治跌打扭伤、毒蛇咬伤等。种子油可制肥皂。树形优美，叶色有季相变化，冬季叶色变红，相当美丽。适合庭植美化或行道树。

2. 乌桕

Triadica sebifera (L.) Small
Sapium sebiferum (L.) Roxb.

乔木，高可达 15 m。各部均无毛而具乳状汁液。叶互生，纸质，菱形、菱状卵形或稀有菱状倒卵形，长 3 ~ 8 cm，顶端骤然紧缩具长短不等的尖头，全缘；叶柄顶端具 2 枚腺体；有托叶。花单性，雌雄同株，聚集成顶生的总状花序。雄花苞片阔卵形，基部两侧各具 1 枚近肾形的腺体，每一苞片内具 10 ~ 15 朵花，小苞片 3 片，不等大，边缘撕裂状，花萼杯状，3 浅裂，裂片具不规则的细齿，雄蕊 2 枚，稀 3 枚，伸出于花萼之外，花丝分离；雌花苞片深 3 裂，腺体与雄花的相同，花萼 3 深裂，裂片卵形至卵状披针形，子房卵球形，3 室，花柱 3 枚，基部合生，柱头外卷。蒴果梨状球形，直径 1 ~ 1.5 cm，具 3 颗种子；种子扁球形，黑色，外被白色蜡质的假种皮。花期 4 ~ 6

18. 乌桕属 Triadica Lour

乔木或灌木。植株具白色乳汁。单叶互生，罕有近对生，全缘或有锯齿，羽状脉；叶柄顶端具 2 枚腺体，稀无；托叶小。花小，雌雄同株或异株，排成总状、圆锥或穗状花序；无花瓣和花盘；苞片基部具 2 枚腺体；雄花小，黄色或淡黄色，数朵簇生于苞腋，花梗纤细，花萼膜质，杯状，2 ~ 3 浅裂或具 2 ~ 3 小齿，雄蕊 2 ~ 3 枚，花丝分离，花药 2 室；雌花单朵生于苞腋，花梗柱状，花萼深裂或具 3 齿，子房 2 ~ 3 室，每室具胚珠 1 颗，花柱通常 3 枚，离生或下部合生，柱头线状，外卷。蒴果球形、梨形或为 3 个分果爿，稀浆果状，通常 3 室；种子近球形，种皮脆壳质，外面被蜡质的假种皮或否。

3 种，分布于东南亚。中国 3 种，多分布于东南至西南部丘陵地区；鹤山 2 种。

1. 叶长卵形或椭圆形，长为宽的 2 倍或 2 倍以上 ·············
  ························· 1. 山乌桕 **T. cochinchinensis**
1. 叶菱形、阔卵形或近圆形，长和宽近相等 ····················
  ···································· 2. 乌桕 **T. sebifera**

1. 山乌桕（膜叶乌桕）
T. cochinchinensis Lour.
Sapium discolor (Champ. ex Benth.) Müell. Arg; *Sapium laui* Graiz.

乔木或灌木，高 5 ~ 12 m。全株均无毛。叶互生，纸质，椭圆形或长卵形，长 4 ~ 10 cm，背部近缘常有数枚圆形的腺体；

月；果期 9～10 月。

鹤山各地常见，产于共和里村风水林、龙口莲塘村风水林，生于旷野、塘边或疏林中。分布于中国黄河以南各省区。日本、越南、印度、欧洲及美洲也有分布。

材用。油料。根皮治毒蛇咬伤。假种皮制肥皂。叶片秋季变红，是南方有名的红叶树，适作园景树。

19. 油桐属 Vernicia Lour.

落叶乔木。嫩枝被短柔毛。单叶互生，宽大，全缘或 3～5 裂；掌状脉 5～7 条，成长叶两面无毛；叶柄长，顶端近叶基处有具柄或无柄的腺体 2 枚；托叶早落。花大，美丽，雌雄同株或异株，排成顶生或腋生的聚伞状圆锥花序；雄花花萼在花蕾时闭合，开花时佛焰苞状，2～3 裂或顶端 2～3 浅裂，早落，花瓣 5 枚，平行脉明显，腺体 5 枚或具 5 枚不育雄蕊与外轮花丝互生，雄蕊 8～10 枚，2 轮，外轮的花丝离生，内轮的花丝或多或少合生呈柱状，无不育雌蕊；雌花花萼和花瓣同雄花，子房 3 室或 4～8 室，每室具胚珠 1 颗，花柱基部合生，上部 2 裂。蒴果近球形或卵形，核果状，不开裂或基部裂缝；种子近球形，具厚壳质。

3 种，分布于亚洲东部地区。中国 2 种，其中 1 种为特有种，分布于秦岭以南各省区；鹤山 1 种。

本属植物均为经济植物，其种子的油称桐油，为干性油，用于木器、竹器、舟楫等涂料，也为油漆等原料。

1. 千年桐（木油桐、皱果桐）
Vernicia montana Lour.
Aleurites montana (Lour.) Wilson

落叶乔木，高达 20 m。枝条无毛，散生凸起皮孔。叶阔卵形，

长 8～20 cm，全缘或 2～5 裂，裂缺常有杯状腺体，两面初被短柔毛，成长叶仅下面基部沿脉被短柔毛；掌状脉 5 条；叶柄顶端具 2 枚杯状腺体。花序生于当年生已发叶的枝条上，雌雄异株或有时同株异序；花萼无毛，2～3 裂；花瓣白色或基部紫红色且有紫红色脉纹，倒卵形，基部爪状；雄蕊 8～10 枚，外轮离生，内轮花丝下半部合生，花丝被毛；子房密被棕褐色柔毛，3 室，花柱 3 枚，2 深裂。核果卵球状，直径 3～5 cm，具 3 纵棱，棱间有粗疏网状皱纹，有种子 3 颗。种子扁球状，种皮厚，有疣凸。花期 4～5 月；果期 7～10 月。

鹤山各地常见，产于鹤城鸡仔地风水林中，生于阔叶林中。分布于中国西南至东南地区。东南亚也有分布。

种子可提取工业油料。株形高大，树冠呈水平状展开，是荒山绿化的优良树种。

136A. 小盘木科 Pandaceae

灌木或小乔木，雌雄异株。腋芽显著，托叶小。单叶互生，排成二列，羽状脉，具短叶柄；叶缘有细齿或全缘。花单性，单生或簇生，或腋生聚伞花序，或顶生或茎生总状花序状聚伞圆锥花序；花萼5深裂，裂片覆瓦状排列，花瓣5枚；雄蕊5～10枚，1或2轮，着生于花托上，外轮的与花瓣互生，内轮的有时不育或退化成腺体，花丝离生，花药内向，纵裂。子房上位，2～5室，每室1或2颗胚珠；花柱短，2～5(～10)裂。核果，常扁平，外果皮粗糙，内果皮骨质、平滑；种子扁平，少卵形，具肉质胚乳，种皮膜质，子叶2枚，宽而扁。

约3属，18种，分布于热带非洲和亚洲；中国1属，1种。

1. 小盘木属 Microdesmis Hook. f.

灌木或小乔木。单叶互生，羽状脉，具短叶柄；托叶小。花单性，雌雄异株，常多朵簇生于叶腋，雌花的簇生花较少或有时单生；花梗短；雄花花萼5深裂，裂片覆瓦状排列，花瓣5枚，长于萼片；雄蕊10或5枚，2轮，着生于花托上，外轮的与花瓣互生，内轮的有时不育或退化成腺体，花丝离生，花药2室，纵裂；雌花的萼片、花瓣与雄花的相似，但稍大，子房2～3室，每室1颗胚珠，花柱短，2深裂，常叉开。核果，外果皮粗糙，内果皮骨质；种子具肉质胚乳，种皮膜质，子叶2枚，宽而扁。

约11种，分布于非洲和亚洲热带及亚热带地区。中国1属，1种；鹤山1种。

1. 小盘木
Microdesmis caseariifolia Planch. ex Hook. f.

乔木或灌木，高3～8m。嫩枝密被柔毛，成长枝近无毛。叶片纸质至薄革质，披针形、长圆状披针形至长圆形，长6～16cm，两面无毛或嫩叶下面沿中脉疏生微柔毛；叶柄被柔毛，后脱落；托叶小。花小，黄色，簇生于叶腋；雄花花萼裂片卵形，外面被柔毛，花瓣椭圆形，两面均被柔毛，但内面毛被较稀少，雄蕊10枚，2轮，外轮5枚较长，花丝扁平，向基部渐宽，花药球形，2室；雌花：花萼与雄花的相似，花

瓣椭圆形或卵状椭圆形，被柔毛，子房圆球状，2室，无毛，退化雌蕊肉质。核果圆球状，直径约5mm，成熟时红色，干后呈黑色，外果皮肉质，内具有2颗种子。花期3～9月；果期7～11月。

鹤山偶见，产于共和里村华伦庙后面风水林、龙口仓下村后山，生于山谷、山坡密林下或灌木丛中。分布于中国广东、香港、澳门、海南、广西和云南等省区。中南半岛、马来半岛、菲律宾至印度尼西亚也有分布。

可作荒山绿化。

136B. 交让木科 Daphniphyllaceae

乔木或灌木。无毛；小枝具叶痕和皮孔。单叶互生，常聚集于小枝顶端，全缘，叶面具光泽，叶背被白粉或无，具细小乳凸体或无；多少具长柄；无托叶。花序总状，单生于叶腋，基部具苞片；花单性异株；花萼发育，3～6裂或具3～6枚萼片，宿存或脱落，或花萼不发育；无花瓣；雄花有雄蕊5～12(～18)枚，1轮，辐射状排列，花丝短，花药大，背部或侧向压扁，侧向纵裂；无退化子房；雌花具5～10枚不育雄蕊环绕子房或无，子房卵形或椭圆形，2室，每室具2颗胚珠，花柱1～2枚，极短或无，柱头2，叉开，平展或弯曲成拳卷状，多宿存。核果卵形或椭圆形，具种子1颗，被白粉或无，具疣状凸起或不明显疣状皱褶，外果皮肉质，内果皮坚硬；种皮膜质，胚乳厚，肉质，富含油分，胚小，在胚乳上部。

仅1属，约30种，分布于亚洲东南部至澳大利亚。中国10种，分布于长江以南各省区；鹤山1属，1种。

1. 交让木属 Daphniphyllum Blume.

属的形态特征与科同。
鹤山1种。

1. 牛耳枫
Daphniphyllum calycinum Benth.

灌木，高1.5～4 m。小枝灰褐色，具稀疏皮孔。叶纸质，椭圆形、倒卵状椭圆形或阔椭圆形，长10～20 cm，宽4～10 cm，先端具短尖头，全缘，略反卷，叶背多少被白粉，具细小乳凸体；侧脉在叶背凸起；叶柄长4～8 cm，上面平或略具槽。总状花序腋生；雄花花萼盘状，3～4浅裂，裂片阔三角形，雄蕊9～10枚，花药长圆形，侧向压扁，药隔发达伸长，先端内弯，花丝极短；雌花苞片卵形，萼片3～4枚，阔三角形，子房椭圆形，花柱短，柱头2枚，直立，先端外弯。果序长4～5 cm，密集排列；果卵圆形，较小，被白粉，具小疣状凸起，先端具宿存柱头，基部具宿萼。花期4～6月；果期8～11月。

鹤山各地常见，产于宅梧泗云管理区元坑村风水林，生于疏林或灌丛中。分布于中国长江以南地区。越南北部和日本也有分布。

根、叶可入药，有清热解毒、活血散瘀之效。树形整齐，枝叶浓密，适作园景树。

139. 鼠刺科 Escalloniaceae

小乔木或灌木。单叶互生，稀对生或轮生，叶缘常具腺齿或刺齿；托叶小，线形，早落或无托叶。花两性，稀为雌雄异株或杂性，辐射对称，常组成顶生或腋生的总状花序或短的聚伞花序；花萼基部合生，很少离生，萼齿5个，覆瓦状或镊合状排列，宿存；花瓣5枚，分离或合生成短筒，覆瓦状或镊合状排列；雄蕊5枚，罕4或6枚，与萼片对生；花药2室，纵裂；具退化雄蕊或缺；心皮合生，稀离生，1～6室，胚珠少数至多数，生于中轴胎座或侧膜胎座上；花柱2枚，合生，最后分离或有时和头状柱头相连合。蒴果或浆果，室间开裂或不裂；种子多数，两端有延长的种皮和隆起的种脊。

约7属，150种，主要分布于南半球。中国2属，13种，从西南至台湾均有分布；鹤山1属，1种。

1. 鼠刺属 Itea L.

灌木至小乔木，常绿或落叶。单叶互生，具叶柄，边缘常具锯齿，稀全缘；托叶小，早落。花两性，白色，小，排成总状或圆锥状花序；萼筒倒圆锥状、半球状或杯状，与子房基部合生；萼齿5个，宿存；花瓣5枚，镊合状排列，直立或反折；雄蕊5枚，与花瓣互生；花丝钻形；花药卵形或长圆形；子房上位至半下位，2～3室；花柱单生，有纵沟，有时中部分离，柱头头状，胚珠多数，生于中轴胎座上。蒴果狭长形或长椭圆形，顶端2裂，通常基部合生，具宿存萼片及花瓣；种子多数，扁平。

约27种，除1种产于美洲外，其余全部产于东亚。中国15种，鹤山1种。

1. 鼠刺
Itea chinensis Hook. et Arn.

灌木或小乔木，高4～15 m。幼枝黄绿色，无毛；老枝棕褐色，具纵棱条。叶薄革质，倒卵形或卵状长圆形，长5～12(～15)cm，呈波状或近全缘；中脉下陷，下面明显凸起，两面无毛；叶柄长1～2 cm，无毛，具浅槽沟。腋生总状花序，通常短于叶，单生或稀2～3束生，直立；花序轴及花梗被短柔毛；花多数，2～3朵簇生，稀单生；花梗细，被短毛；苞片线状钻形；萼筒浅杯状，被疏柔毛，萼片三角状披针形，被微毛；花瓣白色，披针形，花时直立；雄蕊与花瓣等长或略超过；花丝有微毛；

子房半上位，被密长柔毛；柱头头状。蒴果狭长圆形，被微柔毛，具纵条纹。花期4～5月；果期6～8月。

鹤山各地常见，产于鹤城昆仑山山顶，生于山地疏林。分布于中国广东、广西、湖南、福建、云南、西藏。东南亚和印度也有分布。

可作荒山绿化先锋树种。

143. 蔷薇科　Rosaceae

草本、灌木或乔木，落叶或常绿，有刺或无刺。单叶或复叶，互生，稀对生，具锯齿，稀无齿；托叶明显，稀无托叶。花序类型多样，单花，或数朵花簇生，伞房、总状或聚伞状圆锥花序；花常辐射对称，两性，稀单性；萼片通常4～5枚，覆瓦状排列，与子房分离或合生，萼筒短或圆筒状；花瓣与萼片同数，覆瓦状排列，有时无花瓣；雄蕊常5至多枚，稀1或2枚；花丝离生，稀合生；心皮1至多枚，分离或多少连合，每心皮有1至多颗直立或悬垂的倒生胚珠；子房下位、半下位或上位；花柱与心皮同数，有时连合，顶生、侧生或基生，分离或有时连合。蓇葖果、梨果、核果或瘦果，稀蒴果；种子直立或下垂，稀具翅，常无胚乳。

约95～125属，2 825～3 500种，分布于全世界，北温带较多。中国约55属，950种，产于全国各地；鹤山连引入栽培的共7属，7种。

1. 果为梨果。
  2. 托叶大，宿存或凋落；花组成常被绒毛的圆锥花序 ……………………………………………… **3. 枇杷属 Eriobotrya**
  2. 托叶小，常早落；花组成伞形、伞房、圆锥、总状、聚伞等花序。
    3. 花组成伞形、伞房、圆锥等多种花序；梨果较小，直径3～15 mm ……………… **7. 石斑木属 Rhaphiolepis**
    3. 花组成伞房总状花序；梨果较大，直径1～8 cm ……………………………………………… **6. 梨属 Pyrus**
1. 果为核果。
  4. 落叶乔木或灌木。
    5. 幼叶在芽中呈对折状 ……………… **1. 桃属 Amygdalus**
    5. 幼叶在芽中席卷状 ……………… **2. 杏属 Armeniaca**
  4. 常绿乔木或灌木。
    6. 花瓣小或缺，不易与萼片区分；叶全缘 ……………… **5. 臀果木属 Pygeum**
    6. 花瓣大，易与萼片区分；叶缘通常有锯齿 ……………………………………………… **4. 桂樱属 Laurocerasus**

1. 桃属 Amygdalus L.

落叶乔木或灌木；枝无刺或有刺。腋芽常3个或2～3个并生，两侧为花芽，中间是叶芽。幼叶在芽中呈对折状，后于花开放，稀与花同时开放，叶柄或叶边常具腺体。花单生，稀2朵生于1芽内，粉红色，罕白色，几无梗或具短梗；雄蕊多数；雌蕊1枚，子房常具柔毛，1室具2胚珠。核果被毛，成熟时果肉多汁不开裂，或干燥开裂，腹部有明显的缝合线；核扁圆、圆形至椭圆形，与果肉粘连或分离，表面具深浅不同的纵、横沟纹和孔穴；种皮厚。

约40种，分布于亚洲中部至欧洲南部，栽培品种广泛分布

于寒温带、暖温带至亚热带地区。中国 11 种，主要产于西部和西北部，栽培品种全国各地均有；鹤山栽培 1 种。

1. 桃
Amygdalus persica L.
Prunus persica (L.) Batsch

　　落叶小乔木，高达 10 m，树皮褐紫色，多纵波纹，有大量小皮孔。叶片长圆披针形至倒卵状披针形，边缘有锯齿。花单生，先叶子开放，淡粉红或白色，萼筒钟形，花瓣 5 枚，常近圆形；雄蕊多数，离生，核果近球形，黄色或绿黄色，密被短柔毛。花期 3 ~ 4月；果期 6 ~ 9月。

鹤山各地偶见栽培，桃源共和、雅瑶有栽培，原产中国西北、华北、华东、西南等地。现全球均有栽植。

　　桃是中国原产植物，已有 3 000 多年的栽培历史，培育成为数众多的栽培品种，果实除供生食外，还可制作罐头、桃脯、桃酱及桃干等。桃树的根、叶、花、种仁等均可入药。桃胶可作粘接剂。除作果树外，又是绿化和美化环境的优良树种。

2. 杏属　**Armeniaca** Scopoli.

　　落叶乔木，极稀灌木；枝无刺，极少有刺；叶芽和花芽并生，2 ~ 3 个簇生于叶腋。幼叶在芽中席卷状；叶柄常具腺体。花常单生，稀 2 朵，先于叶开放，近无梗或有短梗；萼 5 裂；花瓣 5 片，着生于花萼口部；雄蕊 15 ~ 45 枚；心皮 1 枚，花柱顶生；子房具毛，1 室，具 2 胚珠。核果，两侧多少扁平，有明显纵沟，果肉肉质而有汁液，成熟时不开裂，稀干燥而开裂，外被短柔毛，稀无毛，离核或粘核；核两侧扁平，表面光滑、粗糙或呈网状；子叶扁平。

　　约 11 种。分布于东亚至亚州西南部。中国 10 种，分布范围大致以秦岭和淮河为界，淮河以北杏的栽培渐多，尤以黄河流域各省为其分布中心，淮河以南杏树栽植较少；鹤山栽培 1 种。

1. 梅
Armeniaca mume Scopoli.

　　小乔木或灌木；树皮浅灰色或带绿色，平滑；小枝绿色，光滑无毛。叶片卵形或椭圆形，长 4 ~ 8 cm，宽 2.5 ~ 5 cm，先端尾尖，基部宽楔形至圆形，叶边常具小锯齿；叶柄常有腺体。花单生或有时 2 朵同生于一芽内，直径 2 ~ 2.5 cm，有浓香，

先于叶开放；萼片5枚，花瓣5枚，倒卵形，白色至粉红色。果实黄白色或绿白色，近球形，被柔毛。花期冬春季；果期5～6月。

鹤山偶见栽培。原产于中国云南、四川。各地均有栽培，日本、朝鲜、老挝、越南也有分布。

梅在中国，已有3 000多年的栽培历史，无论作观赏或果树均有许多品种。鲜花可提取香精，花、叶、根和种仁均可入药。果实可食、盐渍或干制，或熏制成乌梅入药，有止咳、止泻、生津、止渴之效。梅又能抗根线虫危害，可作核果类果树的砧木。许多类型不但露地栽培供观赏，还可以盆栽花，制作梅桩。枝叶茂盛，花团锦簇，色彩艳丽，是早春庭园中常见的观花树种。

3. 枇杷属　Eriobotrya Lindl.

常绿乔木或灌木。单叶互生，叶边缘有锯齿或近全缘，羽状脉，有叶柄或近无柄；托叶大，宿存或凋落。圆锥花序顶生，常被绒毛；萼管杯状或倒圆锥状，萼裂片5枚，宿存；花两性；花瓣5枚，倒卵形或圆形，有瓣柄，旋卷状或双盖覆瓦状排列；雄蕊20枚；花柱2～5枚，基部合生，常有毛；子房下位，2～5室，每室2颗胚珠。梨果肉质或干燥，内果皮膜质，有1或数颗大种子；种子的种皮硬，革质。

约30种，分布于亚洲温带及亚热带地区。中国14种；鹤山1种。

1. 枇杷
Eriobotrya japonica (Thunb.) Lindl.

常绿小乔木，高可达10 m；小枝粗壮，黄褐色，密生锈色或灰棕色绒毛。叶片革质。披针形、倒披针形、倒卵形或椭圆状长圆形，长12～30 cm，宽3～9 cm，先端急尖或渐尖。基部楔形或渐狭成叶柄，上部边缘有疏锯齿，基部全缘，上面光亮，多皱，下面密生灰棕色绒毛，侧脉11～21对；叶柄短或几无柄；托叶钻形。圆锥花序顶生，长10～19 cm，具多花；

总花梗和花梗密生锈色绒毛；花梗长 2 ~ 8 mm；苞片钻形；萼筒浅杯状，萼片三角卵形；花瓣白色，长圆形或卵形，基部具爪，有锈色绒毛；雄蕊 20 枚，远短于花瓣，花丝基部扩展；花柱 5 枚，离生，柱头头状，无毛，子房顶端有锈色柔毛。果实球形或长圆形，种子球形或扁球形。花期 10 ~ 12 月；果期 5 ~ 6 月。

　　鹤山各地栽培，逸为野生，产于龙口三洞水口村风水林，生于村旁路边、常绿阔叶林中。原产于中国重庆、湖北。现各地广为栽培。东南亚也有栽培。

　　果味甘酸，供生食、蜜饯和酿酒用。叶晒干去毛，可供药用，有化痰止咳、和胃降气之效。木材红棕色，可作木梳、手杖、农具柄等用。美丽观赏树木和果树。

4. 桂樱属 Laurocerasus Duhamel

　　常绿乔木或灌木，极稀落叶。枝无刺，常具皮孔。单叶，互生，全缘或具锯齿，下面近基部叶缘或叶柄常具 2 枚腺体；托叶小，分离或有时稍与叶柄连合，早落。总状花序常具花 10 朵以上；总状花序无叶，常单生，稀簇生，生于叶腋或二年生枝叶痕的腋间；花两性，有时雌蕊退化而成雄花。苞片小，早落，位于花序下部的苞片常无花，先端 3 裂或具 3 齿，小苞片常无；萼筒杯形或钟形，萼片 5 枚，内折；花瓣白色；雄蕊 10 ~ 50 枚，2 轮，内轮稍短；心皮 1 枚；柱头盘状，胚珠 2 枚，并生。核果，常无沟，无蜡被，常不裂；种子 1 枚，下垂。

　　80 多种，主要分布于北半球的温带地区，少数分布于热带和亚热带地区。中国约 13 种，全国各地均有分布，尤以长江和黄河流域为多；鹤山 1 种。

1. 腺叶桂樱（腺叶野樱）
Laurocerasus phaeosticta (Hance) C. K. Schneid.
Prunus phaeosticta (Hance) Maxim.

　　常绿灌木或小乔木，高 4 ~ 12 m。小枝具疏皮孔，无毛。叶近革质，狭椭圆形、长圆形或长圆状披针形，稀倒卵状长圆形，长 6 ~ 12 cm，顶端长尾尖，全缘，两面无毛，下面散生黑色小腺点，基部近叶缘常有 2 枚较大扁平基腺体，侧脉在两面均凸起；叶柄无腺体，无毛；托叶小，无毛，早落。总状花序单生于叶腋，具花数至 10 余朵；苞片无毛，早落；花萼外面无毛，萼管杯形，萼裂片卵状三角形，有缘毛或具小齿；花白色，近圆形，

直径 4 ~ 6 mm，无毛；雄蕊 20 ~ 35 枚；子房无毛，花柱长约 5 mm。果近球形或横椭圆体形，直径 8 ~ 10 mm，紫黑色，无毛。花期 4 ~ 5 月；果期 6 ~ 12 月。

　　鹤山各地常见，产于鹤城昆仑山山顶、共和（里村华伦庙后面、獭山村）风水林、雅瑶昆东洞田村风水林、龙口仓下村后山等地，生于低海拔至中海拔的山地林中。分布于中国长江以南各省区。东南亚、南亚也有分布。

　　可用于荒山绿化。

5. 臀果木属 Pygeum Gaertn.

　　常绿乔木或灌木。叶互生，全缘，极稀具细小锯齿，叶片下面近基部或在叶缘常有 1 对扁平或凹陷的腺体；托叶小，早落，稀宿存。总状花序有花 10 余朵，单生或 2 至数个簇生于叶腋；花两性或单性，有时杂性异株；萼管倒圆锥形、钟形或杯形，果时脱落，仅残存环形基部；花被片 5 ~ 10(~ 15)，小，多数种类的萼裂片与花瓣不易区分；花瓣与萼裂片同数或缺，着生于萼管的喉部，花药双生；雄蕊 1 枚；子房无毛或被毛；花柱顶生，柱头头状，胚珠 2 颗，下垂，并生。核果，干燥，革质，横椭圆形或其他形状；种子 1 颗。

　　约 40 种，主要产于南非、亚洲热带地区和大洋洲北部。中国 6 种，主要分布于华南至西南地区；鹤山 1 种。

1. 臀果木（臀形果）
Pygeum topengii Merr.

　　乔木，高可达 25 m，小枝具皮孔，幼时被褐色柔毛，老时无毛。

6. 梨属 Pyrus L.

落叶乔木或灌木,稀半常绿乔木。无刺,或有些短枝多少变成刺状。单叶互生,有锯齿或全缘,稀分裂;托叶早落。花先叶开放或与叶同时开放。伞形总状花序;萼裂片5枚,反折或开展;花瓣5枚,白色,稀粉红色,具瓣柄;雄蕊15~30枚;花药通常深红色或紫色;子房下位,2~5室,每室有2颗胚珠;花柱2~5枚,离生。梨果,果肉多汁,富含石细胞,子房壁软骨质。种子黑色或黑褐色,种皮软骨质。

约25种,分布于亚洲、欧洲至非洲北部。中国14种;鹤山1种。

1. 豆梨
Pyrus calleryana Decaisne.

乔木,高5~8m。小枝幼时被绒毛。叶片宽卵形或卵形,稀长圆状卵形,长4.8cm,边缘有钝锯齿,两面无毛;叶柄长2~4cm,无毛;托叶线状披针形,长4~7mm,无毛。伞形总状花序有花6~12朵;萼管无毛,萼裂片披针形,长约5mm,内面有绒毛;花瓣白色,卵形,长约13mm,基部具短瓣柄;雄蕊20枚,稍短于花瓣;花柱2枚,稀3枚。果球形,直径约1cm,黑褐色,有斑点,无宿存萼片,2或3室;果柄细长。花期2~4月;果期5~12月。

鹤山偶见,产于鹤城昆仑山、鹤山市材料所,生于山地林中。分布于中国华南、华中、华东,以及山东、山西、河北。日本、越南也有分布。

木材致密可作器具。根、叶及果可作药用,能健胃消食、止痢、止咳。

叶革质,卵状椭圆形或椭圆形,长6~12cm,全缘,上面无毛,下面被倒伏的褐色柔毛,沿中脉及侧脉毛较密,近基部常有2枚黑色腺体;叶柄长5~8mm,被褐色柔毛;托叶小,早落。总状花序,有花10余朵,单生或2至数个簇生于叶腋;总花梗和花萼均密被褐色柔毛;苞片小,卵状披针形或披针形,被毛,早落;萼管倒圆锥形,外被绒毛,萼裂片5枚,顶端急尖;花瓣5枚,比萼裂片稍长,顶端圆而钝,外被绒毛;子房无毛。果肾形,长8~10mm,顶端常无凸尖而凹陷,无毛,深褐色。种子外被细短柔毛。花期6~9月;果期冬季。

鹤山各地常见,产于共和里村风水林、龙口(桔园村、三洞水口村)风水林、宅梧东门村风水林、雅瑶昆东洞田村风水林,生于阔叶林、山地林中。分布于中国华南,以及福建、湖南、贵州、云南。

种子可榨油。枝叶茂盛,果形奇特,可栽作庭荫树、园景树。

7. 石斑木属 Rhaphiolepis Lindl.

常绿灌木或小乔木。单叶互生,革质,具弯曲的侧脉;叶柄短,托叶锥形,早落。花组成总状花序、伞房花序或圆锥花序;萼管钟状至筒状,下部与子房合生;萼裂片5枚,直立或外弯,脱落;花瓣5枚,有短瓣柄,雄蕊15~20枚;子房下位,2室,每室有2颗直立胚珠;花柱2或3枚,离生或基部合生。梨果核果状,近球形,肉质,萼片脱落后顶端有一圆环或浅窝。种子1~2颗,近球形,种皮薄,子叶厚。

约15种,分布于亚洲东部。中国7种;鹤山1种。

1. 石斑木（车轮梅）
Rhaphiolepis indica (L.) Lindl.

灌木，稀小乔木，高 1 ~ 4 m。小枝幼时被褐色绒毛，后渐脱落。叶常聚生于枝顶，革质，卵形、长卵形、卵状披针形或披针形，长 2 ~ 8 cm，边缘有细钝锯齿，上面光亮无毛，下面无毛或被疏毛；叶柄长 5 ~ 18 mm。圆锥花序或总状花序顶生；总花梗和花梗被锈色绒毛；萼管筒状，无毛或被绒毛，萼裂片披针形，顶端长尖，无毛或疏被绒毛；花瓣白色或粉红色；雄蕊 15 枚，长于花瓣或等长；花柱 2 ~ 3 枚。果球形，紫黑色，直径约 5 mm，顶冠以一环萼裂片的基部，果柄粗，长 5 ~ 10 mm。花期 2 ~ 4 月；果期 7 ~ 8 月。

鹤山各地常见，产于桃源鹤山市林科所对面山、鹤城昆仑山等地，生于山地和丘陵灌丛或林中。分布于中国华南、华东至西南地区。中南半岛也有分布。

木材可作器具。果可食。根入药，可治跌打损伤。树冠优美，枝繁叶茂，花形美丽，可植于庭园内供观赏。

146. 含羞草科 Mimosaceae

常绿或落叶的乔木或灌木，有时为藤本，很少草本。叶互生，通常为二回羽状复叶，稀为一回羽状复叶或变为叶状柄、鳞片或无；叶柄具显著叶枕；羽片常对生；叶轴或叶柄上常有腺体；托叶有或无，或呈刺状。花小，两性，有时单性，辐射对称，组成头状、穗状或总状花序或再排成圆锥花序；苞片小，生在总花梗的基部或上部，常脱落；小苞片早落或无；花萼管状（稀萼片分离），常 5 齿裂；花瓣与萼齿同数，镊合状排列，分离或合生成管状；雄蕊 5 ~ 10 枚或多数，凸露于花被之外；花药小，2 室，纵裂；花粉单粒或为复合花粉；心皮常 1 枚；子房上位，1 室，胚珠数颗。荚果；种子扁平，种皮坚硬，具马蹄形痕。

约 64 属，2 950 种，分布于全球热带、亚热带及温带地区，分布中心为中、南美洲。中国 17 属，约 65 种，主产于西南部至东南部；鹤山连引入栽培的共 8 属，14 种，1 变种。

1. 雄蕊 10 枚或较少。
  2. 药隔顶端有脱落性腺体················2. **海红豆属 Adenanthera**
  2. 药隔顶端无腺体。
    3. 荚果成熟时横裂为数节而残留缝线于果柄上，每节含 1 颗种子················8. **含羞草属 Mimosa**
    3. 荚果成熟时沿缝线纵裂················7. **银合欢属 Leucaena**
1. 雄蕊多数，通常在 10 枚以上。
  4. 花丝分离（稀仅基部连合）················1. **金合欢属 Acacia**
  4. 花丝连合呈管状。
    5. 荚果不开裂或迟裂。
      6. 花瓣常在中部以下合生成漏斗状········3. **合欢属 Albizia**
      6. 花瓣基部 1/4 处合生成管状········6. **南洋楹属 Falcataria**
    5. 荚果开裂为 2 瓣。
      7. 叶柄上有腺体················4. **猴耳环属 Archidendron**
      7. 叶柄上无腺体················5. **朱缨花属 Calliandra**

1. 金合欢属 Acacia Mill.

灌木、小乔木或攀缘藤本。有刺或无刺。托叶刺状或不明显，罕为膜质。二回羽状复叶；小叶通常小而多对，或叶片退化，叶柄变成叶片状，称为叶状柄，总叶柄及叶轴上常有腺体。花小，两性或杂性，5 ~ 3 基数，多为黄色，少数白色，常约 50 朵，最多达 400 朵，组成圆柱形的穗状花序或圆球形的头状花序，1 至数个花序簇生于叶腋或于枝顶再排成圆锥花序；花萼常钟状，具裂齿；花瓣分离或于基部合生；雄蕊多数，常 50 枚以上，花丝分离或仅基部稍连合；子房无柄或具柄，胚珠多颗，花柱丝状，柱头小，头状。荚果长圆形或线形，直或弯曲，多数扁平，少有膨胀；种子扁平，种皮硬而光滑。

约 1 200 种，分布于全球热带、亚热带地区，以大洋洲及非洲的种类最多。中国 18 种，分布于西南部至东南部；鹤山栽培 4 种。

1. 叶较小，叶长 6 ~ 10 cm，宽 5 ~ 13 mm ················
················2. **台湾相思 A. confusa**
1. 叶较大，叶长大于 10 cm，宽大于 13 mm。
  2. 叶状柄银灰色················3. **绢毛相思 A. holosericea**
  2. 叶状柄绿色。
    3. 荚果呈扁豆形，成熟时旋卷················
················1. **大叶相思 A. auriculiformis**
    3. 荚果呈扁圆条形，扭曲················4. **马占相思 A. mangium**

1. 大叶相思（耳叶相思）
Acacia auriculiformis A. Cunn. ex Benth.

常绿乔木，株高可达 10 m，枝条下垂，树皮光滑，灰白色；

小枝无毛，皮孔显著。叶状柄镰刀状长圆形，长 10 ~ 20 cm，宽 1.5 ~ 6 cm，互生，全缘，革质，平行脉，两端渐狭；比较显著的主脉有 3 ~ 7 条。穗状花序长 3.5 ~ 8 cm，穗状花序 1 至数枝簇生于叶腋或枝顶，花小，橙黄色，花瓣长圆形，花丝长于花瓣。荚果呈扁豆形，成熟时旋卷，长 5 ~ 8 cm，宽 8 ~ 12 mm，果瓣木质，每一果内有种子约 12 颗；种子黑色，围以折叠的珠柄。花期 10 月。

鹤山各地常见栽培，见于共和公路边作行道树。原产巴布亚新几内亚、澳大利亚北海岸。中国华南、以及福建、浙江等地广为栽培。

材用或绿化树种；生长迅速，萌生力极强，可作行道树、庭园树。速生，也为优良的作荒山绿化的先锋树种。

2. 台湾相思
Acacia confusa Merr.

常绿乔木，株高可达 15 m；树干灰色或褐色，无刺，小枝纤细。幼树具二回羽状复叶，成年植株的小叶退化，叶柄变为叶状柄，长 6 ~ 10 cm，宽 5 ~ 13 mm，互生，披针形呈镰刀状弯曲，全缘，革质，平行脉。头状花序球形，单生或 2 ~ 3 个簇生于叶腋，直径约 1 cm；花金黄色，有微香；雄蕊多数，明显长于花瓣。荚果扁平，木质，长 4 ~ 9(12)cm，宽 7 ~ 10 mm，干时深褐色，有光泽；种子 2 ~ 8 颗，椭圆形。花期 3 ~ 10 月；果期 8 ~ 12 月。

鹤山各地常见栽培，产于雅瑶昆东洞田村风水林，生于山地林中。中国广东、海南、广西、福建、台湾、四川、云南，栽培或逸为野生。原产于菲律宾、印度尼西亚、斐济亦有分布。

材质坚硬，可制车轮，桨橹及农具等。树皮含有单宁；花含芳香油，可作调香原料。生长迅速，耐干旱，为华南地区荒山造林、水土保持和沿海防护林的重要树种。

直立灌木，高3～4m。茎从基部萌发，幼枝光滑，叶状柄长10～25cm，宽1.5～10cm，银灰色，无毛，倒卵形。柔荑花序棒状，长5cm，花小，黄色，果实为荚果，长3～6cm，宽2.5～5cm，黑色，狭长，扭曲。种子黑色，有光泽，卵形。花期春季；果期夏季。

桃源鹤山市林科所有栽培。原产于澳大利亚南部。中国华南地区有引种栽培。

株形优美，叶形、果实奇特，花色鲜艳，为公园、庭园良好的绿荫树，是优良的荒山造林绿化树种。

4. 马占相思
Acacia mangium Willd.

常绿小乔木，株高可达18m；树皮粗糙，幼枝具棱角。叶状柄宽椭圆形，长12～15cm，宽2～4cm，中部宽，两端收窄，互生，全缘，革质，纵向平行脉4条，叶形宽大，枝叶朝上生长。花序穗状，腋生，下垂；花冠淡黄白色。荚果呈扁圆条形，扭曲。花期秋末冬初。

鹤山常见栽培。原产于澳大利亚、巴布亚新几内亚和印度尼西亚。中国广东、海南、广西、福建等省有引种。

株形优美，枝叶茂盛，常作行道树；为荒山造林绿化优良树种。

3. 绢毛相思
Acacia holosericea A. Cunn. ex G. Don

2. 海红豆属 Adenanthera L.

乔木。无刺。二回羽状复叶，小叶多对，互生。花小，具短梗，两性或杂性，5基数，组成腋生、穗状的总状花序或在枝顶排成圆锥花序；花萼钟状，具5个短齿；花瓣5枚，披针形，基部微合生或近分离，等大；雄蕊10枚，分离，与花冠等长或稍过之，花药卵形，顶端有1枚脱落腺体；子房无柄，花柱线形，胚珠多颗。荚果带状，弯曲或劲直，革质，种子间具横膈膜，成熟后沿缝线开裂，果瓣旋卷；种子小，种皮坚硬，鲜红色。

12种，产于亚洲热带地区和大洋洲，非洲及美洲有引种。中国1种；鹤山1变种。

1. 海红豆（孔雀豆）
Adenanthera pavonina L. var. **microsperma** (Teijsm. et Binnend.) Nielsen

落叶乔木，高5～20m。嫩枝被微柔毛。二回羽状复叶，叶柄和叶轴被微绒毛；羽片3～5对，小叶4～7对，互生，长圆形或卵形，长2.5～3.5cm，宽1.5～2.5cm，先端极钝，两面均被微柔毛，具短柄。总状花序单生于叶腋或在枝顶排成圆锥花序式，被短柔毛；花小，白色或黄色，有香味，具短梗；花萼长不足1mm，与花梗同被金黄色柔毛；花瓣披针形，长

2.5～3mm，无毛，基部稍合生；雄蕊10枚，与花冠等长或稍长；子房被柔毛，几无柄，花柱丝状，柱头小。荚果狭长圆形，长10～20cm，开裂后果瓣旋卷；种子近圆形至椭圆形，长5～8mm，宽4.5～7mm，鲜红色，有光泽。花期4～7月；果期7～10月。

产于宅梧泗云管理区元坑村风水林，生于山地、路旁。分布于中国广东、香港、澳门、海南、广西、福建、台湾、云南、贵州。东南亚也有分布。

心材质坚而耐腐，可为船舶、建筑用材。种子鲜红色而光亮，甚为美丽，可作装饰品。树形优美，可作园林景观树种。

3. 合欢属 Albizia Durazz.

乔木或灌木，稀为藤本。常无刺，很少托叶变为刺状。二回羽状复叶，互生，通常落叶；羽片1至多对；总叶柄及叶轴上有腺体；小叶对生。花小，常两型，5基数，两性，稀可杂性，有梗或无梗，组成头状花序、聚伞花序或穗状花序，腋生或为顶生的圆锥花序；花萼钟状或漏斗状，具5齿；花瓣常在中部以下合生成漏斗状，上部5枚裂片；雄蕊20～50枚，花丝凸出于花冠之外，基部合生成管，花药小，无或有腺体；子房有胚珠多颗。荚果带状，扁平，果皮薄，种子间无间隔，不开裂或迟开裂；种子圆形或卵形，扁平，无假种皮，种皮厚，具马蹄形痕。

约118种，产于亚洲、非洲、大洋洲及美洲的热带、亚热带地区。中国16种，分布于西南部、南部及东南部各省区；鹤山连引入栽培的共3种。

1. 羽片 2 ~ 4 对 ················ 3. 阔荚合欢 **A. lebbeck**
1. 羽片 4 对以上。
　2. 最顶一对羽片着生处有 1 枚腺体 ···············
　　················· 2. 合欢 **A. julibrissin**
　2. 叶轴上羽片着生处均有腺体 ······ 1. 楹树 **A. chinensis**

1. 楹树
Albizia chinensis (Osbeck.) Merr.
Albizia stipulata (DC.) Boivin

　落叶乔木，高达 30 m。小枝被黄色柔毛。二回羽状复叶，羽片 6 ~ 12 对；总叶柄基部和叶轴上有腺体；小叶 20 ~ 35（~ 40）对，无柄，长椭圆形，长 6 ~ 10 mm，宽 2 ~ 3 mm，先端渐尖，基部近截平，具缘毛，下面被长柔毛；中脉紧靠上边缘；托叶大，膜质，心形，先端有小尖头，早落。头状花序有花 10 ~ 20 朵，生于长短不同、密被柔毛的总花梗上，再排成顶生的圆锥花序；花绿白色或淡黄色，密被黄褐色绒毛；花萼漏斗状，长约 3 mm，有 5 个短齿；花冠长约为花萼的 2 倍，裂片卵状三角形；雄蕊长约 25 mm；子房被黄褐色柔毛。荚果扁平，长 10 ~ 15 cm，宽约 2 cm，幼时稍被柔毛，成熟时无毛。花期 3 ~ 5 月；果期 6 ~ 12 月。

　鹤山偶见，生于林中或旷野。分布于中国华南、华东及西南。南亚至东南亚也有分布。

　木材色泽美丽，质地柔软，可作家具、箱板等。生长迅速，枝叶茂盛，适宜作行道树及荫蔽树。

2. 合欢
Albizia julibrissin Durazz.

　落叶乔木，高达 16 m。树皮灰褐色，树形开展成伞形，嫩枝、花序和叶轴被柔毛。叶互生，二回偶数羽状复叶，总叶柄近基部及最顶一对羽片着生处有 1 枚腺体；羽片 4 ~ 12 对，小叶 10 ~ 30 对，线形至长圆形，中脉极明显偏向叶片的上侧，全缘，夜晚闭合。头状花序排成圆锥花序，生于新枝顶端。雄蕊多数，花丝粉红色，细长如绒缨；花柱丝状，与花丝等长。荚果，扁平，带状。花期 6 ~ 7 月；果期 8 ~ 10 月。

　鹤山偶见栽培。中国大部分地区有栽培，亚洲温带至热带都有分布，非洲东部也有。

　树姿婆娑优雅，叶形秀丽，又能昼开夜合，夏季粉红色绒缨状的花开满树，美中透香，是优良的园林观赏树和行道树。

3. 阔荚合欢（大叶合欢）
Albizia lebbeck (L.) Benth.

　落叶乔木，高 8 ~ 12 m；树皮粗糙；嫩枝密被短柔毛。二回偶数羽状复叶，总叶柄基部及叶轴上羽片着生处均有腺体；羽片 2 ~ 4 对，长 6 ~ 15cm；小叶 4 ~ 8 对，叶为长椭圆形，基部偏斜。头状花序聚生于叶腋，或 2 ~ 3 个花序簇生于枝端；夏季开黄绿色花，花为两性花，芳香。荚果带状，常宿存于枝上经久不落，果期秋季到翌年春。

　鹤山偶见，见于鹤城街心公园。中国南方各省均有栽培，原产于热带非洲。

　树冠开阔，适作观赏树种。

雄蕊多数，伸出花冠外，花丝合生成管，花药小，顶端无腺体；心皮 1 至多枚，子房无柄或有柄；胚珠多；花柱线形，柱头顶生，头状。荚果旋卷、弯曲或劲直，扁平或肿胀；种子卵形或圆形，悬垂于延伸的种柄上，有假种皮。

约 100 种，分布于亚洲热带地区。中国 16 种，分布于中国广东、澳门、海南、广西、云南等地；鹤山 2 种。

1. 羽叶 3 ~ 8 对；小叶对生 ························· 1. 猴耳环 **A. clypearia**
1. 羽叶 1 ~ 2 对；小叶互生 ······················ 2. 亮叶猴耳环 **A. lucidum**

1. 猴耳环（鸡心树）
Archidendron clypearia (Jack) I. C. Nielsen
Pithecellobium clypearia (Jack) Benth.

4. 猴耳环属 Archidendron F. Muell.

乔木或灌木。无刺。二回羽状复叶；小叶数对至多对，很少仅 1 对构成 1 枚羽片；叶柄上有腺体；托叶小。花小，5 基数，稀 4 或 6 基数，两性或杂性，单一型，通常白色，组成球形的头状花序，或排成圆锥花序，顶生或腋生，或有时为老茎生花；花萼钟状或漏斗状，有 5 个短齿；花瓣中部以下合生，裂片 5 枚；

乔木，高可达 10 m。小枝无刺，有明显的棱角，密被黄褐色绒毛。二回羽状复叶；羽片 3 ~ 8 对，通常 4 ~ 5 对；总叶柄具四棱，密被黄褐色柔毛，叶轴上及叶柄近基部处有腺体，最下部的羽片有小叶 3 ~ 6 对，最顶部的羽片有小叶 10 ~ 12 对，有时可达 16 对；小叶革质，斜菱形，长 1 ~ 7 cm，宽 0.7 ~ 3 cm，顶部的最大，往下渐小，叶面光亮，两面稍被褐色短柔毛，基部极不等侧，近无柄；托叶早落。花具短梗，数

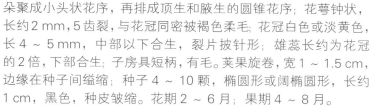

朵聚成小头状花序，再排成顶生和腋生的圆锥花序；花萼钟状，长约2 mm，5齿裂，与花冠同密被褐色柔毛；花冠白色或淡黄色，长4～5 mm，中部以下合生，裂片披针形；雄蕊长约为花冠的2倍，下部合生；子房具短柄，有毛。荚果旋卷，宽1～1.5 cm，边缘在种子间缢缩；种子4～10颗，椭圆形或阔椭圆形，长约1 cm，黑色，种皮皱缩。花期2～6月；果期4～8月。

鹤山各地常见，产于共和（里村华伦庙后面、獭山村）风水林、宅梧东门村风水林，生于山地、路旁或密林中。分布于中国华南，以及福建、台湾、浙江、云南。亚洲热带地区广泛分布。

树皮含单宁，可提取栲胶。

2. 亮叶猴耳环（雷公凿）
Archidendron lucidum (Benth.) I. C. Nielsen
Pithecellobium lucidum Benth.

乔木，高2～10 m。小枝无刺，嫩枝、叶柄和花序均被褐色短绒毛。羽片1～2对；总叶柄近基部、每对羽片下和小叶片下的叶轴上均有圆形而凹陷的腺体，下部羽片通常具2～3对小叶，上部羽片具4～5对小叶；小叶斜卵形或长圆形，长5～9（～11）cm，宽2～4.5 cm，顶生的1对最大，对生，其余的互生且较小，先端渐尖而具钝小尖头，基部略偏斜，两面无毛或仅在叶脉上有微毛，上面光亮，深绿色。头状花序球形，

有花10～20朵，总花梗长不超过1.5 cm，排成腋生或顶生的圆锥花序；花萼长不及2 mm，与花冠同被褐色短绒毛；花瓣白色，长4～5 mm，中部以下合生；子房具短柄，无毛。荚果旋卷成环状，宽2～3 cm，边缘在种子间缢缩；种子黑色，长约1.5 cm，宽约1 cm。花期4～6月；果期7～12月。

鹤山各地常见，产于共和里村华伦庙后面风水林、宅梧泗云管理区元坑村风水林，生于常绿阔叶林中或林缘灌丛中。分布于中国华南，以及福建、台湾、浙江、云南、四川。柬埔寨、老挝、泰国、越南也有分布。

木材用作薪炭材。枝叶入药，能消肿祛湿。果有毒。枝叶浓密，幼株可作绿篱，成树适合作庭园树、海岸造林。

5. 朱缨花属 Calliandra Benth.

灌木或小乔木。托叶常宿存，有时变为刺状，稀无。2回羽状复叶，无腺体；羽片1至数对；小叶对生，小而多对或大而少至1对。花通常少数组成球形的头状花序，腋生或顶生的总状花序，5～6数，杂性；花萼钟状，浅裂；花瓣连合至中部，中央的花常异型而具长管状花冠；雄蕊多数（可达100枚），红色或白色，长而突露，十分显著，下部连合成管，花药通常具腺毛；心皮1枚，无柄，胚珠多数，花柱线形。荚果线形，扁平，劲直或微弯，基部通常狭，边缘增厚，成熟后，果瓣由顶部向基部沿缝线2瓣开裂；种子倒卵形或长圆形，压扁，种皮硬，具马蹄形痕，无假种皮。

约200种，产于美洲、西非、印度至巴基斯坦的热带、亚热带地区。中国2种，其中引入栽培1种；中国广东、台湾、福建引入栽培；鹤山栽培2种。

1. 伞形花序聚集成一个绒球，花丝深红色或白色 ·············
·············· 1. 美蕊花 C. haematocephala
1. 头状花序复排成圆锥状，花丝下部白色，上部粉红色 ·············
·············· 2.苏里南朱樱花 C. surinamensis

1. 美蕊花（朱缨花、红绒球）
Calliandra haematocephala Hassk.

灌木或小乔木，高1～3m；枝条扩展，小枝圆柱形，褐色，粗糙；二回羽状复叶，羽片1对。小叶7～9对，斜披针形，初生嫩叶红色，老叶翠绿色。伞形花序聚腋生，夏季开鲜红色花，花丝深红色或白色，极美丽，鲜艳夺目，聚成一个绒球，故亦称"红绒球"。荚果线状。终年开花；果期秋季。

鹤山市区偶见栽培。中国广东、福建、台湾有引种栽培，原产于南美，现热带、亚热带地区有栽培。

热带和亚热带地区可露地栽植，北方地区可盆栽观赏。为优良的木本花卉，又可作绿篱和道路隔离带植物。

2. 苏里南朱樱花（粉扑花）
Calliandra surinamensis Benth.

半落叶灌木，分枝多。二回羽状复叶，有6～9对羽片，每枚羽片有多数密生的小叶；小叶长椭圆形，长约1cm。头状花序多数，复排成圆锥状，含有许多小花；花冠黄绿色，长6～8mm；花丝长为花冠的5～6倍，下部白色，上部粉红色。夏季至秋初为开花期。

鹤山市区偶见栽培。原产于苏里南岛。世界热带地区多有栽培。

树姿自然伸展，枝叶婆娑，花多而密，花丝宛如着了色的刷子，可作园景树。

6. 南洋楹属 Falcataria (I. C. Nielsen) Barneby & J. W. Grimes

乔木，树干通直，无分枝。二回羽状复叶；托叶早落；羽片6～20对；小叶多数，近无柄，对生。穗状花序腋生，2～3个组成圆锥花序；花同形，无柄。花萼宽钟状或半球形，5（6）齿裂；花瓣被柔毛，裂片与花萼齿数相同，1/4连合成管状。雄蕊多数。子房被雄蕊围成盘状。荚果直，宽线形，成熟时开裂；种子多颗，种皮坚硬。

3种，产于澳大利亚、印度尼西亚、新几内亚及太平洋岛屿。中国引种1种；鹤山栽培1种。

1. 南洋楹
Falcataria moluccana (Miquel) Barneby & J. W. Grimes
Albizia falcataria (L.) Fosberg

常绿大乔木，树干通直，高可达 45 m。嫩枝圆柱状或微有棱，被柔毛。羽片 6 ~ 20 对，上部的通常对生，下部的有时互生；总叶柄基部及叶轴中部以上羽片着生处有腺体；小叶 6 ~ 26 对，无柄，菱状长圆形，长 1 ~ 1.5 cm，宽 3 ~ 6 mm，先端急尖，基部圆钝或近截形；中脉偏于上边缘；托叶锥形，早落。穗状花序腋生，单生或数个组成圆锥花序；花初白色，后变黄；花萼钟状，长 2.5 mm；花瓣长 5 ~ 7 mm，密被短柔毛，仅基部连合。荚果带形，长 10 ~ 13 cm，宽 1.3 ~ 2.3 cm，成熟时开裂；种子多颗，长约 7 mm，宽约 3 mm。花期 4 ~ 7 月；果期 7 ~ 9 月。

鹤山有栽培，已逸为野生，沙坪、鹤城等地有见栽培。中国华南及福建、云南有栽培。原产于印度尼西亚、新几内亚及太平洋群岛，现广泛种植于热带地区。

木材适于作一般家具、室内建筑、箱板、农具、火柴等的用材。木材纤维含量高，是造纸、人造丝的优良材料。幼龄树皮含单宁，可提取栲胶。为生产白木耳的优良椴木。良好的速生树种，多植为庭院树和行道树。

7. 银合欢属 Leucaena Benth.

常绿、无刺灌木或乔木。二回羽状复叶；小叶小而多或大而少，偏斜；总叶柄常具腺体；托叶刚毛状或小，早落。花白色，常两性，5 基数，无梗，组成密集、球形、腋生的头状花序，单生或簇生于叶腋；苞片通常 2 片；花萼管钟状，具短裂齿；花瓣分离；雄蕊 10 枚，分离，伸出于花冠之外；花药顶端无腺体，常被柔毛；子房具柄，胚珠多颗，花柱线形。荚果劲直，扁平，光滑，革质，带状，成熟后 2 瓣裂，无横隔膜；种子多数，横生，卵形，扁平。

约 22 种，大部分产于美洲。中国广东、海南、广西、福建、台湾、云南等地引入栽培 1 种；鹤山栽培 1 种。

1. 银合欢（白合欢）
Leucaena leucocephala (Lam.) de Wit

灌木或小乔木，高 2 ~ 6 m。幼枝被短柔毛，老枝无毛，具褐色皮孔，无刺。托叶三角形，小；羽片 4 ~ 8 对，长 5 ~ 9（~ 16）cm，叶轴被柔毛，在最下 1 对羽片着生处有黑色腺体 1 枚；小叶 5 ~ 15 对，线状长圆形，长 7 ~ 13 mm，宽 1.5 ~ 3 mm，先端急尖，基部楔形，边缘被短柔毛，中脉偏向小叶上缘，两侧不等宽。头状花序通常 1 ~ 2 个腋生，直径 2 ~ 3 cm；苞片紧贴，被毛，早落；总花梗长 2 ~ 4 cm；花白色；花萼长约 3 mm，顶端具 5 个细齿，外面被柔毛；花瓣线形，长约 5 mm，背被疏绒毛；雄蕊 10 枚，通常被疏柔毛，长约 7 mm；子房具短柄，上部被绒毛，柱头凹下呈杯状。荚果带状，长 10 ~ 18 cm，宽 1.4 ~ 2 cm，

顶端凸尖，基部有柄，纵裂，被微柔毛；种子6～25颗，卵形，长约7.5 mm，褐色，扁平，光亮。花期4～7月；果期8～10月。

鹤山各地常见，产于桃源鹤山市林科所及公路旁沙坪等地，生于荒地或疏林中。分布于中国广东、香港、澳门、海南、广西、福建、台湾、云南。原产于美洲热带地区，现广泛分布于各热带地区。

木质坚硬，为良好的薪炭材。叶可作绿肥及家畜饲料。耐旱力强，可作保持水土、绿化荒山的景观树。

8. 含羞草属 Mimosa L.

多年生、有刺草本或灌木，稀为乔木或藤本。二回羽状复叶，常很敏感，触之即闭合而下垂，叶轴上通常无腺体；小叶细小，多数，托叶小，钻状。花小，两性或杂性，通常4～5基数，组成密集的球形头状花序或圆柱形的穗状花序，花序单生或簇生；花萼钟状，具短裂齿；花瓣下部合生；雄蕊与花瓣同数或为花瓣数的2倍，分离，伸出花冠之外，花药顶端无腺体；子房无柄或有柄，胚珠2至多颗。荚果长圆形或线形，扁平，直或略弯曲，有荚节3～6个，荚节脱落后荚缘宿存于果柄上，每节含1颗种子；种子卵形或圆形，扁平。

约500种，大部分产于美洲热带地区，少数广泛分布于全球热带、亚热带地区。中国引入3种，1变种，产于广东、澳门、广西、台湾、云南等地；鹤山1种。

1. 光荚含羞草（簕仔树）
Mimosa bimucronata (DC.) Kuntze
Mimosa sepiaria Benth.

落叶灌木，高3～6 m。小枝无刺，密被黄色绒毛。2回羽状复叶，羽片6～7对，长2～6 cm；叶轴无刺，被短柔毛；小叶12～16对，线形，长5～7 mm，宽1～1.5 mm，革质，先端具小尖头，除边缘疏具缘毛外，余无毛；中脉略偏上缘。头状花序球形；花白色；花萼杯状，极小；花瓣长圆形，长约2 mm，仅基部连合；雄蕊8枚，花丝长4～5 mm。荚果带状，劲直，长3.5～4.5 cm，宽约6 mm，无刺毛，褐色，通常有5～7个荚节，成熟时荚节脱落而残留荚缘。花、果期几全年。

鹤山各地常见，鹤山市林科所路旁鹤城等，逸生于灌丛草坡或疏林下。中国广东、香港、澳门、海南、广西有栽培或逸为野生。原产于美洲热带地区。

宜栽作篱墙，也适宜荒山绿化。

147. 苏木科 Caesalpiniaceae

乔木或灌木，有时为藤本，很少草本。叶互生，一回或二回羽状复叶或具单小叶，稀为单叶；托叶常早落；小托叶存在或缺。花两性，很少单性，通常或多或少两侧对称，很少为辐射对称，组成总状花序或圆锥花序，很少为穗状花序；小苞片小或大而呈花萼状；花托极短，杯状或管状；萼片5或4枚，离生或下部合生，花蕾时通常覆瓦状排列；花瓣通常5枚，很少为1或无花瓣，花蕾时覆瓦状排列，上面的（近轴的）1片被其邻近侧生的2片所覆盖；雄蕊10枚或较少，稀多数，花丝离生或合生；子房具柄或无柄；胚珠倒生，1至多颗，花柱细长，柱头顶生。荚果开裂或不裂而呈核果状或翅果状；种子有时具假种皮，子叶肉质或叶状，胚根直立。

约153属，2 175种，分布于全球热带、亚热带地区，少数属分布于温带地区。中国21属，约113种，4亚种，12变种，分布于中国华南及西南部；鹤山连引入栽培的共8属，13种。

1. 单叶 ························· 1. 羊蹄甲属 **Bauhinia**
1. 羽状复叶。
  2. 一回羽状复叶。
    3. 荚果表面通常有短刺，很少无刺 ······ 7. 油楠属 **Sindora**
    3. 荚果表面无刺。
      4. 小叶无柄或具有短柄 ·············· 2. 决明属 **Cassia**
      4. 小叶叶柄粗壮，常具腺状结节 ······ 6. 无忧花属 **Saraca**
  2. 二回羽状复叶。

5. 荚果膜质，不开裂，有网状脉纹，靠腹缝一侧有阔翅 ·············
·················· 8. 任豆属 Zenia

5. 荚果革质或木质，开裂。

6. 小叶互生 ·············· 4. 格木属 Erythrophlem

6. 小叶对生。

7. 花瓣圆形，具柄，边缘皱波状 ·············
·················· 3. 凤凰木属 Delonix

7. 花瓣上面3枚较大，倒卵形，具长柄，下面2枚 ·············
极小，退化成鳞片状或钻状 ·········· 5. 仪花属 Lysidice

1. 羊蹄甲属 Bauhinia L.

乔木、灌木或具卷须的木质藤本。单叶互生，通常顶端2裂，很少全缘或为2片小叶；掌状脉序，基出脉3至多条，中脉常延伸于2裂片之间成一小芒尖；托叶常早落。花序总状、圆锥状或伞房状；苞片和小苞片通常线形，早落；花两性，很少单性，雌雄同株或异株；花托杯状，短陀螺状或延伸成筒状；花萼1侧开裂呈佛焰苞状，或5裂呈匙形，或2～5齿裂；花瓣5枚，近等大，常具瓣柄；能育雄蕊10、5或3枚，稀2或1枚，花丝分离，线形；子房通常具柄，有胚珠2至多颗，花柱细长或短粗，柱头头状、盾状或圆盘状。荚果长圆形，带状或线形，扁平，开裂或不裂；种子数颗，球形或卵形，扁平，有或无胚乳。

约300种，分布于全球热带地区。中国47余种，其中引入栽培2种，分布于长江以南各省区；鹤山栽培3种。

1. 能育雄蕊5枚。

2. 花紫红色；通常不结果 ·············· 1. 洋紫荆 B. × blakeana

2. 花淡红色；常结果 ·············· 3. 宫粉羊蹄甲 B. variegata

1. 能育雄蕊3枚 ·············· 2. 紫花羊蹄甲 B. purpurea

1. 洋紫荆（红花羊蹄甲）
Bauhinia × blakeana Dunn

乔木，高5～10 m。树姿婆娑，富有特色。叶革质，近圆形或阔心形，先端开裂似羊蹄状。春、秋两季开出紫红色的花朵，总状花序顶生或腋生，花瓣5枚，深红色，倒披针形，能育雄蕊5枚，退化雄蕊2～5枚，盛花期繁花满树，姹紫嫣红，十分壮观，花期11月至翌年3月。通常不结果，为一杂交种。

鹤山各地常见栽培，见于鹤山市共和公路边及公园、住宅小区。分布中国广东、广西、福建、云南。热带地区广泛栽培。

为美丽的木本花卉，盛花期，红花满树，姹紫嫣红，极富色彩美，为良好的行道树和庭园风景树。

2. 紫花羊蹄甲（羊蹄甲）
Bauhinia purpurea L.

落叶小乔木，株高4～6 m，树皮灰色至暗褐色。叶硬纸质，圆形；顶端2裂，深达1/3或1/2，基部浅心形。总状花序侧生或顶生，少花，花序被褐色绢毛；花萼佛焰苞状，花瓣5枚，桃红色，倒披针形，基部狭窄；能育雄蕊3枚，退化雄蕊5～6枚，荚果带状，扁平，镰刀状。花期9～10月，盛开时全株花多叶少，颇为美艳；果期2～3月。

鹤山市区有栽培。中国华南，以及福建、台湾、云南有栽培，原产于尼泊尔、柬埔寨、老挝、缅甸、泰国、越南。

优良的观赏树种，常用于庭院树或行道树。

3. 宫粉羊蹄甲
Bauhinia variegata L.

落叶乔木；树皮暗褐色，枝硬而开展，嫩枝被灰色短柔毛。叶近革质，阔卵形至近圆形，顶端2深裂达叶长的1/3,裂片顶端圆，基部浅心形。总状花序侧生或顶生，近伞房状，具花数朵，被灰色短柔毛；花蕾纺锤形，花萼佛焰苞状，被短柔毛；花瓣5片，淡红色，倒披针形或倒卵形，具黄绿色或暗紫色斑纹；能育雄蕊5枚，退化雄蕊1～5枚。荚果带状，扁平，有长柄和短喙。花期全年。

鹤山市区有栽培。原产于中国云南南部。世界广为栽培。生于向阳的坡地、空地中。

开花时节，繁花似锦，是优良的观花乔木。

2. 决明属 Cassia L.

乔木、灌木、亚灌木或草本。一回偶数羽状复叶；叶柄及叶轴上常有腺体；小叶对生，无柄或具有短柄；托叶多样，无小托叶。花近辐射对称，通常黄色，组成腋生的总状花序或顶生的圆锥花序，或有时1朵至数朵簇生于叶腋；苞片与小苞片多样；萼管很短，裂片5枚，覆瓦状排列；花瓣通常5枚；雄蕊4～10枚，常不相等。荚果形状多样，圆柱形或扁平，木质、革质或膜质，2瓣裂或不开裂，种子之间有横隔；种子横生或纵生，有胚乳。

约600种，分布于全球热带和亚热带地区，少数分布于温带地区。中国30余种，广泛分布于南北各省区；鹤山4种。

1. 小叶3～4对 ································ 1. 腊肠树 **C. fistula**
1. 小叶超过4对。
　2. 羽状复叶，有蝶翅状托叶；花粉红色 ····················
　　······························· 2. 爪哇决明 **C. javanica**
　2. 羽状复叶，无蝶翅状托叶；花黄色。
　　3. 叶轴与叶柄间无腺体 ·············· 3. 铁刀木 **C. siamea**
　　3. 下部叶片间有腺体2～3枚 ······ 4. 黄槐决明 **C. surattensis**

1. 腊肠树
Cassia fistula L.

总状花序，成团成簇。荚果近圆柱状，长达 60 cm。花期 6 ～ 8 月。

鹤山市林科所有栽培，生于池溏边。原产于中国广西、云南；现中国南方有栽培。东南亚及新几内亚、印度也有分布；热带地区广泛栽培。

花美丽，在暖地可作庭园观赏树种及行道树。

3. 铁刀木
Cassia siamea (Lam.) H. S. Irwin & Barneby

乔木，高约 10 m 左右；树皮灰色，光滑；嫩枝有短柔毛。羽状复叶，叶轴和叶柄有微柔毛，无腺体；小叶对生，6 ～ 10 对，革质，长圆形或长圆状椭圆形；顶端圆钝，基部圆形；托叶线形，早落。秋季开黄色花，总状花序生于枝条顶端的叶腋，并排成伞房花序状；花瓣黄色，阔倒卵形；雄蕊 10 枚，7 枚发育，3 枚退化。荚果扁平，秋、冬季结果，成熟时黑褐色。

鹤山市区有栽培，见于沙坪等地。除云南有野生外，中国南方各省均有栽培。原产于缅甸、泰国；现热带地区广泛栽培。

落叶小乔木或中等乔木，高达 15 m；树皮嫩时光滑，老皮粗糙。羽状复叶长 30 ～ 40 cm；小叶 3 ～ 4 对，阔卵形、卵形或长圆形，长 8 ～ 13 cm，宽 3.5 ～ 7 cm；顶端渐尖，基部楔形。总状花序长达 30 cm，疏散，下垂，花梗柔弱；花瓣黄色，倒卵形；雄蕊 10 枚，3 枚长而弯曲，4 枚短而直，3 枚退化。荚果圆柱形，长 30 ～ 60 cm，直径 2 ～ 2.5 cm，黑褐色，极似腊肠。花期 6 ～ 8 月；果期 10 月。

鹤山市区有栽培。中国南部和西南部有栽培，原产于印度；热带地区广泛栽培。

优良的观赏树种。

2. 爪哇决明
Cassia javanica L.

落叶小乔木，树干开展，高 5 ～ 10 m。羽状复叶，有蝶翅状托叶，长椭圆形，长达 5 cm，两端钝。花瓣由粉红色变暗红色；

木材坚硬致密，耐水湿，不受虫蛀，为上等家具原料。老树材黑色，纹理甚美，可为乐器装饰。适作庭园绿荫树或行道树。

4. 黄槐决明
Cassia surattensis Burm. f.

灌木或小乔木，高 5 ~ 7 m；分枝多；树皮颇光滑，灰褐色。嫩枝、叶轴和叶柄均被微柔毛；羽状复叶，小叶 7 ~ 9 对，下部叶片间有腺体 2 ~ 3 枚；小叶长椭圆形或卵形，叶背粉白色，有长柔毛。总状花序生于枝条上部的叶腋内，花鲜黄色至深黄色，

卵形至倒卵形，雄蕊 10 枚，2 枚特长。荚果扁平，顶端有细长的喙。花、果期全年。

鹤山各地常见栽培。中国广东、香港、澳门、广西、江西、福建、台湾等省区有栽培，原产于印度。

开花时节，满树金黄，非常美丽，为优良的园林绿化、美化树种。

3. 凤凰木属 Delonix Raf.

高大乔木，无刺。大型二回偶数羽状复叶，具托叶；羽片多对；小叶片小而多，对生。伞房状总状花序顶生；花两性，大而美丽，白色、橙色和鲜红色；苞片小，早落；花托盘状或陀螺状；萼片 5 枚，倒卵形，近相等，镊合状排列；花瓣 5 枚，与萼片互生，圆形，具柄，边缘皱波状；雄蕊 10 枚，离生，下倾；子房无柄，有胚珠多颗，花柱丝状，柱头截形。荚果带形，扁平，下垂，2 瓣裂，果瓣厚木质，坚硬；种子横长圆形。

全世界 2 ~ 3 种。分布于非洲东部、马达加斯加至热带亚洲。中国引种栽培 1 种，见于广东、广西、云南、福建和台湾等省区。鹤山栽培 1 种。

1. 凤凰木
Delonix regia (Boj.) Raf.

落叶大乔木，无刺，高达 20 m；树皮粗糙，灰褐色；小枝常被短柔毛并有明显的皮孔。二回偶数羽状复叶，长 20 ~ 60 cm，具托叶；羽片对生，15 ~ 20 对，长达 5 ~ 10 cm；小叶 25 对，密集对生，长圆形，长 4 ~ 8 mm，宽 3 ~ 4 mm。伞房状总状花序，顶生或腋生；花大而美丽，直径 7 ~ 10 cm，鲜红至橙红，花瓣 5 枚，匙形，红色，具黄及白色花斑，长 5 ~ 7 cm，宽 3.7 ~ 4 cm，开花后向花萼反卷；雄蕊 10 枚，红色，长短不等。荚果长扁平状，秋末成熟。花期 6 ~ 7 月；果期 8 ~ 10 月。

鹤山市区有栽培。原产于马达加斯加和热带非洲地区，为马达加斯加的国花，热带地区常见栽培。中国华南地区有很久的栽培历史。

树冠宽阔，花大而美丽，为优良的景观树。

4. 格木属 Erythrophleum Afzel. ex R. Br.

乔木。叶互生，二回羽状复叶；托叶小，早落；小叶互生，革质；羽片数对，对生。花小，具短梗，密聚成穗状花序式的总状花序，在枝顶常再排成圆锥花序；萼钟状，裂片 5，在花蕾时多少呈覆瓦状排列，下部合生成短管；花瓣 5 片，近等大；雄蕊 10 枚，分离，花丝长短相间或等长；子房具柄，外面被毛，有胚珠多颗，花柱短，柱头小。荚果长而扁平，厚革质，成熟时 2 瓣裂，内面于种子间有肉质的组织；种子横生，长圆形或倒卵形，压扁，有胚乳。

约 15 种，分布于非洲的热带地区、亚洲东部的热带和亚热带地区和澳大利亚北部。中国仅有格木 1 种，分布于广东、广西、福建、台湾、浙江等省区，鹤山 1 种。

1. 格木
Erythrophleum fordii Oliv.

常绿乔木，高达 30 m；嫩枝和幼芽密生锈色柔毛。二回羽状复叶，有羽片 2 ~ 3 对，每个羽片有小叶 5 ~ 13 片；小叶互生，卵形或卵状椭圆形，先端渐尖，基部圆形，稍偏斜。夏季开淡黄绿色花，穗状花序再排成总状花序；雄蕊 10 枚，长于花冠。荚果扁平带状，长 7 ~ 12 cm，近木质，冬季成熟，熟后黑褐色。

桃源鹤山市林科所等地有栽培，生于阔叶林中。分布于中国广东、广西、浙江、台湾。越南也有分布。福建有栽培。雅瑶有百年古树，生于低山、丘陵。

珍贵的用材树种，材质坚硬，当地群众称之为"铁木"。其树冠广阔，株形优美，为理想的绿化树种。

5. 仪花属 Lysidice Hance

灌木或乔木。叶为偶数二回羽状复叶，有小叶 3 ~ 5 对；小叶对生，基部微偏斜，两侧稍不对称；托叶小，钻状或尖三角形，早落或迟落。圆锥花序顶生或腋生；总花梗基部托以红色或白色的苞片；小苞片小，成对着生于花梗顶部或近顶部；花紫红色或粉红色；花萼管状，顶端 4 裂；花瓣 5 枚，上面 3 枚较大，倒卵形，具长柄，下面 2 枚极小，退化成鳞片状或钻状；发育雄蕊 2 枚，分离或基部稍合生；退化雄蕊 3 ~ 8 枚；子房长圆形。荚果长圆形或倒卵状长圆形，扁平，厚革质或木质，具果颈，开裂，果瓣平或稍扭转或成螺旋状卷曲；种子扁平，有光泽。

2 种，分布于中国南部至西南部和越南。中国 2 种；鹤山栽培 1 种。

1. 短萼仪花（麻轧木）
Lysidice brevicalyx C. F. Wei

小乔木，高 10 ~ 20 m。偶数羽状复叶，小叶 3 ~ 4（~ 5）对，对生，近革质，长椭圆形或卵状披针形，长 6 ~ 12 cm，宽 2 ~ 2.5 cm，先端钝或尾状渐尖，基部楔形或圆钝。圆锥

花序顶生于枝端，总轴和苞片被短疏柔毛；苞片和小苞片白色，倒卵状长圆形或卵状披针形；花萼管状，裂片4枚，花瓣紫色，倒卵形，先端近截平而微凹。荚果倒卵状长圆形，长15～26 cm，基部2缝线等长或近等长，开裂；种子7～10颗，长圆形。花期4～5月；果期8～9月。

鹤山市林科所有栽培。分布于中国广东、广西、贵州、云南。中国南方多有栽培。生于低海拔山地丛林中、灌丛或山谷溪边。

树形优美，花色淡雅，可供观赏。

6. 无忧花属 Saraca L.

乔木。叶为偶数羽状复叶，有小叶数对；小叶革质，其柄粗壮，常具腺状结节；托叶2枚，通常连合成圆锥形鞘状，早落。伞房状圆锥花序腋生或顶生；总苞片早落；苞片1片，小或大于小苞片，被毛或无毛，脱落或宿存；小苞片2片，近对生，通常宿存且具颜色；花具短梗，黄色至深红色，两性或单性，花瓣缺；花萼管状，萼管伸长，上部略膨大，顶部具一花盘，裂片4枚，罕有5或6枚，花瓣状，卵形或长圆形，稍不等大，覆瓦状排列；雄蕊4～10枚，着生于萼管喉部的花盘上，花丝伸长，分离，芽时常反折，花药长圆形或近圆形，背着，药室纵裂；子房扁长圆形，被毛或无毛，具短柄，其柄与萼管贴生，有胚珠数至10多颗，花柱线形，柱头头状，顶生。荚果扁长圆形，稍弯斜，革质至近木质，2瓣裂；种子1～8颗，椭圆形或卵形，两侧压扁，种皮脆壳质，胚根小，直立。

约20种。分布于亚洲热带地区。中国有2种，产于云南、广西。鹤山栽培1种。

1. 中国无忧花
Saraca dives Pierre

乔木，高5～20 m；胸径达25 cm。叶有小叶5～6对，嫩叶略带紫红色，下垂；小叶近革质，长椭圆形、卵状披针形或长倒卵形，长15～35 cm，宽5～12 cm，基部1对常较小，先端渐尖、急尖或钝，基部楔形，侧脉8～11对；小叶柄长7～12 mm。花序腋生，较大，总轴被毛或近无毛；总苞大，阔卵形，被毛，早落；苞片卵形、披针形或长圆形，长1.5～5 cm，宽6～20 mm。下部的1片最大，往上逐渐变小，被毛或无毛，早落或迟落；小苞片与苞片同形；花黄色，后部分变红色，

两性或单性；雄蕊 8 ~ 10 枚，其中 1 ~ 2 枚常退化呈钻状，花丝突出，花药长圆形，子房微弯，无毛或沿两缝线及柄被毛。荚果棕褐色，扁平，长 22 ~ 30 cm，宽 5 ~ 7 cm，果瓣卷曲；种子 5 ~ 9 颗，形状不一，扁平，两面中央有一浅凹槽。花期 4 ~ 5 月；果期 7 ~ 10 月。

鹤山城区、大雁山海会寺有栽培。分布于中国广东、广西、云南。越南、老挝也有分布。

枝叶茂盛，花金黄色，花团锦簇，适合庭园绿荫美化或作行道树。

7. 油楠属 Sindora Miq.

乔木。叶为偶数羽状复叶，有小叶 2 ~ 10 对；小叶革质；托叶叶状。花两性，组成圆锥花序；苞片和小苞片卵形，早脱；萼具短的萼管，基部有花盘，裂片 4 枚，镊合状排列，或边缘极狭的覆瓦状排列；花瓣仅 1 枚，很少 2 枚；雄蕊 10 枚，其中 9 枚基部合生，成偏斜的管，上面 1 枚分离，稍短而无花药，花药长椭圆形，丁字着生，纵裂；子房具胚珠 2 ~ 7 颗，具短柄，花柱线形，拳卷，柱头小。荚果大而扁，通常圆形或长椭圆形，多少偏斜，开裂，果瓣表面通常有短刺，很少无刺；种子 1 ~ 2 颗。

18 ~ 20 种。产于亚洲和非洲的热带地区。中国 2 种，其中引种 1 种；鹤山栽培 1 种。

1. 东京油楠
Sindora tonkinensis A. Cheval ex Larsen & S. S. Larsen

乔木，高可达 15 m。偶数羽状复叶，叶长 10 ~ 20 cm，有小叶 4 ~ 5 对，小叶革质，卵形、长卵形或椭圆状披针形；两侧不对称，顶端渐尖，基部圆形。圆锥花序生于小枝顶端的叶腋，花梗、苞片、花萼、花瓣、雄蕊和子房均密被黄色柔毛。荚果近圆形或椭圆形，顶端鸟喙状，外面光滑无刺。花期 5 ~ 6 月；果期 8 ~ 9 月。

鹤山偶见栽培。原产于中南半岛。中国广东等地有栽培。

可植为园林风景树、绿荫树和行道树。

子房柄，花柱短，钻状，稍稍弯曲，柱头小。荚果膜质，压扁，不开裂，有网状脉纹，靠腹缝一侧有阔翅。

仅 1 种。分布于中国广东和广西。越南也有分布。鹤山栽培 1 种。

1. 任豆
Zenia insignis Chun

8. 任豆属 Zenia Chun

落叶乔木。芽具少数鳞片。叶为奇数羽状复叶，无托叶；小叶互生，全缘，无小托叶。花两性，近辐射对称，红色；组成顶生的圆锥花序，萼片 5 枚，覆瓦状排列；花瓣 5 枚，覆瓦状排列稍不等大；发育雄蕊通常 4 枚，有时 5 枚，生于花盘的周边；花盘小，深波状分裂；子房压扁，有数颗胚珠，具短的

乔木，高 15 ~ 20 m；树冠伞形，枝条开展；小枝黑褐色。奇数羽状复叶，叶长 25 ~ 45 cm，小叶薄革质，无毛，长圆状披针形。圆锥花序顶生，花红色，花瓣 5 枚，近辐射对称，发育雄蕊 4 ~ 5 枚。荚果长圆形，红棕色，有翅。花期 5 月；果期 6 ~ 8 月。

鹤山偶见栽培。分布于中国广东、广西、云南。越南也有分布。为速生树种，现广泛用于石灰岩地区荒山改造，也可作景观树。

148. 蝶形花科 Papilionaceae

乔木、灌木、藤本或草本。有时具刺。叶互生，稀对生，通常为羽状复叶或掌状复叶，多为 3 片小叶，稀单叶或退化为鳞片状叶，叶轴或叶柄上无腺体；托叶常存在，有时变为刺，小托叶有或无。花两性，单生或组成总状花序、圆锥花序，偶为头状花序或穗状花序；苞片和小苞片小，稀大型；花萼钟状或筒状；花冠蝶形，花瓣 5 枚，覆瓦状排列，不等大，两侧对称，上面 1 片为旗瓣，在花蕾中位于外侧，翼瓣 2 枚，位于两侧，对称，龙骨瓣 2 枚，位于最内侧，在个别属中，花冠退化仅存旗瓣，或具两型花，闭花受精的花冠退化；雄蕊 10 枚或有时部分退化；子房由单心皮组成，上位。荚果；种子 1 至多颗。

约 425 属，12 000 多种，遍布于全世界。中国 128 属，1 372 种，183 变种（变型）；鹤山连引入栽培的共 7 属、11 种。

1. 花丝全部分离或仅基部合生 ·········· 4. 红豆属 Ormosia
1. 花丝全部或大部合生成管。
  2. 伞形花序或短总状花序，腋生 ·········· 5. 排钱树属 Phyllodium
  2. 总状花序或圆锥花序，顶生或腋生。
    3. 叶为 3 出复叶。
      4. 荚果压扁；种子肾形至球形 ·········· 1. 木豆属 Cajanus
      4. 荚果非压扁；种子卵球形 ·········· 3. 刺桐属 Erythrina
    3. 叶为具 3 枚以上小叶的羽状复叶。
      5. 荚果较厚，开裂 ·········· 6. 水黄皮属 Pongamia
      5. 荚果扁而薄，不开裂。
        6. 荚果长圆形或条形，翅果状，种子 1 至数粒 ·········· 2. 黄檀属 Dalbergia
        6. 荚果圆形，扁平，边缘有阔而硬的翅，通常有种子 1 粒 ·········· 7. 紫檀属 Pterocarpus

1. 木豆属 Cajanus DC.

直立灌木或亚灌木，或为木质或草质藤本。叶具羽状 3 小叶或有时为指状 3 片小叶，小叶背面有腺点；托叶和小托叶小或缺。总状花序腋生或顶生；苞片小或大，早落；小苞片缺；花萼钟状，5 齿裂，裂齿短，上方 2 齿合生或仅于顶端稍二裂；花冠宿存或否，旗瓣近圆形、倒卵形或倒卵状椭圆形，基部两侧具内弯的耳，翼瓣狭椭圆形至宽椭圆形，具耳，龙骨瓣偏斜圆形，先端钝；雄蕊二体（9 + 1），对旗瓣的 1 枚离生；子房近无柄；胚珠 2 至多颗。荚果线状长圆形，压扁，种子间有横槽；种子肾形至近圆形，光亮。

约 30 种，主要分布于热带亚洲、大洋洲和非洲的马达加斯加。中国 7 种，分布于南部及西南部；鹤山 1 种。

1. 木豆（三叶豆）
Cajanus cajan (L.) Huth.

直立灌木，高 1 ~ 3 m。多分枝，小枝有明显纵棱，被灰色短柔毛。叶具羽状 3 片小叶；托叶小，卵状披针形；小叶纸质，披针形至椭圆形。总状花序长 3 ~ 7 cm；花数朵生于花序顶部或近顶部；苞片卵状椭圆形；花萼钟状；花冠黄色，长约为花萼的 3 倍，旗瓣近圆形，背面有紫褐色纵线纹，基部有附属体及内弯的耳，翼瓣微倒卵形，有短耳，龙骨瓣先端钝，微内弯；雄蕊二体，对旗瓣的 1 枚离生，其余 9 枚合生；子房被毛，有胚珠数颗。荚果线状长圆形，长 4 ~ 7 cm，宽 6 ~ 11 mm，先端渐尖；种子 3 ~ 6 颗，近圆形，稍扁，种皮暗红色，有时有褐色斑点。花、果期 2 ~ 11 月。

产于鹤山郊野，生于路旁、灌草丛。分布于中国华南、华东、西南等省区。原产地可能为热带亚洲，现全球热带和亚热带地区普遍栽培。

种子供食用，常作包点馅料。叶可作家畜饲料、绿肥。根入药能清热解毒。为紫胶虫的优良寄主植物。可用于荒山绿化。

2. 黄檀属 Dalbergia L. f.

乔木、灌木或木质藤本。奇数羽状复叶，稀为单叶；托叶小，早落；小叶互生，无小托叶。花小而多，组成顶生或腋生的圆锥花序，分枝有时呈二歧聚伞状；花萼钟状，裂齿 5；花冠伸出于萼外，白色、淡绿色或紫色，各瓣均具柄，旗瓣卵状长圆形或圆形，先端常凹缺，翼瓣长圆形，龙骨瓣钝头，先端多少合生；雄蕊 10 枚，稀 9 枚，单体或分成 5 + 5 的二体，稀为 9 + 1 的二体；子房具柄，胚珠少数。荚果不开裂，长圆形或条形，翅果状，薄而扁平或在有种子部位稍厚且具网纹，稀为近圆形或半月形而稍厚；种子 1 至数颗，肾形，扁平。

100 ~ 120 种，绝大多数分布于亚洲、非洲和美洲热带、亚热带地区。中国 29 种，其中引种 1 种，产于西南部、南部至中部；鹤山 3 种。

1. 乔木；雄蕊 10 枚，成 5 + 5 的二体雄蕊 ·········· 1. 南岭黄檀 D. balansae
1. 藤本或灌木状；雄蕊 9 或 10 枚，单体。
  2. 乔木 ·········· 3. 降香黄檀 D. odorifera
  2. 木质藤本或灌木状 ·········· 2. 藤黄檀 D. hancei

1. 南岭黄檀（南岭檀）
Dalbergia balansae Prain

乔木，高 6 ~ 15 m。树皮灰黑色，粗糙，有纵裂纹。奇数羽状复叶长 10 ~ 15 cm；小叶 13 ~ 15 片，长 2 ~ 3(~ 4) cm，宽约 2 cm，先端圆形，有时近截形，常微缺。圆锥花序腋生，疏散，长 5 ~ 10 cm；花长约 10 mm；花梗长 1 ~ 2 mm，与花萼同被黄褐色短柔毛；花萼钟状，长约 3 mm，萼齿 5 枚，最下 1 枚较长，先端尖，其余的三角形，先端钝，上方 2 枚近合生；花冠白色，长 6 ~ 7 mm，旗瓣圆形，近基部有 2 枚小附属体，翼瓣倒卵形，龙骨瓣近半月形；雄蕊 10 枚，合生为 5+5 的二体；子房具柄，密被短柔毛。荚果舌状或长圆形，长 5 ~ 6 cm，宽 2 ~ 2.5 cm，两端渐狭，通常有种子 1 颗，稀 2 ~ 3 颗，果瓣对种子部分有明显网纹。花期 5 ~ 6 月；果期 10 ~ 11 月。

鹤山偶见，生于林中或灌木丛中。分布于中国华南，以及福建、浙江、四川、贵州、云南。印度、老挝、缅甸、泰国、越南北部也有分布。

树形优美，是良好的乡土树种，适宜作行道树或庭院树。

2. 藤黄檀（藤檀）
Dalbergia hancei Benth.

木质藤本或灌木。奇数羽状复叶长 5 ~ 8 cm；小叶 7 ~ 13 片，长 10 ~ 20 mm，宽 5 ~ 10 mm，先端钝或圆，微凹。圆锥花序腋生，长 1.3 ~ 2 cm；花萼阔钟状，长约 3 mm，萼齿短，阔三角形，除最下 1 枚先端急尖外，其余的均钝或圆，具缘毛；花冠绿白色，芳香，旗瓣椭圆形，基部两侧稍呈截形，具耳，中间渐狭下延而成一瓣柄，翼瓣与龙骨瓣长圆形；雄蕊 9 枚，

单体，有时 10 枚，其中 1 枚对着旗瓣；子房线形，具短的子房柄，花柱稍长，柱头小。荚果扁平，长圆形或带状，无毛，长 3 ~ 7 cm，宽 8 ~ 14 mm，基部收缩为一细果颈，通常有 1 颗种子，稀 2 ~ 4 颗；种子肾形，极扁平，长约 8 mm，宽约 5 mm。花期 4 ~ 5 月；果期 7 ~ 8 月。

产于鹤城昆仑山，生于山地林中或溪边。分布于中国华南，及福建、江西、安徽、浙江、贵州、四川。

可作绿篱美化。

3. 降香黄檀（降香、花梨母）
Dalbergia odorifera T. C. Chen

顶生。荚果具果颈,多为线状长圆形,镰刀形,在种子间收缩或成波状,2瓣裂或蓇葖状而沿腹缝线开裂,极少不开裂;种子卵球形,种脐侧生,长椭圆形,无种阜。

约200种,分布于全球热带和亚热带地区,中国5种,产于西南部至南部,引入栽培的约有5种。鹤山栽培2种。

1. 花萼钟状,先端二浅裂 ┄┄┄┄┄┄┄┄┄┄┄┄ 1. 鸡冠刺桐 **E. crista-galli**
1. 花萼佛焰苞状,先端圆 ┄┄┄┄┄┄┄┄┄┄┄┄ 2. 刺桐 **E. variegata**

1. 鸡冠刺桐(美丽刺桐)
Erythrina crista-galli L.

乔木,高10~15 m;树皮褐色或浅褐色,粗糙,有纵裂槽纹。奇数羽状复叶,小叶3~6对,近革质,卵形或椭圆形,复叶顶端的1枚小叶最大,往下渐小,基部1对长仅为顶小叶的1/3,先端渐尖或急尖,基部圆或阔楔形。圆锥花序腋生,花乳白色或淡黄色,各瓣近等长,雄蕊9枚,单体。荚果舌状长圆形,扁平,有种子的部分隆起。花期4~6月;果期10~12月。

鹤山市区有栽培。分布于中国海南、福建、浙江。生于低海拔山区林中。现广东、广西有引种栽培。

园林上用于作行道树或栽于庭园中。该种木材珍贵,为制做名贵家具、工艺品的上等材料。

3. 刺桐属 **Erythrina** L.

乔木或灌木;小枝常有皮刺。羽状复叶具3片小叶,有时被星状毛;托叶小;小托叶呈腺体状。总状花序腋生或顶生;花很美丽,红色,成对或成束簇生在花序轴上;苞片和小苞片小或缺;花萼佛焰苞状,钟状或陀螺状而肢截平或2裂;花瓣极不相等,旗瓣大或伸长,直立或开展,近无柄或具长瓣柄,无附属物,翼瓣短,有时很小或缺,龙骨瓣比旗瓣短小得多;对着旗瓣的1枚雄蕊离生或仅基部合生,其余的合生到中部,花药一式;子房具柄,有胚珠多数,花柱内弯,无髯毛,柱头小,

落叶灌木或小乔木,株高2~4 m;茎和叶柄稍具皮刺。羽状复叶具3小叶,小叶长卵形或披针状长卵形,先端钝,基部近圆形。花与叶同出,总状花序顶生,每节有花1~3朵;花冠深红色,长3~5 cm,稍下垂或与花序轴成直角;花萼钟状,先端二浅裂;雄蕊二体。荚果长约15 cm,褐色,种子间缢缩;种子大,亮褐色。

鹤山市区或居住小区有栽培。原产于巴西,中国台湾、云南有栽培。

花姿瑰丽,花序成鸡冠状,为庭园绿荫树、行道树的良好材料。

2. 刺桐
Erythrina variegata L.

落叶大乔木，高达 20 m；枝上具皮刺。羽状复叶具 3 小叶，常密集枝端；小叶膜质，宽卵形或菱状卵形，先端渐尖而钝，基部宽楔形或截形；小叶叶柄基部有 1 对腺体状的托叶。总状花序顶生，上有密集、成对着生的花；花萼佛焰苞状，花冠红色，旗瓣椭圆形，先端圆，瓣柄短；翼瓣与龙骨瓣近等长；雄蕊 10 枚，单体。荚果黑色，肥厚；种子 1 ~ 8 颗，肾形。花期 3 月；果期 8 月。

鹤山各地常见，产于桃源鹤山市林科所址山等地，生于路旁、河边等。原产印度至大洋洲。中国广东、海南、广西、福建、台湾等省区有栽培或逸为野生。

枝繁叶茂，花先于叶开放，花期满树红花，鲜艳夺目，为良好的木本观赏花卉；可植于庭园中或用作行道树。

4. 红豆属 Ormosia Jacks.

乔木。叶为奇数羽状复叶，稀为单叶或 3 小叶；小叶对生，通常革质。花组成顶生或腋生的总状花序或圆锥花序；花萼钟状，裂齿 5 枚，近相等或上方 2 齿不同程度地连合成二唇形；花冠白色或紫色，伸出萼外，旗瓣通常圆形，翼瓣与龙骨瓣偏斜，倒卵状长圆形，均具瓣柄，龙骨瓣分离；雄蕊 10 枚，分离，不等大，内弯，全部发育或有时仅 5 枚发育，开花时伸出花冠外；子房近无柄。荚果木质或革质，基部有宿存花萼，2 瓣裂，稀不开裂，果瓣内壁有隔膜或无隔膜，缝线无翅；种子 1 至数颗，种皮鲜红色、暗红色或黑褐色。

约 130 种，分布于全球热带地区。中国 37 种，大多分布于五岭以南，以广东、海南、广西、云南分布较多；鹤山连引入栽培的共 2 种。

1. 羽状复叶，具小叶 1 ~ 3 对 ························ **1. 花榈木 O. henryi**
1. 羽状复叶，具小叶 3 ~ 4 对 ························ **2. 海南红豆 O. pinnata**

1. 花榈木（花梨木、亨氏红豆）
Ormosia henryi Prain

常绿乔木，高 16 m，树皮灰绿色；小枝及叶轴、花序密被灰黄色绒毛。奇数羽状复叶，具小叶 1 ~ 3 对，小叶革质，椭圆形或长椭圆形。总状花序腋生或组成圆锥花序顶生，先端钝或短尖，基部圆或宽楔形，叶缘反卷。圆锥花序顶生，或总状

常绿乔木或灌木，高 3 ~ 18 m，树皮灰色或灰黑色。奇数羽状复叶具小叶 3 ~ 4 对，薄革质，披针形。圆锥花序顶生；花萼钟状；花冠粉红色而带黄白色，各瓣均具柄。荚果镰刀状，成熟时橙红色；种子椭圆形。花期 7 ~ 8 月。

鹤山各地偶见栽培，产于桃源鹤山市林科所等地。分布于中国广东、海南、广西。

生性强健，枝叶柔美，为优良的庭园树及行道树。

花序腋生；密被淡褐色绒毛；花蝶形，花萼钟形，花冠中央淡绿色，边缘绿色微带淡紫。荚果扁平，长椭圆形。花期 7 ~ 8 月；果期 10 ~ 11 月。

鹤山偶见，生于常绿阔叶林中。产于中国广东、湖南、江西、安徽、浙江、贵州、云南、四川。常生于海拔 100 ~ 1300 m 的山坡、溪谷两旁的杂木林中。

树冠浓荫覆地，是优良的庭园树。

5. 排钱树属 Phyllodium Desv.

灌木或亚灌木。叶为三出羽状复叶，具托叶和小托叶；托叶近革质，有条纹；小叶全缘或边缘浅波状，侧生小叶基部通常偏斜。花 4 ~ 15 朵组成伞形花序包藏于对生、圆形、宿存的叶状苞片内，在枝端排成总状圆锥花序，形如长串钱牌；花萼钟状，被绒毛；花冠白色至淡黄色或稀为紫色，旗瓣倒卵形或宽倒卵形，基部渐狭或具瓣柄，翼瓣狭椭圆形，较龙骨瓣小，有耳，具瓣柄，龙骨瓣弧曲，有耳，具长瓣柄；雄蕊单体；雌蕊较雄蕊长，具花盘，花柱较子房长，通常近基部有柔毛。荚果有 2 ~ 7 个荚节。

8 种，产于亚洲热带、亚热带地区及大洋洲。中国 4 种，产于南部与西南部；鹤山 1 种。

2. 海南红豆
Ormosia pinnata (Lour.) Merr.

1. 毛排钱草
Phyllodium elegans (Lour.) Desv.
Desmodium blandum Meeuwen

灌木，高 0.5 ~ 1.5 m。茎、枝和叶柄均密被黄色绒毛。托叶宽三角形，外被绒毛。小叶革质，顶生小叶卵形、椭圆形至倒卵形，长 7 ~ 10 cm，宽 3 ~ 5 cm，侧生小叶斜卵形，长比顶生小叶约短 1 倍，两端钝，两面均密被绒毛，下面尤密。花

通常 4 ～ 9 朵组成伞形花序生于叶状苞片内，叶状苞片排列成总状圆锥花序状，顶生或侧生，苞片与总轴均密被黄色绒毛；花冠白色或淡绿色，旗瓣长 6 ～ 7 mm，宽 3 ～ 4 mm，翼瓣长 5 ～ 6 mm，宽约 1 mm，龙骨瓣较翼瓣大，长 7 ～ 8 mm，宽 2 mm；雌蕊长 8 ～ 10 mm。荚果通常长 10 ～ 12 mm，宽 3 ～ 4 mm，密被银灰色绒毛，通常有荚节 3 ～ 4；种子椭圆形，长 2.5 mm，宽 1.8 ～ 2 mm。花期 7 ～ 8 月；果期 10 ～ 11 月。

鹤山偶见，产于鹤城昆仑山，生于路旁灌草丛。分布于中国广东、香港、海南、广西、福建、贵州、云南。东南亚也有分布。

药用，可消炎解毒、活血利尿。

6. 水黄皮属 Pongamia Adanson.

乔木。奇数羽状复叶；小叶对生。花组成腋生的总状花序；花萼钟状或杯状，顶端截平；花冠伸出萼外，旗瓣近圆形，基部两侧具耳，在瓣柄上有 2 枚附属物，翼瓣偏斜，长椭圆形，具耳，龙骨瓣镰刀形，先端钝，并在上部连合；雄蕊 10 枚，通常 9 枚合生成雄蕊管，对旗瓣的 1 枚离生；子房近无柄。荚果椭圆形，扁平，果瓣厚革质或近木质，有种子 1 颗。

仅 1 种，分布于冷热带至亚热带地区。中国 1 种；鹤山 1 种。

1. 水黄皮
Pongamia pinnata (L.) Merr.

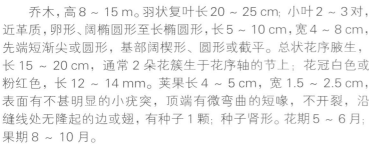

乔木，高 8 ~ 15 m。羽状复叶长 20 ~ 25 cm；小叶 2 ~ 3 对，近革质，卵形、阔椭圆形至长椭圆形，长 5 ~ 10 cm，宽 4 ~ 8 cm，先端短渐尖或圆形，基部阔楔形、圆形或截平。总状花序腋生，长 15 ~ 20 cm，通常 2 朵花簇生于花序轴的节上；花冠白色或粉红色，长 12 ~ 14 mm。荚果长 4 ~ 5 cm，宽 1.5 ~ 2.5 cm，表面有不甚明显的小疣突，顶端有微弯曲的短喙，不开裂，沿缝线处无隆起的边或翅，有种子 1 颗；种子肾形。花期 5 ~ 6 月；果期 8 ~ 10 月。

鹤山偶见栽培。分布于中国广东、海南、福建、台湾。东南亚和澳大利亚及太平洋岛屿也有分布。

材用。可作海岸绿化树种。

7. 紫檀属 Pterocarpus Jacq.

乔木。叶为奇数羽状复叶；小叶互生；托叶小，脱落，无小托叶。花黄色，排成顶生或腋生的圆锥花序；苞片和小苞片小，早落；花梗有明显关节；花萼倒圆锥状，稍弯，萼齿短，上方 2 枚近合生；花冠伸出花萼外，花瓣有长柄，旗瓣圆形，与龙骨瓣同于边缘呈皱波状；雄蕊 10 枚，单体，有时成 5+5 的二体，或有时对旗瓣的 1 枚离生，成 9 ~ 1 的二体，花药一式；子房有柄或无柄；有胚珠 2 ~ 6 颗，花柱丝状，内弯，无须毛，柱头小，顶生。荚果圆形，扁平，边缘有阔而硬的翅，宿存花柱向果颈下弯，通常有种子 1 颗；种子长圆形或近肾形，种脐小。

约 30 种，分布于全球热带地区。中国有 1 种。鹤山栽培 1 种。

1. 紫檀（印度紫檀）
Pterocarpus indicus Willd.

乔木，高 15 ~ 25 m，树干通直而平滑。奇数羽状复叶互生，具小叶 3 ~ 5 对，卵形，先端渐尖，基部圆形，两面无毛。圆锥花序顶生或腋生，多花，被褐色短柔毛；花黄色，花瓣具长柄。荚果圆形，扁平，偏斜，周围具宽翅；有种子 1 ~ 2 颗。花期春季。

鹤山市区有栽培。分布于中国广东、台湾、云南。印度、菲律宾、马来西亚、印度尼西亚、缅甸、巴布亚新几内亚、泰国、越南及太平洋岛屿也有分布。

材用。可栽植为景观树及行道树。

1. 马蹄荷属 Exbucklandia R. W. Brown

常绿乔木，小枝粗壮，节膨大，有明显的环状托叶痕。叶互生，厚革质，阔卵圆形，全缘或掌状浅裂，具掌状脉；托叶2片，大而对合，苞片状，革质，椭圆形，早落；叶柄长，圆筒形。头状花序通常腋生，有花7～16朵，具花序柄。花两性或杂性同株；萼筒与子房合生，萼齿不明显，或呈瘤状突起；花瓣2～5枚，线形，白色，先端2裂，或无花瓣；雄蕊10～14枚，花丝线形；子房半下位，藏于肉质头状花序内，2室，上半部分离，花柱2枚，稍伸长，柱头尖细；胚珠每室6～8颗，二列着生于中轴胎座。头状果序有蒴果7～16个，仅基部藏于花序轴内，其余部分游离；蒴果木质，果皮平滑，有时具小瘤状突起；每室有种子6个，位于胎座基部的发育完全，具翅。

4种，分布于不丹、印度、印度尼西亚、老挝、缅甸、尼泊尔、斯路卡、泰国、越南。中国3种，分布于华南及西南各省及其南部的邻近地区；鹤山栽培1种。

1. 大果马蹄荷
Exbucklandia tonkinensis (Lec.) Steenis
Bucklandia tonkinensis Lec.

常绿乔木，高达30 m；小枝具环状托叶痕。单叶互生，阔卵形，长8～13 cm，宽5～9 cm，全缘，幼时掌状3裂，先端渐尖基部阔楔形；托叶狭矩圆形，长2～4 cm，宽0.8～1.3 cm。头状花序腋生，具花7～9朵；花两性；花瓣无，雄蕊多数，花丝纤细；子房半下位，被黄褐色柔毛。蒴果7～9个，卵圆形，表面有小瘤状突起。花期5～7月；果期8～10月。

桃源鹤山市林科所等地有栽培。分布于中国广东、海南、广西、江西、福建、湖南、云南。老挝、越南也有分布。

树形优美，为优良的园林绿化树种。

151. 金缕梅科 Hamamelidaceae

常绿或落叶乔木和灌木。叶互生，少对生，全缘或有锯齿，或为掌状分裂，具羽状脉或掌状脉；通常有明显的叶柄；托叶线形，或为苞片状，早落，少数无托叶。花排成头状花序、穗状花序或总状花序，两性，或单性而雌雄同株，稀雌雄异株，有时杂性；放射对称，或缺花瓣，少数无花被；萼筒与子房分离或多少合生，萼裂片4～5数，镊合状或覆瓦状排列；花瓣与萼裂片同数，线形，匙形或鳞片状；雄蕊4～5数，或更多。果为蒴果，常室间及室背裂开为4片，外果皮木质或革质，内果皮骨质；种子多数，常为多角形，扁平或有窄翅，或单独而呈椭圆卵形。

约27属140种，亚洲东部、非洲、欧洲、南美及大洋洲均有分布。中国18属，74种，主要分布于南部；鹤山连引入栽培的共5属，5种。

1. 叶不分裂 ····································· 4. 红花荷属 Rhodoleia
1. 叶掌状3～5裂。
　2. 托叶2片 ································· 1. 马蹄荷属 Exbucklandia
　2. 托叶1片。
　　3. 有萼片及花瓣 ················· 3. 壳菜果属 Mytilaria
　　3. 无萼片及花瓣。
　　　4. 头状果序圆球形 ········· 2. 枫香树属 Liquidambar
　　　4. 头状果序半球形 ········· 5. 半枫荷属 Semiliquidambar

2. 枫香属 Liquidambar L.

落叶乔木。叶互生，有长柄，掌状分裂，具掌状脉，边缘有锯齿，托叶线形，多少和叶柄基部连生，早落。花单性，雌雄同株，无花瓣。雄花多数，排成头状或穗状花序，再排成总状花序；每一雄花头状花序有苞片 4 个，无萼片及花瓣。雌花多数，聚生在圆球形头状花序上，苞片 1 片；萼筒与子房合生，萼裂针状，宿存，有时或缺。头状果序圆球形，有蒴果多数；蒴果木质，室间裂开为 2 片，果皮薄，有宿存花柱或萼齿；种子多数，在胎座最下部的数个发育完全，有窄翅，种皮坚硬，胚乳薄，胚直立。

5 种，分布于亚州东部及西南部、中美洲及北美洲。中国 2 种，鹤山 1 种。

1. 枫香树
Liquidambar formosana Hance

分布于中国广东、海南、福建、台湾、湖北、江西、安徽、浙江、贵州、四川。朝鲜、老挝、越南也有分布。

材用。药用，止血生肌、祛风除湿、通络活血。树姿优美，叶色有明显的季相变化，通常于初冬叶色变黄，至翌年春季落叶前变红，为良好的庭园风景树、绿荫树和防风树。对二氧化硫、氯气有较强抗性，并具有耐火性，也适合于厂矿区绿化。

3. 壳菜果属 Mytilaria Lec.

常绿乔木，小枝有明显的节，节上有环状托叶痕。叶革质，互生，有长柄，阔卵圆形，嫩叶先端 3 浅裂，老叶全缘，基部心形，具掌状脉，托叶 1 片，长卵形，包住长锥形的芽体，早落。花两性，上位，螺旋排列于具柄的肉质穗状花序上；萼筒与子房连合，藏在肉质花序轴内；萼片 5 ~ 6 枚，卵圆形，大小不相等，覆瓦状排列；花瓣 5 枚，稍带肉质，带状舌形；雄蕊多于 10 个，着生于环状萼筒的内缘，花丝粗而短，花药内向，有 4 个花粉囊；子房下位，2 室，花柱 2 枚，极短，胚珠每室 6 个，生于中轴胎座上。蒴果卵圆形，上半部 2 片裂开，每片 2 浅裂，外果皮较疏松，稍带肉质，易碎，内果皮木质。种子椭圆形，种皮角质，胚乳肉质，胚位于中央。

仅有 1 种，分布于中国广东、广西、云南。越南和老挝也有分布。鹤山栽培 1 种。

1. 壳菜果（米老排）
Mytilaria laosensis Lec.

常绿乔木，高达 30 m；小枝粗壮，无毛，节膨大，具环状托叶痕。单叶互生，卵圆形，长 10 ~ 13 cm，宽 7 ~ 10 cm，先端短尖，基部心形，3 ~ 5 掌状浅裂，裂片全缘。肉穗状花序顶生或腋生，单独，花序轴长 4 cm。花小，两性；萼片 5 ~ 6 枚，

落叶乔木，高达 30 m。树皮灰褐色，方块剥落。小枝干后灰色，被柔毛，略有皮孔。叶薄革质，阔卵形，掌状 3 裂，中央裂片较长，先端尾状渐尖；两侧裂片平展；基部心形，上面绿色，下面被短柔毛，或仅在脉腋间有毛；掌状脉 3 ~ 5，两面均明显；边缘有锯齿，齿尖有腺状凸；叶柄长达 11 cm。雄性短穗状花序常多个排成总状，雄蕊多数，花丝不等长；雌性头状花序有花 24 ~ 43 朵，花序柄偶有皮孔，无腺体。头状果序圆球形，木质，直径 3 ~ 4 cm；蒴果下半部藏于花序轴内，有宿存花柱及针刺状萼齿；种子多数，褐色，多角形或有窄翅。花期 4 ~ 6 月。

产于宅梧泗云管理区元坑村风水林，生于常绿阔叶林中。

间及室背裂开为 4 片，果皮较薄；种子扁平。

　　10 种，主要分布于印度尼西亚、马来西亚、缅甸、越南。中国 6 种，分布于南部；鹤山栽培 1 种。

1. 红花荷
Rhodoleia championii Hook.

卵形，覆瓦状排列；花瓣 5 枚，白色，舌状；雄蕊 10～13 枚。蒴果外果皮厚，4 瓣裂；种子褐色，有光泽。

　　桃源鹤山市林科所对面山等地有栽培。分布于中国广东、广西、云南。老挝、越南也有分布。

　　园林上常植于郊野公园。

4. 红花荷属　**Rhodoleia** Champ. ex Hook.

　　常绿乔木或灌木。叶互生，革质，卵形至披针形，全缘，具羽状脉，基部常有不明显的 3 出脉，下面有粉白腊被，具叶柄，无托叶。花序头状，腋生，有花 5～8 朵，多少排在一个平面上，托以卵圆形而覆瓦状排列的总苞片，具花序柄；花两性，萼筒极短，包围着子房的基部，萼齿不明显；花瓣 2～5 枚，排列不整齐，常着生于头状花序外侧，匙形至倒披针形，基部收窄成柄，整个花序形如单花；雄蕊 4～10 枚，约与花瓣等长或稍短，花丝线形；子房下半位，2 室；花柱 2 枚。蒴果上半部室

乔木。嫩枝颇粗壮，无毛，干后皱缩，暗褐色。叶厚革质，卵形，长 7 ~ 13 cm，宽 4.5 ~ 6.5 cm，先端钝或略尖，基部阔楔形，有 3 出脉，上面深绿色，下面灰白色，干后有多数小瘤状凸起；侧脉两面均明显。头状花序长 3 ~ 4 cm，常弯垂；花序柄长 2 ~ 3 cm，有鳞状小苞片 5 ~ 6 片；总苞片卵圆形，大小不相等；花瓣匙形，长 2.5 ~ 3.5 cm，宽 6 ~ 8 mm，红色；雄蕊与花瓣等长，花丝无毛；子房无毛，花柱略短于雄蕊。头状果序宽 2.5 ~ 3.5 cm，有蒴果 5 个；蒴果卵圆形，长 1.2 cm，无宿存花柱，果皮薄木质，干后上半部 4 片裂开；种子扁平，黄褐色。花期 3 ~ 4 月。

桃源鹤山市林科所等地有栽培。分布于中国广东、香港、海南、贵州。印度尼西亚、马来西亚、缅甸和越南也有分布。

为优良的木本观赏花卉，早春开花，极为美丽壮观。

5. 半枫荷属 Semiliquidambar H. T. Chang

常绿或半落叶乔木。叶革质，具柄，互生，叶片异型，通常卵形或椭圆形，有离基三出脉，或为叉状 3 裂，有时单侧叉状分裂，具掌状脉，先端尖锐，基部楔形或钝，边缘有锯齿，齿尖有腺状突；托叶线形，早落。花单性，雌雄同株，聚成头状花序或短穗状花序。雄性短穗状花序常多个排列成总状，生于枝顶，每 1 花序有苞片 3 ~ 4 片，萼片与花瓣均不存在，雄蕊多数，花药倒四角锥形，2 室，花丝极短。雌性头状花序单生于枝顶叶腋，有苞片 2 ~ 3 片；雌花多数，萼筒与子房合生；花瓣无；子房半下位，2 室；胚珠多数。头状果序半球形，有多数蒴果，有宿存萼齿及花柱。蒴果木质，上半部游离，沿隔膜裂开为 2 片，每片 2 浅裂；种子多数，有棱。

3 种，分布于中国东南部及南部。鹤山栽培 1 种。

1. 半枫荷
Semiliquidambar cathayensis H. T. Chang

常绿乔木，高 17 m；树皮灰色，略粗糙。叶簇生于枝顶，革质，不分裂的叶片卵状椭圆形，长 5.5 ~ 12.5 cm，宽 3.3 ~ 6.2 cm，先端渐尖，基部阔楔形或近圆形，或为掌状 3 裂，有时为单侧裂，边缘有具腺细锯齿。花单性，雌雄同株；雄头状花序排列成总状，生于枝顶叶腋；雌头状花序常单生，萼齿针形，被短柔毛。头状果序近球形，具蒴果 22 ~ 28 个；种子具棱，无翅。

桃源鹤山市林科所等地有栽培。分布于中国广东、广西、海南、湖南、江西、福建、贵州等地。生于溪旁疏林内。

药用，根有祛风除湿，活血通络的功效。供观赏。

156. 杨柳科 Salicaceae

落叶乔木或直立、垫状和匍匐灌木。树皮光滑或开裂粗糙，通常味苦，有顶芽或无顶芽；芽由 1 至多数鳞片所包被。单叶互生，稀对生，不分裂或浅裂，全缘，锯齿缘或齿牙缘；托叶鳞片状或叶状，早落或宿存。花单性，雌雄异株；葇荑花序，直立或下垂，先叶开放，或与叶同时开放，花着生于苞片与花序轴间，苞片脱落或宿存；基部有杯状花盘或腺体；雄蕊 2 至多数，花药 2 室，纵裂；雌花子房无柄或有柄，雌蕊由 2 ~ 4 (5) 心皮合成，子房 1 室，侧膜胎座，胚珠多数。蒴果 2 ~ 4 (5) 瓣裂。种子微小，种皮薄，胚直立，无胚乳，或有少量胚乳，基部围有多数白色丝状长毛。

3 属，约 620 多种，主要分布于北半球、少数分布于南半球。中国 3 属，347 种，各省（区）均有分布，尤以山地和北方较为普遍；鹤山栽培 1 属，1 种。

1. 柳属 Salix L.

乔木或匍匐状、垫状、直立灌木。枝圆柱形，髓心近圆形。无顶芽，侧芽通常紧贴枝上。叶互生，稀对生，通常狭而长，多为披针形，羽状脉，有锯齿或全缘；叶柄短；具托叶，多有锯齿，常早落，稀宿存。葇荑花序直立或斜展，先叶开放，或与叶同时开放，稀后叶开放；苞片全缘，有毛或无毛，宿存，稀早落；雄蕊 2 至多数，花丝离生或部分或全部合生；雌蕊由 2 心皮组成，子房无柄或有柄，花柱长短不一，或缺，单 1 或分裂，柱头 1 ~ 2 枚，分裂或不裂。蒴果 2 瓣裂；种子小。

约 520 多种，主产北半球温带地区，寒带次之，亚热带和南半球极少，大洋洲无野生种。中国 275 种。各省区均产。鹤山栽培 1 种。

1. 垂柳
Salix babylonica L.

落叶乔木，高达 12 ～ 18 m。树冠开展而疏散，伞形。树皮灰褐色，不规则纵裂；小枝细长下垂。单叶互生，叶狭披针形或线状披针形，细锯齿缘。花单性，雌雄异株，柔荑花序；花序先叶开放，或与叶同时开放。蒴果绿黄褐色。花期 2 ～ 3 月；果期 4 月。

鹤山市公园、居住小居有栽培。中国分布甚广，长江流域甚为普遍。在亚洲、欧洲、美洲各国均有引种。

枝条柔软、细长而下垂，为优良的园林绿化树种，最适于种植在河岸、湖边等处，也是北方城市中优良的行道树。

163. 壳斗科 Fagaceae

常绿或落叶乔木，稀灌木。单叶互生，极少轮生，全缘或齿裂，或不规则的羽状裂；托叶早落。花单性同株，稀异株，或同序；花被 1 轮，4 ～ 6 片，基部合生，干膜质；雄花序下垂或直立，整序脱落，由多数单花或小花束，雄花有雄蕊 4 ～ 12 枚，但有小且为卷丛毛遮盖；无退化雌蕊，雌花序直立，花单朵散生或数朵聚生成簇，分生于总花序轴上成穗状，有时单朵或 2 ～ 3 朵花腋生，雌花 1 ～ 3 ～ 5 朵聚生于一壳斗内，有时伴有可育或不育的短小雌蕊；由总苞发育而成的壳斗脆壳质、木质、角质等，形状多样，包裹坚果底部至全包坚果，开裂或不裂。坚果有棱角或浑圆，顶部有凸起的柱座，底部有果脐。

7 ～ 12 属，约 900 ～ 1 000 种。除非洲热带地区和南非地区不产外，几全世界分布，亚洲的种类最多。中国 7 属，294 种；鹤山连引入栽培的共 3 属，10 种。

1. 雄花序直立穗状。
　2. 叶通常二列；壳斗常有刺，大部分全包坚果 ………… 1. 锥属 Castanopsis
　2. 叶非二列；壳斗无刺，通常杯状 ………… 2. 柯属 Lithocarpus
1. 雄花序为下垂的柔荑花序 ………… 3. 栎属 Quercus

1. 锥属 Castanopsis (D. Don) Spach

常绿乔木。枝有顶芽，芽鳞多数交互对生。叶互生，有时二列，常锯齿或钝齿，稀为全缘，基部常不对称。花序直立，穗状，有时具分枝；雄花花萼浅杯状，5 ～ 6 深裂，稀 4 裂，裂片覆瓦状排列，雄蕊 10 ～ 12 枚，稀 8 枚，退化雌蕊细小，被毛；雌花单朵或 2 ～ 5 朵聚生于一总苞内，花萼 5 ～ 6 深裂，稀具与花萼裂片对生的退化雌蕊。壳斗球形或其他形状，稀为杯状，辐射对称或两侧对称，规则或不规则开裂，甚少不裂，将坚果全部或大部分包围，外面密生针状刺或为覆瓦状排列的鳞片或为螺旋状排列的肋状凸起，有坚果 1 ～ 3 个；坚果仅基部或至中部与壳斗贴生。

约 120 种，产于亚洲热带及亚热带地区。中国 58 种，产于长江以南各地，主产于西南及南部；鹤山连引入栽培的共 8 种。

1. 每壳斗有雌花 3 朵，很少在同一花序上同时兼有单花，成熟壳斗有坚果 2 个，稀 1 或 3 个 ………… 4. 罗浮栲 C. fabri
1. 每壳斗有雌花 1 朵，稀偶有 2 或 3 朵，即成熟壳斗有坚果 1 个，稀偶有 2 或 3 个。
　2. 壳斗无刺；叶于枝上螺旋排列 ………… 6. 黧蒴 C. fissa
　2. 壳斗有刺；叶常二列。
　　3. 壳斗辐射对称，整齐的 4 瓣开裂，且叶背有带苍灰色蜡鳞层。
　　　4. 坚果宽圆锥形，无毛，果脐位于坚果底部 ………… 7. 红锥 C. hystrix
　　　4. 坚果扁圆形，密被黄棕色伏毛，果脐占坚果面积的 1/3 或很少约近一半 ………… 8. 吊皮锥 C. kawakamii
　　3. 壳斗两侧对称，稀辐射对称。
　　　5. 壳斗连刺径 10 ～ 20 mm，稀个别达 22 mm，刺疣状或甚短的钻尖状，稀长达 7 mm，壳斗外壁明显可见 ………… 1. 米槠 C. carlesii
　　　5. 壳斗连刺径 20 ～ 40 mm（若 20 cm，则其叶柄长 3 ～ 7 cm），刺长 5 ～ 12 mm，密生，几将壳斗外壁完全遮蔽。
　　　　6. 一年生叶的叶背有红棕色或淡黄色蜡鳞层，二年生叶背面带灰白色 ………… 5. 栲 C. fargesii
　　　　6. 一年生叶两面同色，或叶面深绿，叶背淡绿。
　　　　　7. 中脉及侧脉在叶面均凸起，叶柄长 15 ～ 20 mm；雌花序轴被微柔毛；全熟壳斗的外壁及刺几无毛 ………… 2. 锥 C. chinensis
　　　　　7. 叶面中脉的下半段微凸起，中段以上平坦，叶柄长 7 ～ 10 mm；雌花序无毛；全熟壳斗的外壁及刺密被灰白色微柔毛 ………… 3. 甜槠 C. eyrei

二年生叶革质，卵形，狭长椭圆形或披针形，长 8 ~ 18 cm，宽 2.5 ~ 5 cm，叶背带灰白色。萌生枝的叶长达 22 cm，宽 9 cm，叶缘有裂齿，稀兼有全缘叶，被红棕色或棕黄色较稀疏的蜡鳞。雄花序单穗腋生或对穗排成圆锥花序，花序轴通常被稀疏短毛，雄蕊 12 ~ 10 枚。果序长 8 ~ 17 cm；壳斗有坚果 2 个，稀 1 或 3 个，圆球形、阔椭圆形或阔卵形，连刺径 20 ~ 30 mm，不规则瓣裂，壳壁厚约 1 mm，刺长 5 ~ 10 mm，很少很短，基部合生或合生至上部，则有如鹿角状分枝，果脐在坚果底部。花期 4 ~ 5 月；果熟期翌年 9 ~ 11 月。

产于桃源鹤山市林科所、宅梧东门村风水林等地，生于阳坡疏林中。分布于中国长江以南大多数省区。老挝、越南也有分布。

可作绿化树。

5. 栲（川鄂栲）
Castanopsis fargesii Franch

6. 黧蒴（黧蒴锥）
Castanopsis fissa (Champ. ex Benth.) Rehder et E. H. Wils.

乔木，高 10 ~ 30 m。芽鳞、嫩枝顶部及嫩叶叶柄均被与叶背相同的红褐色蜡鳞，二年生叶背灰白色。叶长椭圆形或披针形，稀卵形，顶部短尖，基部近圆形。雄花穗状或呈圆锥状；单生于花序轴上，雄蕊 10 枚；雌花单朵散生于花序轴上。壳斗圆球形或宽卵形，每壳斗内有一坚果，壳壁被灰白色或淡棕色微柔毛；坚果圆锥形，无毛。花期 4 ~ 6 月；果期翌年 4 ~ 6 月。

桃源鹤山市林科所有栽培。分布于中国长江以南各地。

可作荒山绿化。

乔木，树皮灰褐色；小枝粗壮，初时具明显的槽纹，被褐锈色微柔毛。叶薄革质，倒卵状长椭圆形至倒披针形，或长椭圆形而两端渐狭，长 15 ～ 25 cm，宽 4 ～ 8 cm，顶端短尖，基部楔形，边缘有稀疏圆锯齿或锐齿。果序长 7 ～ 15 cm，果二年成熟，少数，单个散生，坚果脱落后壳斗仍宿存在轴上；壳斗无刺，完全包坚果 1 个，薄阔卵形，成熟时上部破裂或成不规则的开裂 3 ～ 4 片，内面被伏贴绢质柔毛；苞片鳞片状，细小，三角形，结果时多少消失。坚果阔卵形或近圆形而顶端稍尖，除顶部被柔毛外无毛。花期 4 ～ 5 月；果期 8 ～ 11 月。

鹤山各地常见，产于桃源鹤山市林科所、共和里村风水林、大雁山森林公园，生于山地林、疏林中。分布于中国长江以南各省区，以西南及华南地区最多。泰国和越南也有分布。

树形开展，叶色青翠，盛花期，圆锥花序聚生于枝顶，非常美丽，是优良的荒山绿化先锋树种。

7. 红锥（刺栲）
Castanopsis hystrix Hook. f. & Thomson ex A. DC

乔木。当年生枝紫褐色，与叶柄及花序轴相同，二年生枝暗褐黑色，密生几与小枝同色的皮孔。叶纸质或薄革质，披针形，有时兼有倒卵状椭圆形，长 4 ～ 9 cm，宽 1.5 ～ 4 cm，全缘或有少数浅裂齿，嫩叶背面至少沿中脉被短柔毛兼有颇松散而厚、或较紧实而薄的红棕色或棕黄色细片状蜡鳞层。雄花序为圆锥或穗状花序；雌穗状花序单穗位于雄花序之上部叶腋间。果序长达 15 cm；壳斗有坚果 1 个，连刺径 25 ～ 40 mm，整齐的 4 瓣开裂，刺长 6 ～ 10 mm，数条在基部合生成刺束，坚果宽圆锥形，高 10 ～ 15 mm，横径 8 ～ 13 mm，无毛，果脐位于坚果底部。花期 4 ～ 6 月；果熟期翌年 8 ～ 11 月。

产于桃源鹤山市林科所等地，生于疏林中。分布于中国华南、华中、西南地区及西藏东南部等地。越南、老挝、柬埔寨、缅甸、印度、不丹、尼泊尔、斯里兰卡等地也有分布。

果序奇特，供观赏，可作荒山绿化树种。

8. 吊皮锥
Castanopsis kawakamii Hayata

乔木，高 15～28 m，树皮纵向带浅裂，老树皮脱落为长条，如蓑衣状吊于树干；新生小枝暗红色，散生颜色苍暗的皮孔。叶革质，卵形或披针形，顶部长尖，基部阔楔形或近于圆，对称或一侧略短且偏斜，全缘。雄花序多为圆锥花序，花序轴被疏短毛，雄蕊 10～12 枚；雌花序无毛，花柱 2 或 3 枚。果序短，壳斗有坚果一个，圆球形，合生至中部或中部稍下成放射状多分枝的刺束，将壳壁完全遮蔽，成熟时 4 瓣开裂；坚果扁圆形，密被黄棕色伏毛。花期 3～4 月；果翌年 8～10 月成熟。

桃源鹤山市林科所有栽培。分布于中国广东、广西，江西、福建、台湾。越南也有分布。

树干通直，树姿伟岸挺拔，树皮形态奇特，极具观赏价值，为优良的园林风景树和绿化树。

2. 柯属 Lithocarpus Blume

常绿乔木。芽鳞少数。叶全缘，很少有齿缺。花序穗状，有时复穗状，单性或雌雄花同序，雌花在总轴的下部；雄花 3 朵簇生，花萼浅杯状，深裂，裂片 6 枚，稀 4 枚或 5 枚，覆瓦状排列，雄蕊 10～12 枚，稀 6 枚，比花萼长，退化雌蕊细小，被毛；雌花总苞有花 1 或 3 朵，花萼裂片 4～6 枚。壳斗有坚果 1 颗，完全或几完全包围坚果，成熟时不开裂或不规则破裂；苞片螺旋状或轮状排列，覆瓦状紧贴或散疏；坚果与壳斗基部合生，脱离时基部有果脐，或与壳斗愈合面有粗糙疤痕，不愈合部分具平滑的外果皮。

约 300 种，主要分布于亚洲，其中 1 种分布在北美西部。中国 123 种。分布北限在秦岭南坡，东南至台湾，西南至西藏东南部；鹤山 1 种。

1. 柯
Lithocarpus glaber (Thunb.) Nakai

乔木。一年生枝、嫩叶叶柄、叶背及花序轴均密被灰黄色短绒毛，二年生枝的毛较疏且短。叶革质或厚革质，倒卵形、倒卵状椭圆形或长椭圆形，长 6～14 cm，宽 2.5～5.5 cm，顶部突急尖、短尾尖，或长渐尖，基部楔形，上部叶缘有 2～4 个浅裂齿或全缘。雄穗状花序多排成圆锥花序或单穗腋生，长达 15 cm；雌花序常着生少数雄花，雌花每 3 朵一簇，很少每 5 朵一簇。果序轴通常被短柔毛；壳斗碟状或浅碗状，通常上宽下窄的倒三角形，覆瓦状排列或连生成圆环，密被灰色微柔毛；坚果椭圆形，顶端尖，有淡薄的白色粉霜，暗栗褐色。花期 7～11 月；果熟期翌年 7～11 月。

鹤山偶见，产于龙口莲塘村风水林，生于杂木林中。分布于中国秦岭南坡以南各地，但北回归线以南极少见。日本也有分布。

树冠半球形，枝叶青翠，可作荒山绿化。

3. 栎属 Quercus L.

常绿、落叶乔木，稀灌木。冬芽具数枚鳞芽，覆瓦状排列。叶螺旋状互生；托叶常早落。花单性，雌雄同株；雌花序为下垂葇荑花序，花单朵散生或数朵簇生于花序轴下；花被杯形，4～7 裂或更多，雄蕊与花被裂片同数或较少，花丝细长，退化雌蕊较小；雌花单生，簇生或排成穗状，单生于总苞内，花被 5～6 深裂，有时具细小退化雄蕊；花柱与子房同数，柱头侧生带状或顶生头状。壳斗包着坚果一部分，稀全包坚果；壳斗外壁的小苞片鳞形、

线形或钻形，覆瓦状排列，紧贴或开展；每壳斗内有 1 个坚果；坚果当年或翌年成熟，坚果顶端有凸起柱座，底部有圆形果脐。

约 300 种，广泛分布于亚、非、欧、美四洲。中国 35 种，其中引种 2 种，1 变型，分布于全国各省区；鹤山栽培 1 种。

1. 麻栎（栎）
Quercus acutissima Carruth.

落叶乔木，高达 30 m。树皮暗灰褐色，不规则深纵裂；幼枝有黄褐色绒毛，后渐脱落。叶长椭圆状披针形，顶端长渐尖，基部圆形或宽楔形；叶缘有芒状锯齿。雄花序常数个集生于当年生枝下部叶腋，有花 1 ~ 3 朵。壳斗杯形，包被坚果约 1/2；坚果卵状圆柱形。花期 5 月；果期翌年 9 ~ 10 月。

桃源鹤山市林科所有栽培。分布于中国广东、海南、广西、湖南、江西、福建、浙江、江苏、安徽、山东、河南、湖北、四川、贵州、云南、山西、河北、辽宁。不丹、柬埔寨、印度、日本、朝鲜、缅甸、尼泊尔、泰国、越南也有分布。

可作荒山绿化。

164 木麻黄科 Casuarinaceae

乔木或灌木；小枝轮生或假轮生，具节，纤细，绿色或灰绿色，形似木贼，常有沟槽及线纹或具棱。叶退化为鳞片状（鞘齿），4 至多枚轮生成环状，围绕在小枝每节的顶端，下部连合为鞘，与小枝下一节间完全合生。花单性，雌雄同株或异株，无花梗；雄花序纤细，圆柱形，通常为顶生很少侧生的穗状花序；雌花序为球形或椭圆体状的头状花序，顶生于短的侧枝上；小坚果扁平，顶端具膜质的薄翅；种子单生，种皮膜质，无胚乳，胚直，有 1 对大而扁平的子叶和向上的短的胚根。

4 属 97 种，主产于大洋洲，延伸至亚洲东南部热带地区、太平洋岛屿和非洲东部。中国引种 1 属，3 种；鹤山栽培 1 属，1 种。

1. 木麻黄属 Casuarina L.

乔木或灌木；小枝轮生或假轮生，具节，纤细，绿色或灰绿色，常有沟槽及线纹或具棱。叶退化为鳞片状，4 至多枚轮生成环状，围绕在小枝每节的顶端，下部连合为鞘，与小枝下一节间完全合生。花单性，雌雄同株或异株，无花梗；雄花序纤细，圆柱形，通常为顶生很少侧生的穗状花序；雌花序为球形或椭圆体状的

头状花序，顶生于短的侧枝上。小坚果扁平，顶端具膜质的薄翅，纵列密集于球果状的果序（假球果）上，初时被包藏在 2 枚宿存、闭合的小苞片内，成熟时小苞片硬化为木质，展开露出小坚果；种子单生，种皮膜质。

7 种。中国引进栽培的本属植物约有 3 种。鹤山栽培 1 种。

1. 木麻黄
Casuarina equisetifolia L.

常绿大乔木，株高可达 35 m；根部无萌蘖；树干通直，直径达 70 cm；枝红褐色，有密集的节；最末次分出的小枝灰绿色，纤细，直径 0.8 ~ 0.9 mm，长 10 ~ 27 cm，常柔软下垂，具 7 ~ 8 条沟槽及棱，初时被短柔毛，渐变无毛或仅在沟槽内略有毛。鳞片状叶轮生，常 7 枚，少为 6 或 8 枚，披针形或三角形，紧贴，

雄花序几无总花梗，棒状圆柱形，长 1 ~ 4 cm，有覆瓦状排列、被白色柔毛的苞片；小苞片具缘毛；花被片 2 片；花丝长 2 ~ 2.5 mm，花药两端深凹入；雌花序通常顶生于近枝顶的侧生短枝上。球果状果序椭圆形，长 1.5 ~ 2.5 cm，直径 1.2 ~ 1.5 cm；瘦果椭圆形，种子有翅。花期 4 ~ 5 月；果期 7 ~ 12 月。

鹤山偶见栽培，产于鹤城桃源公路旁等地，生于路旁、河边等。原产于大洋洲、印度。中国广东、海南、广西、福建、台湾、浙江、云南有栽培。

枝叶青翠，树形高大，可作行道树、海滨绿化等。

165. 榆科 Ulmaceae

落叶乔木或灌木。芽具鳞片，顶芽通常早死。叶为单叶，互生，2 列，基部两侧常不对称，羽状脉或近基部 3 出脉；托叶对生，早落。花小，两性、杂性或单性异株，为腋生的聚散花序、总状花序，有时单生或簇生；萼片 4 ~ 8 枚，通常多少连合，覆瓦状排列或向内镶合状排列；雄蕊与萼片同数且与其对生，很少较多，在花芽中直立，花丝分离，花药 2 室，纵裂；子房上位，1 ~ 2 室，花柱 2 枚，胚珠 1 颗，自室顶倒垂。果为翅果、核果或坚果或有时具翅或具附属物，顶端常有宿存的柱头；种子单生，通常无胚乳，胚直立或弯曲或扭转，子叶扁平、折叠或弯曲。

16 属，约 230 种，广泛分布于世界热带至温带地区。中国 8 属，46 种，分布遍及全国；鹤山 4 属，5 种。

1. 叶具羽状脉。
    2. 托叶侧生，长 6 ~ 10 mm，分离 ········
    ·················· 1. 糙叶树属 Aphananthe
    2. 托叶成对，长 1 ~ 2.5 cm，常在基部合生，鞘包着冬芽 ······
    ························ 3. 白颜树属 Gironniera
1. 叶基部 3 出脉，稀基部 5 出脉、掌状 3 出脉或羽状脉。
    3. 果较小，直径 1.5 ~ 4 mm；叶基部近对称或微偏斜，边缘具锯齿 ·········· 4. 山黄麻属 Trema
    3. 果较大，直径 5 ~ 15 mm；叶基部偏斜，边缘全缘或近基部或中下部常全缘，其上常有较粗或较疏的锯齿 ·········
    ······························ 2. 朴属 Celtis

1. 糙叶树属 Aphananthe Planch

落叶或半常绿乔木或灌木。叶互生，纸质或革质，有锯齿或全缘，具羽状脉或基出 3 脉；托叶侧生，长 6 ~ 10 m m，分离，早落。花与叶同时生出，单性，雌雄同株；雄花排列成密集的聚伞花序，腋生，雌花单生于叶腋；雄花的花被 5 或 4 深裂，裂片多少成覆瓦状排列，雄花与花被裂片同数，花丝直立或在顶部内折，花药矩圆形，退化子房缺或在中央的一簇毛中部明显；雌花的花被 4 ~ 5 深裂，裂片较窄，覆瓦状排列，花柱短，柱头 2 枚，条形。核果卵状或近球形，外果皮多少肉质，内果皮骨质；种子具薄的胚乳或无，胚内卷，子叶窄。

约 5 种，主要分布于亚洲东部和大洋洲东部的亚热带和热带地区，马达加斯加岛和墨西哥各产 1 种。中国 2 种 1 变种；鹤山 1 种。

1. 滇糙叶树（光叶白颜树、坡命工）
Aphananthe cuspidata (Blume) Planch.
Girommiera cuspidata (Blume) Kurz

乔木，高 10 ~ 18 m。小枝纤细，无毛。叶近革质，长椭圆形至卵状披针形，长 6 ~ 12 cm，宽 2.5 ~ 4 cm，顶端长渐尖，基部钝形或阔楔尖，全缘，两面均无毛而有光泽，侧脉 8 ~ 12 条，纤细，网脉极稠密，两面均明显；叶柄长 7 ~ 10 mm；托叶早落。雄花序短，具短总梗，多花，分枝短，萼片线形或倒披针形，长约 2 mm，退化雄蕊变为 1 束黄色短毛；雌花 1 ~ 2 朵，腋生，萼片长卵圆形，长约 1.2 mm，紧贴子房。核果卵形，稍扁，顶端延伸成 3 ~ 4 mm 长的喙，直径约 8 ~ 10 mm，无

毛，有柄；种子1颗。花期3~4月与9~11月；果期7~9月与11~12月。

鹤山偶见，产于宅梧泗云管理区元坑村风水林，生于常绿阔叶林中。分布于中国广东、香港、海南、云南。不丹、印度、印度尼西亚、马来西亚、缅甸、斯里兰卡、泰国、印度、越南等也有分布。

叶面粗糙，吸尘能力强，抗污染性强，是良好的观赏树、行道树及工厂绿化、四旁绿化和营造防护林的树种。

2. 朴属 Celtis L.

乔木。芽具鳞片或否。叶互生，常绿或落叶，有锯齿或全缘，具3出脉或3~5对羽状脉，在后者情况下，由于基生1对侧脉比较强壮也似为3出脉，有柄；托叶膜质或厚纸质，早落或顶生者晚落而包着冬芽。花小，两性或单性，有柄，集成小聚伞花序或圆锥花序，或因总梗短缩而化成簇状，或因退化而花序仅具一两性花或雌花；花序生于当年生小枝上，雄花许多生于小枝下部无叶处或下部的叶腋，在杂性花序中，两性花或雌花多生于花序顶端；花被片4~5，仅基部稍合生，脱落；雄蕊与花被片同数，着生于通常具柔毛的花托上。果为核果，直径5~15 mm，内果皮骨质，表面有网状凹陷或近平滑。

约60种，广泛分布于全世界热带和温带地区。中国11种，产于辽东半岛以南广大地区；鹤山1种。

1. 朴树
Celtis sinensis Pers.

落叶乔木，高达10 m。树皮灰色，平滑。幼枝被微柔毛。叶卵形至长椭圆状卵形，长5~10 cm，宽2.5~5 cm，顶端渐尖，基部圆而偏斜，上部边缘有粗锯齿，幼时两面均被柔毛，成长时毛渐脱落，背面网脉明显，薄被极微小的柔毛；叶柄长5~8 mm，被柔毛。花生于当年的新枝上；雄花排成无总梗的聚散花序，生于枝的基部；雌花则腋生于新枝的上部。核果近球形，成熟时红褐色，直径4~6 mm；核多少有窝点和棱背；果柄与叶柄等长或稍过之，被疏毛。花期3~4月；果期9~10月。

产于龙口莲塘村风水林，生于山坡、平地或林边。分布于中国广东、江西、福建、台湾、江苏、浙江、山东、河南、贵州、四川、甘肃。日本也有分布。

树冠近椭圆状伞形，叶多而密，有较好的绿荫效果，为良好的庭园风景树和绿荫树。

3. 白颜树属 Gironniera Gaudich-Beaupré.

常绿乔木或灌木。叶互生，全缘或具稀疏的浅锯齿；羽状脉，弧曲，在达近边缘处结成脉环；托叶大，成对腋生，长1~2.5 cm，常在基部合生；鞘包着冬芽，早落，脱落后在节上有1圈痕。花单性，雌雄异株，稀同株，聚伞花序腋生，或雌花单生于叶腋；雄花的花被5深裂，覆瓦状排列，雄蕊5枚，花丝短，直立，退化子房呈一簇曲柔毛状；雌花花被片5，子房无柄，花柱短，柱头2枚，条形，柱头上有许多小的乳头体，胚珠倒垂。核果卵状或近球状，压扁或几乎不压扁，内果皮骨质；种子有胚乳或缺，子叶狭窄。

约6种，分布于斯里兰卡、中南半岛、马来半岛和太平洋诸岛。中国1种，产于广东、海南、广西和云南；鹤山1种。

1. 白颜树
Gironniera subaequalis Planch.

乔木。树皮灰或深灰色，较平滑。小枝黄绿色，疏生黄褐色长粗毛。叶革质，椭圆形或椭圆状矩圆形，长10~25 cm，宽5~10 cm，先端短尾状渐尖，基部近对称，圆形至宽楔形，

化子房中也然），花柱短，柱头2枚，条形，柱头有毛，胚珠单生，下垂。核果小，直径1～4mm，直立，卵圆形或近球形，具宿存的花被和柱头，稀花被脱落，外果皮多少肉质，内果皮骨质；种子具肉质胚乳，胚弯曲或内卷，子叶狭窄。

约15种，产于热带和亚热带。中国6种，产于华东至西南；鹤山2种。

1. 叶薄纸质或近膜质，叶面近光滑或稍粗糙 ·····
····· 1. 光叶山黄麻 T. cannabina
1. 叶纸质或革质，叶面粗糙 ·····2. 山黄麻 T. tomentosa

1. 光叶山黄麻（野山麻、果连丹）
Trema cannabina Lour.

灌木。小枝纤细，黄绿色，被贴生的短柔毛，后渐脱落。叶近膜质，卵形或卵状矩圆形，稀披针形，长4～9cm，宽1.5～4cm，先端尾状渐尖或渐尖，基部圆或浅心形，稀宽楔形，边缘具圆齿状锯齿，叶面绿色，近光滑，稀稍粗糙，疏生的糙毛常早脱落，基部有明显的3出脉；叶柄纤细，被贴生短柔毛。花单性，雌雄同株，雌花序常生于花枝的上部叶腋，雄花序常生于花枝的下部叶腋，或雌雄同序；雄花具梗，花被片5枚，倒卵形，外面无毛或疏生微柔毛。核果近球形或阔卵圆形，微压扁，熟时桔红色，有宿存花被。花期3～6月；果期9～10月。

边缘近全缘仅在顶部疏生浅钝锯齿；托叶成对，鞘包着芽，脱落后在枝上留有一环托叶痕。雌雄异株，聚伞花序成对腋生，花序梗上疏生长糙伏毛，雄的多分枝，雌的分枝较少，成总状；雄花：花被片5枚，宽椭圆形，中央部分增厚，边缘膜质，外面被糙毛。核果具短梗，阔卵状或阔椭圆状，直径4～5mm，侧向压扁，被贴生的细糙毛，内果皮骨质，两侧具2钝棱，熟时桔红色，具宿存的花柱及花被。花期2～4月；果期7～11月。

鹤山各地常见，产于鹤城鸡仔地、共和里村华伦庙后面风水林、龙口三洞水口村风水林、宅梧泗云管理区元坑村风水林，生于常绿阔叶林。分布于中国华南及云南。柬埔寨、老挝、马来西亚、泰国、印度、斯里兰卡、缅甸、越南也有分布。

木材供制一般家具。叶药用治寒湿。树冠开展而疏散，枝叶茂盛，叶色青翠，可作荒山绿化。

4. 山黄麻属 Trema Lour.

小乔木或大灌木。叶互生，卵形至狭披针形，边缘有细锯齿，基部3出脉，稀5出脉或羽状脉；托叶离生，早落。花单性或杂性，有短梗，多数密集成聚伞花序而成对生于叶腋；雄花的花被片5或4枚，裂片内曲，镊合状排列或稍覆瓦状排列，雄蕊与花被片同数，花丝直立，退化子房常存在；雌花的花被片5枚，子房无柄，在其基部常有1环细曲柔毛（在雄蕊的退

鹤山各地常见，产于鹤城鸡仔地、昆仑山及共和里村风水林、龙口仓下村后山等地，生于河边、旷野或山坡疏林。分布于中国华南、华中、华东等地。印度、日本、缅甸及中南半岛、澳大利亚、太平洋诸岛屿也有分布。

韧皮纤维供制麻绳、纺织及造纸用。种子油供制皂和润滑油。

2. 山黄麻
Trema tomentosa (Roxb.) H. Hara

小乔木，树皮灰褐色，平滑或细龟裂。小枝灰褐至棕褐色，密被直立或斜展的灰褐色或灰色短绒毛。叶纸质或薄革质，宽卵形或卵状矩圆形，稀宽披针形，长 7 ~ 15 cm，宽 3 ~ 7 cm，先端渐尖至尾状渐尖，稀锐尖，基部心形，明显倾斜，边缘有锯齿；基出脉 3 条；叶柄毛被同幼枝。雄花直径 1.5 ~ 2 mm，几无梗，花被片 5，卵状矩圆形，外面被微毛；雌花序长 1 ~ 2 cm；雌花具短梗，在果时增长，花被片 5 或 4 枚，三角状卵形，外面疏生细毛。核果宽卵珠状，压扁，直径 2 ~ 3 mm，表面无毛，成熟时具不规则的蜂窝状皱纹，褐黑色或紫黑色，具宿存的花被。花期 3 ~ 6 月；果期 9 ~ 11 月。在热带地区四季开花。

鹤山各地常见，产于鹤城鸡仔地风水林中，生于山地、水旁、山谷阔叶林中。分布于中国华南、西南，以及福建、台湾。南亚及马来半岛和非洲东部，还有印度、缅甸、澳大利亚等地也有分布。

枝条开展，四季常青，适合作园景树、行道树或庭荫树；抗大气污染，为工厂绿化的好树种。

167. 桑科 Moraceae

乔木或灌木，藤本，稀为草本。通常具乳液，有刺或无刺。叶互生，稀对生，全缘或有锯齿，分裂或不裂，叶脉掌状或羽状；托叶 2 片，通常早落。花小，单性，雌雄同株或异株，无花瓣；花序腋生，典型成对，总状、圆锥状、头状、穗状或壶状；雄花花被片 2 ~ 4，分离或合生，覆瓦状或镊合状排列，宿存；雌花花被 4 枚，宿存。果为瘦果或核果状，围以肉质变厚的花被，或藏于其内形成聚花果，或隐藏于壶形花序托内壁，形成隐花果，或陷入发达的花序轴内，形成大型的聚花果。

30 ~ 43 属，1 100 ~ 1 400 种。多产于热带、亚热带，少数分布在温带地区。中国 9 属，144 种；鹤山连引入栽培的共 5 属，19 种，2 亚种，3 变种，2 栽培种。

1. 雄蕊在花芽时内折，花药向外。
  2. 雌雄花序均为假穗状或荑黄花序 ·············· 5. 桑属 Morus
  2. 雄花序假穗状或总状花序，雌花序为球形头状花序 ··········
    ·· 3. 构属 Broussonetia
1. 雄蕊在芽时常直立，花药常内向。
  3. 叶互生，排成 2 列；花序托盘状或圆柱状或头状。
    4. 托叶小，早落，或在叶柄内连合；果为核果 ··········
    ·· 1. 见血封喉属 Antiaris
    4. 托叶成对，大而抱茎或小而不抱茎；果为有多数瘦果组
      成的聚花果 ······························· 2. 桂木属 Artocarpus
  3. 叶互生，稀对生，螺旋状排列，不排成 2 列；花生于壶形
    花序托内壁 ································· 4. 榕属 Ficus

见血封喉

1. 见血封喉属 Antiaris Lesch.

常绿乔木。叶互生，排为2列，全缘或有锯齿，叶脉羽状；托叶小，早落，或在叶柄内连合。花雌雄同株，雄花序托盘状，肉质，腋生，具短柄，围以覆瓦状排列的苞片；雄花花被裂片4枚，稀为3枚，裂片匙形，覆瓦状排列，雄蕊3～8枚，直立，内藏，无退化雌蕊；雌花单生，藏于梨形花托内，为多数苞片包围，无花被，子房1室，胚珠自室顶悬垂，花柱2裂，分枝，钻形，弯曲，被毛。果肉质，具宿存苞片；种子无胚乳，外种皮坚硬，胚近球形，子叶肉质，相等，胚根小。

1种，广泛分布于世界热带地区。中国产1种，分布于广东、广西、海南、云南。鹤山栽培1种。

1. 见血封喉（箭毒木）
Antiaris toxicaria Lesch.

为多数苞片包围，无花被，子房1室，胚珠自室顶悬垂，花柱2裂，柱头钻形，被毛。核果梨形，具宿存苞片，成熟的核果，直径2 cm，鲜红至紫红色；种子无胚乳，外种皮坚硬，子叶肉质，胚根小。花期3～4月；果期5～6月。

址山镇龙山村有栽培200多年的古树，生于屋旁路边。分布于中国广东、广西、海南、云南。印度、印度尼西亚、马来西亚、缅甸、斯里兰卡、泰国、越南也有分布。

本种树液有剧毒，人畜中毒则死亡，树液尚可以制毒箭猎兽用。茎皮纤维可作绳索。

2. 桂木属 Artocarpus J. R. Forst & G. Forst

乔木。有乳状汁液。叶互生，螺旋状排列成2列，通常革质，具羽状脉，全缘或羽状分裂；托叶成对，大而抱茎或小而不抱茎。花雌雄同株，密集于球形至圆筒形、椭圆形的花序轴上，常与苞片混生，花序通常单个或成对腋生，少有生于老茎的短枝上；雄花萼片2～4枚，覆瓦状或镊合状排列；雄蕊1枚，位于中央，在蕾中直立，开花时伸出花萼外；雌花萼管状，顶端有时3～4齿裂，基部陷于肉质的花序轴内。聚花果有多数瘦果组成，瘦果的外果皮膜质或薄革质，藏于肉质的花被和花序轴内。

约50种，分布于亚洲热带、亚热带地区以及太平洋群岛。中国14种，产于广东、福建、台湾、云南等地；鹤山连引入栽培的共3种，1亚种。

1. 叶背面无毛。
  2. 聚花果较小，直径不超过5 cm ··················
  ············· **3. 桂木 A. nitidus** subsp. **lingnanensis**
  2. 聚花果较大，直径25～50 cm ··················
  ·············· **1. 波罗蜜 A. heterophyllus**
1. 叶背面有毛。
  3. 叶较小，最长不超过13 cm，宽不超过4 cm，顶端长渐尖，渐尖部分长可达2 cm ······· **4. 二色波罗蜜 A. styracifolius**
  3. 叶较大，长可达27 cm，宽可达11 cm，顶端渐尖或短渐尖
  ·············· **2. 白桂木 A. hypargyreus**

1. 波罗蜜（树波罗）
Artocarpus heterophyllus Lam.

常绿乔木，植物体含丰富的乳汁，老树常有板状根；树皮厚，黑褐色。叶厚革质，螺旋状排列，椭圆形或倒卵形，长7～15 cm或更长，宽3～7 cm，先端钝或渐尖，基部楔形；成熟叶全缘，

乔木，高25～40 m，胸径30～60 cm，大树偶见有板根；树皮灰色，略粗糙；小枝幼时被棕色柔毛，干后有皱纹。叶椭圆形至倒卵形，幼时被浓密的长粗毛，边缘全缘或具锯齿，成长叶长椭圆形，长7～19 cm，宽3～6 cm，先端渐尖，基部圆形至浅心形，两侧不对称，表面深绿色，疏生长粗毛，背面浅绿色，密被长粗毛，沿中脉更密，干后变为茶褐色，侧脉10～13对；叶柄短，长约5～8 mm，被长粗毛；托叶披针形，早落。雄花序托盘状，宽约1.5 cm，围以舟状三角形的苞片；雄花花被裂片4，稀为3，雄蕊与裂片同数而对生，花药椭圆形，散生紫色斑点，花丝极短；雌花单生，藏于梨形花托内，

或在幼树和萌发枝上的叶常分裂，表面墨绿色，有光泽。花雌雄同株，花序生老茎或短枝上，雄花序有时着生于枝端叶腋或短枝叶腋，圆柱形或棒状椭圆形；雌花花被管状，顶部齿裂，基部陷于肉质球形花序轴内，子房1室。聚花果椭圆形至球形，或不规则形状，长30～100 cm，直径25～50 cm，幼时浅黄色，成熟时黄褐色，表面有坚硬六角形瘤状凸体和粗毛；核果长椭圆形，长约3 cm，直径1.5～2 cm。花期2～3月。果熟期夏、秋季。

鹤城各地有栽培，桃源鹤山市林科所、共和里村、址山有栽培。原产于印度，世界热带地区广泛栽培。中国广东、海南、广西、云南东南部均有栽培。

木材质地优良，可作高级用材。果实为著名的热带水果。为优良的庭园风景树和行道树。

2. 白桂木
Artocarpus hypargyreus Hance

乔木。树皮深紫色，片状剥落。幼枝被白色紧贴柔毛。叶革质，互生，椭圆形或倒卵状长圆形，长7～22 cm，宽3～8.5 cm，顶端渐尖或短渐尖，基部楔形，全缘，但嫩叶常为羽状浅裂，腹面无毛而有光泽，背面密被灰白色短绒毛，侧脉和网脉均在背面凸起；叶柄长1～2.2 cm，有短毛。花序单个腋生；雄花序倒卵形或棒状，总柄被短柔毛；雄花花被4裂，裂片匙形，与盾形苞片紧贴，密被微柔毛。聚花果近球形，直径3～4 cm，黄色，干时褐色，有短毛，表面不明显，宿存的乳头凸起，萼片近轴部分分离，结果时约12枚；果柄常3.5～6.5 cm，有短毛。花期5～8

月；果期6～8月。

鹤山偶见，生于丘陵或山谷林中。分布于中国广东、澳门、广西、江西、湖南、云南等地。

树形美丽，叶深绿，有光泽，是良好的园林绿化基调树种，多植于庭园和绿地，亦可作行道树。

3. 桂木（红桂木）
Artocarpus nitidus Trécuil subsp. **lingnanensis** (Merr.) F. M. Jarrett

常绿乔木。主干通直；树皮黑褐色，纵裂。叶互生，革质，椭圆形、卵状长圆形或倒卵状椭圆形，长4.5～15 cm，宽2.4～7 cm，顶端钝短尖，基部楔形或圆形，全缘或具浅而不规

则的钝齿，两面无毛，腹面有光泽，侧脉在叶背明显；叶柄长0.8～1.5 cm，托叶披针形，早落。雄花序头状，单生于叶腋内，有小柔毛，倒卵形至长圆形，雄花花被2～4裂，基部连合，雄蕊1枚；雌花序近头状，雌花花被管状，花柱伸出苞片外。聚花果单生于叶腋，近球形，直径达5 cm，嫩时有锈色小柔毛，成熟时近无毛，黄色或红色。花期3～5月；果期5～9月。

鹤山偶见，产于古劳，生于旷野或山谷林中。分布于中国广东、海南、广西、湖南、云南。越南、泰国、柬埔寨也有栽培。

树形优美，绿荫遮天，叶色光亮，适合作园景树。

4. 二色波罗蜜
Artocarpus styracifolius Pierre

乔木。树皮暗灰色，粗糙。小枝幼时密被白色短柔毛。叶革质，2列，互生，椭圆形、长圆形或倒卵状椭圆形，长3.5～12.5 cm，宽1.5～3.5 cm，顶端渐尖，渐尖部分可达2 cm，基部楔形而略下延，全缘，但嫩叶的边缘常为羽状浅裂，背面有苍白色粉末状的毛，干时腹面浅灰绿色，背面浅灰白色；叶柄长3～14 mm。花雌雄同株，花序单生于叶腋；雄花序椭圆形、倒卵形或圆柱状；雌花序球形。聚花果球形，直径达4 cm，黄色，

干时红褐色，有柔毛，表面着生很多弯曲、圆柱形长达5 mm的圆形凸起。花期6～8月；果期8～12月。

鹤山偶见，产于龙口（仓下村、三洞水口村风水林）、宅梧东门村风水林，生于常绿阔叶林中。分布于中国广东、海南、广西、湖南、贵州、云南等地，生于阔叶林中。越南、老挝也有分布。

树姿秀丽，叶色翠绿，为园林绿化的优良树种。

3. 构属 Broussonetia L'Hert. ex Vent

乔木或灌木，或为攀缘状灌木。有乳液，冬芽小。叶互生，分裂或不分裂，边缘具锯齿，基生叶脉3出，侧脉羽状；托叶侧生，分离，卵状披针形，早落。花雌雄异株或同株；雄花为下垂葇荑花序或球形头状花序，花被片4或3裂，雄蕊与花被裂片同数而对生，在花芽时内折，退化雌蕊小；雌花密集成球形头状花序，苞片棍棒状，宿存，花被管状，顶端3～4裂或全缘，宿存，子房内藏，具柄，花柱侧生，线形，胚珠自室顶垂悬。聚花果球形，胚弯曲，子叶圆形，扁平或对褶。

约4种，分布于亚洲南部和太平洋岛屿。中国4种，主要分布于西南部及东南部各省区；鹤山1种。

1. 构树
Broussonetia papyrifera (L.) L'Hér. ex Vent.

灌木或乔木。树皮暗灰色。小枝密生柔毛。叶螺旋状排列，广卵形至长椭圆状卵形，长 6～18 cm，宽 5～9 cm，先端渐尖，基部心形，两侧常不相等，边缘具粗锯齿，不分裂或 3～5 裂，小树之叶常有明显分裂，表皮粗糙，疏生糙毛，背面密被绒毛，基生叶脉 3 出；托叶大，卵形，狭渐尖，长 1.5～2 cm，宽 0.8～1 cm。花雌雄异株；雄花序为葇荑花序，苞片披针形，被毛，花被 4 裂；退化雌蕊小；雌花序球形头状，苞片棒状。聚花果直径 1.5～3 cm，成熟时橙红色，肉质；瘦果具等长的柄，表面有小瘤，龙骨双层，外果皮壳质。花期 4～5 月；果期 6～7 月。

产于鹤山各地，生于林中、山坡灌丛、路旁。分布于中国山西以南各省区。中南半岛及日本、朝鲜、马来西亚和太平洋群岛等地有栽培。

树枝茂盛，生长快，适作园景树。

4. 榕属 Ficus L.

乔木或灌木，有时为攀缘状，或为附生。具乳液。叶互生，稀对生，全缘或具锯齿或分裂；托叶合生，包围顶芽，早落，遗留环状疤痕。花雌雄同株或异株，生于肉质壶形花序托内壁；雌雄同株的花序托内有雄花、瘿花和雌花；雌雄异株的花序托内则雄花、瘿花同生于一花序托内，而雌花或不育花则生于另一植株花序托内壁（具有雄花、瘿花或雌花的花序托为隐花果，以下简称榕果）；雄花花被 2～6，雄蕊 1～3 枚，雌花花被片与雄花同数或不完全或缺。榕果腋生或生于老茎，口部苞片覆瓦状排列，基生苞片 3 片，早落或宿存。

约 1 000 种，主要分布于热带、亚热带地区。中国 99 种，分布于西南部至东部和南部，其余地方稀少；鹤山连引入栽培的共 14 种，1 亚种，1 变种，2 栽培种。

1. 花序簇生于无叶的短枝或树干上。
　2. 叶对生 ·················· **8. 对叶榕 F. hispida**
　2. 叶互生。
　　3. 叶阔卵形或长圆状卵形 ····················
　　···················· **14. 青果榕 F. variegata**
3. 叶长圆形、倒卵状长圆形或长圆状倒披针形 ········
　·························· **6. 水同木 F. fistulosa**
1. 花序 1 至多个生于小枝叶腋或已落叶的叶腋或无叶的小枝上。
　4. 不易开花结果，叶线状披针形
　·············· **3. 阿里垂榕 F. binnendijkii 'Alli'**
　4. 较易开花结果，叶非线状披针形。

5. 叶缘具齿。

  6. 叶广卵形或近圆形，较大；榕果较大，直径 2 ~ 2.5 cm

                                            5. 黄毛榕 **F. esquiroliana**

  6. 叶多型，常为长圆状披针形或卵状椭圆形，较小；榕果较小，直径 10 ~ 25 cm ·········· 7. 粗叶榕 **F. hirta**

5. 叶全缘。

  7. 雌雄同株；花间具苞片。

    8. 无附生根、板根和气生根 ·············

                            16. 白肉榕 **F. vasculosa**

    8. 榕树状绞杀植物，幼时多附生，有板根或气生根。

      9. 托叶大，长可达 10 cm。

        10. 叶厚革质 ·············· 4. 橡胶榕 **F. elastica**

        10. 叶厚纸质或薄纸质 ········· 17. 黄葛树 **F. virens**

      9. 托叶小，长一般不超过 3 cm。

        11. 榕果基生苞片早落。

          12. 叶和托叶厚革质 ·············

                       1. 高山榕 **F. altissima**

          12. 叶近纸质，托叶膜质 ·············

                 12. 笔管榕 **F. subpisocarpa**

        11. 榕果基生苞片宿存。

          13. 小枝和叶下垂 ········ 2. 垂叶榕 **F. benjamina**

          13. 小枝和叶不下垂。

            14. 叶薄革质，狭椭圆形 ·············

                   9. 榕树 **F. microcarpa**

            14. 叶革质，倒卵圆形 ·············

              10. 厚叶榕 **F. microcarpa** var. **crassifolia**

  7. 雌雄异株；花间无苞片。

    15. 叶片偏斜 ········ 13. 斜叶榕 **F. tinctoria** subsp. **gibbosa**

    15. 叶片左右对称，不偏斜。

      16. 叶狭椭圆形至椭圆状披针形，中部不缢缩 ········

                 15. 变叶榕 **F. variolosa**

      16. 叶提琴形或倒卵形，中部多少缢缩

                11. 琴叶榕 **F. pandurata**

1. 高山榕（大叶榕）
Ficus altissima Blume

大乔木。树皮灰色，平滑。幼枝绿色，被微柔毛。叶厚革质，

广卵形至广卵状椭圆形，长 10 ~ 19 cm，宽 8 ~ 11 cm，先端钝，急尖，基部宽楔形，全缘，两面光滑，无毛，基生侧脉延长；叶柄长 2 ~ 5 cm，粗壮；托叶厚革质，长 2 ~ 3 cm。榕果成对腋生，椭圆状卵圆形，幼时包藏于早落风帽状苞片内，成熟时红色或带黄色，顶部脐状凸起，基部苞片短宽而钝，脱落后环状；雄花散生榕果内壁，花被片 4，膜质；雌花无柄，花被片与瘿花同数。瘦果表面有瘤状凸体，花柱延长。花期 3 ~ 4 月；果期 5 ~ 7 月。

鹤山各地常见栽培，产于桃源鹤山市林科所、龙口莲塘村风水林、鹤城等地。分布于中国华南及云南。不丹、印度、印度尼西亚、缅甸、菲律宾、斯里兰卡、泰国、尼泊尔、越南、马来西亚也有分布。世界热带和亚热带地区多有栽培。

树冠广阔，树姿壮观，为庭园和绿地常见的风景树和绿荫树，此外多用作行道树。

2. 垂叶榕
Ficus benjamina L.

大乔木，高达 20 m，胸径达 30 ~ 50 cm；树冠广阔；树皮灰色，平滑；小枝下垂。叶薄革质，卵形至卵状椭圆形；长

3. 阿里垂榕
Ficus binnendijkii Miq. 'Alii'

4 ~ 8 cm，宽 2 ~ 4 cm；先端短渐尖，基部圆形或楔形，全缘。榕果成对或单生于叶腋，基部缢缩成柄，球形或扁球形，光滑，成熟时红色至黄色，直径 8 ~ 15 mm。雄花、瘿花、雌花同生于一榕果内。花期 8 ~ 11 月。

　　鹤山有栽培，桃源鹤山市林科所有栽培。分布于中国广东、海南、广西、台湾、贵州、云南。尼泊尔、不丹、印度、缅甸、泰国、越南、马来西亚、菲律宾、所罗门群岛、澳大利亚北部有也分布。

　　适合作庭园树、行道树、修剪整型、绿篱或盆栽，也可当室内植物。常见的园艺品种有：

花叶垂榕 Ficus benjamina L. **'Variegata'**

　　叶长卵形，先端尾尖，革质，绿色，叶面及叶缘具乳白色或黄白色斑块。

　　各地常见栽培。

　　常绿小乔木，株高可达 6 m。叶互生，下垂，狭长圆状披针形、线状披针形或阔线形，革质，主脉显著，淡红色，成长叶亮绿色；幼叶呈褐红色或黄褐色。

　　桃源公路旁有栽培。华南地区常见栽培。

　　树形优雅，适于庭园栽植美化或大型盆栽。

4. 橡胶榕（印度榕、印度橡胶榕、印度胶树）
Ficus elastica Roxb.

常绿大乔木，高达 30 m；树皮灰白色，平滑；幼小时附生，小枝粗壮。单叶互生，厚革质，长圆形至椭圆形，长 8 ~ 30 cm，宽 7 ~ 10 cm，先端急尖，基部宽楔形，全缘，表面光亮、深绿色，背面浅绿色，侧脉多，不明显，平行展出；叶柄粗壮，长 2 ~ 5 cm，全缘；托叶膜质，深红色，长达 10 cm，脱落后有明显环状疤痕。榕果成对生于已落叶枝的叶腋，卵状长椭圆形，长 10 mm，直径 5 ~ 8 mm，黄绿色，基生苞片风帽状，脱落后基部有一环状痕迹。雄花具柄，花被片 4，卵形，雄蕊 1 枚；雌花无柄。瘦果卵形，表面有小瘤体，花柱长，宿存，柱头膨大，近头状。花、果期 11 月。

鹤山偶见栽培，龙口古造村有栽培。原产于中国云南。不丹、印度、印度尼西亚、尼泊尔、缅甸、马来西亚也有分布；中国南部各省区及四川有栽培，南岭以北常做盆栽。

生性强健，树姿雄劲，叶姿厚重，而且耐虫害，是优良的园林绿化树种，可孤植、列植或群植，既可作绿荫树种，又可作行道树；幼株可盆栽供观赏。

5. 黄毛榕
Ficus esquiroliana H. Lévl.

小乔木或灌木。树皮灰褐色，具纵棱。幼枝中空，被褐黄色长硬毛。叶互生，纸质，广卵形，长 17 ~ 27 cm，宽 12 ~ 20 cm，急渐尖，具长约 1 mm 尖尾，基部浅心形，表面疏生糙伏状长毛；叶柄长 5 ~ 11 cm，细长；托叶披针形，早落。榕果腋生，圆锥状椭圆形，直径 20 ~ 25 mm，表面疏被或密生浅褐长毛，顶部脐状凸起，基生苞片卵状披针形；雄花生于榕果内壁口部，具柄，花被片 4，顶端全缘，雄蕊 2 枚；瘦花

花被与雄花同，子房球形，光滑，花柱侧生，短，柱头漏斗形，雌花花被片 4。瘦果斜卵圆形，表面有瘤体。花期 5 ~ 7 月；果期 7 月。

产于雅瑶昆东洞田村风水林，生于山地林中。分布于中国华南、西南，以及福建、台湾、西藏。越南、印度尼西亚、老挝、缅甸及泰国北部也有分布。

树冠广阔壮观，适宜在华南地区栽培作风景树。

6. 水同木
Ficus fistulosa Reinw. ex Blume
Ficus harlandii Benth.

乔木。树皮黑褐色。枝粗糙。叶互生，纸质，倒卵形至长圆形，长 10 ~ 20 cm，宽 4 ~ 7 cm，先端具短尖，基部斜楔形或圆形，全缘或微波状，表面无毛，背面微被柔毛或黄色小凸体。

基生侧脉短；托叶卵状披针形。榕果簇生于老干发出的瘤状枝上，近球形，直径 1.5 ~ 2 cm，光滑，成熟桔红色，不开裂，雄花和瘿花生于同一榕果内壁；雄花生于近口处，少数；瘿花具柄，倒卵形，花柱近侧生；雌花生于另一植株榕果内，花被管状，围绕果柄下部。瘦果近斜方形，表面有小瘤体，花柱长，棒状。花、果期 5 ~ 7 月。

鹤山各地常见，产于桃源鹤山市林科所路旁、鹤城昆仑山沟谷、龙口仓下村后山等地，生于山谷林中。分布于中国华南，以及福建、台湾、云南。亚洲南部至东南部也有分布。

可作为绿荫树、风景树和防风树。

7. 粗叶榕（五指毛桃）
Ficus hirta Vahl.

灌木或小乔木。嫩枝中空。小枝、叶和榕果均被金黄色开展的长硬毛。叶互生，纸质，多型，长椭圆状披针形或广卵形，长 10 ~ 25 cm，边缘具细锯齿，有时全缘或 3 ~ 5 浅裂，基部圆形，浅心形或宽楔形，表面疏生贴伏硬毛，基生脉 3 ~ 5 条；托叶卵状披针形，膜质，红色，被柔毛。榕果成对腋生或生于已落叶枝上，球形或椭圆球形，直径 10 ~ 15 mm，幼时顶部苞片形成脐状凸起，基生苞片卵状披针形；雌花果球形，雄花及瘿花果卵球形；雌花生于雌株榕果内，花被片 4。瘦果椭圆状球形，表面光滑，花柱贴生于一侧微凹处，柱头棒状。几乎全年开花结果。

产于鹤山各地，生于山地灌丛或旷野。分布于中国华南，以及江西、福建、浙江、贵州、云南。尼泊尔、不丹、印度、越南、缅甸、泰国、马来西亚、印度尼西亚也有分布。

可作为行道树及园景树。

8. 对叶榕
Ficus hispida L. f.

乔木或小灌木。被糙毛。叶通常对生，厚纸质，卵状长椭圆形或倒卵状矩圆形，长 10 ~ 25 cm，宽 5 ~ 10 cm，全缘或有钝齿，顶端急尖或短尖，基部圆形或近楔形，表面粗糙，被短粗毛，背面被灰色粗糙毛，叶柄长 1 ~ 4 cm，被短粗毛；托叶 2 片，卵状披针形，生于无叶的果枝上，常 4 枚，交互对生。榕果腋生或生于落叶枝上，或老茎发出的下垂枝上，陀螺形，成熟时黄色，散生侧生苞片和粗毛；雄花生于其内部口部，多数；瘿花无花被，花柱近顶生；雌花无花被，柱头侧生，被毛。花、果期 6 ~ 7 月。

产于鹤山各地，生于山谷、水旁、旷野及低海拔的疏林中。分布于中国华南及贵州、云南。不丹、柬埔寨、印度、印度尼西亚、老挝、缅甸、尼泊尔、新几内亚、斯里兰卡、泰国、越南、马来西亚、澳大利亚等也有分布。

生性强健，树形壮硕，叶簇浓绿，适合作行道树、园景树。

榕树

9. 榕树（细叶榕）
Ficus microcarpa L. f.

10. 厚叶榕
Ficus microcarpa L. f. var. **crassifolia** (Shieh) Liao.

乔木。冠幅广展。老树常有锈褐色气生根，树皮深灰色。叶薄革质，狭椭圆形，长 4 ~ 8 cm，宽 3 ~ 4 cm，先端钝尖，基部楔形，表面深绿色，有光泽，全缘，基生叶脉延长；托叶小，披针形。榕果成对腋生或生于已落叶枝叶腋，成熟时黄或微红色，扁球形，无总梗，基生苞片广卵形；雄花、雌花和瘿花同生于一榕果内，花间有少许短刚毛；雄花无柄或具柄，散生于内壁，雄花与瘿花相似，花被片 3，柱头短，棒形。瘦果卵圆形。花、果期 5 ~ 12 月。

鹤山各地常见，产于共和獭山村风水林，各市区街道、庭院等有栽培。鹤山主要古树树种，宅梧镇宅郎村栽培有约 200 年古树。分布于中国华南，以及福建、台湾、浙江、贵州、云南。南亚及泰国、越南和澳大利亚北部也有分布。

为重要的绿化树种，宜作庭荫树或行道树，可任意修剪成各种形状，也可作盆景。在郊外风景区宜群植成林，亦适用于河湖堤岸绿化。

本变种与原变种的区别主要是常为蔓性灌木，叶厚且较圆，故得名"厚叶榕"或"圆叶榕"。

鹤山偶见栽培，见于址山、鹤城营顺村，生于公路边花基。原产于中国台湾，现华南地区常栽培供观赏。

植株可塑性高，园艺常盆栽或庭院种植，供观赏。

11. 琴叶榕
Ficus pandurata Hance
Ficus pandurata Hance var. *holophylla* Migo

灌木或乔木。小枝、嫩叶幼时被白色柔毛。叶纸质，提琴形或倒卵形，长 4 ~ 8 cm，先端急尖有短尖，基部圆形至宽楔形，中部缢缩，表面无毛，背面叶脉有疏毛和小瘤点，基生侧脉 2 条；叶柄疏被糙毛；托叶披针形，迟落。榕果单生于叶腋，鲜红色，椭圆形或球形，直径 6 ~ 10 mm，顶部脐状凸起，基生苞片 3 片，卵形，纤细；雄花有柄，生榕果内壁口部，花被片 4，线形，雄蕊 3 枚，稀为 2 枚；瘿花有柄或无柄，倒披针形至线形，雌花花被片 3 ~ 4，椭圆形，花柱侧生，细长，柱头漏斗形。花

期 6 ~ 8 月。

产于鹤城昆仑山，生于山地、旷野或灌丛。分布于中国华南、华中，以及福建、安徽、浙江。泰国、越南也有分布。

树姿青翠，叶形独特美丽，榕果熟后颜色鲜艳美丽，可盆栽供观赏，或列植做绿篱、庭园绿化。

12. 笔管榕
Ficus subpisocarpa Gagnep.
Ficus geniculata Kurz var. *abnormalis* Kurz

乔木。有时有气生根。树皮黑褐色。小枝淡红色。叶互生或簇生，纸质或薄革质，长圆形或长圆状卵形，长 6 ~ 15 cm，宽 2 ~ 7.5 cm，顶端钝短尖或钝短渐尖，基部通常钝或圆形，少为渐狭或浅心形，全缘或微波状，基出脉 3，侧脉在背面与网脉均稍明显；叶柄长 2 ~ 6 cm，纤细，于叶片连接处常具不明显的关节；托叶阔卵形，急尖。花序单个或成对腋生，或簇生于已落叶的小枝上，近球形，成熟时黄色或红色，基部的苞片 3 片，卵圆形，细小；总花梗长 2 ~ 5 mm。花、果期全年。

产于宅梧泗云管理区元坑村风水林，生于常绿阔叶林、旷野或山谷林中。分布于中国东南部至西南部。日本、老挝、马来西亚、缅甸、泰国、越南。

树姿雄伟壮观，浓荫蔽地，可单植或群植庭园，或列植作行道树。为良好的蔽荫树。

13. 斜叶榕
Ficus tinctoria G. Forst. subsp. **gibbosa** (Blume) Corner
Ficus gibbosa Blume

乔木，幼时多附生。树皮微粗糙。小枝褐色。叶薄革质，排为两列，椭圆形至卵状椭圆形，长 8 ~ 13 cm，宽 4 ~ 6 cm，顶端钝或急尖，全缘，一侧稍宽，两面无毛，背面略粗糙，网脉明显，干后网眼深褐色，基生侧脉短，不延长。榕果球形或球状梨形，单生或成对腋生，直径约 10 mm，疏生小瘤体，顶端脐状，基部收缩成柄，基生苞片 3 片，卵圆形，干后反卷；总梗极短；雄花生于榕果内壁近口部，花被片 4 ~ 6，白色，线形，雄蕊 1 枚；瘿花与雄花被相似，花柱侧生。瘦果椭圆形，具龙骨，表面有瘤体，花柱侧生，柱头膨大。花、果期冬季至翌年 6 月。

鹤山偶见，产于共和公路边，生于山谷林或旷野、水旁。分布于中国广东、香港、海南、广西、福建、台湾、四川、贵州、云南、西藏。不丹、印度、印度尼西亚、马来西亚、缅甸、尼泊尔、斯里兰卡、泰国、越南也有分布。

树姿雄伟壮观，浓荫蔽地，为良好的蔽荫树。

14. 青果榕（杂色榕）
Ficus variegata Blume
Ficus variegata Blume var. *chlorocarpa* (Benth.) Benth. ex King.

常绿乔木，高达 15 m。树皮灰色。叶互生，厚纸质，广卵形至卵状椭圆形，长 10 ~ 17 cm，顶端渐尖或钝，基部圆形至浅心形，全缘；幼叶背面被柔毛，基生叶脉 5，侧脉 4 ~ 6 对；叶柄长 5 ~ 6.8 cm，托叶卵状披针形，无毛。榕果簇生于

老茎发出的瘤状短枝上，基部收缩成短柄，球形，直径 2.5~3 cm，成熟时绿色至黄色。花、果期春季至秋季。

鹤山偶见，产于龙口三洞水口村风水林，生于沟谷、山地林中。分布于中国华南地区。越南、泰国也有分布。

树姿优美，叶色翠绿，可作庭园观赏树或行道树，绿荫效果极佳。

15. 变叶榕
Ficus variolosa Lindl. ex Benth.

灌木或小乔木。光滑，树皮灰褐色。小枝节间短。叶薄革质，狭椭圆形至椭圆状披针形，长 5 ~ 12 cm，宽 1.5 ~ 4 cm，先端钝或钝尖，基部楔形，全缘，侧脉 7 ~ 11 对，与中脉略成直角；叶柄长 6 ~ 10 mm；托叶三角形，长约 8 mm。榕果成对或单生于叶腋，球形，直径 10 ~ 12 mm，表面有瘤体，顶部苞片脐状凸起，基生苞片 3 片，卵状三角形，基部微合生，总梗长 8 ~ 12 mm；瘿花子房球形，花柱短，侧生；雌花生于另一植株榕果内壁，花被片 3 ~ 4，子房肾形，花柱侧生，细长。瘦果表面有瘤体。花期 12 月至翌年 6 月。

产于鹤城昆仑山，生于旷野、山地灌丛或林中。分布于中国华南，以及湖南、江西、福建、浙江、贵州、云南。越南、老挝也有分布。

生性强健，叶簇浓绿，适合作绿篱、荒山绿化。

16. 白肉榕（黄果榕）
Ficus vasculosa Wall. ex Miq.

17. 黄葛树〔大叶榕、黄葛榕〕
Ficus virens Ait.
Ficus virens Dryand. var. *sublanceolata* (Miq.) Corner

乔木。树皮灰色，平滑。小枝灰褐色，无槽纹。叶革质，椭圆形至长椭圆状披针形，长 4～11 cm，宽 2～4 cm，先端钝或渐尖，基部楔形，表面深绿色，有光泽，背面浅绿色，干后黄绿或灰绿色，全缘或为不规则分裂，侧脉两面凸起，网脉在表面甚明显；叶柄长 1～2 cm，托叶卵形，长约 6 mm。雌雄同株，榕果球形，成熟时黄色或黄红色，直径 7～10 mm，基部缢缩为短柄，总梗长 7～8 mm，基生苞片 3 片，脱落；雄花少数，生于内壁口部，具短柄，花被 3～4 深裂；子房倒卵圆形，花柱光滑，柱头 2 裂。榕果成熟时黄色或黄红色。瘦果光滑，通常在顶一侧有龙骨。花、果期 5～7 月。

鹤山偶见，产于宅梧泗云管理区元坑村风水林，生于常绿阔叶林中。分布于中国广东、海南、广西、台湾、贵州、云南。越南、马来西亚、泰国、缅甸也有分布。

落叶或半落叶乔木。有板根或支柱根，幼时附生。叶薄革质或皮纸质，近披针形，长 10～20 cm，宽 4～7 cm，先端渐尖，基部钝圆或楔形，全缘，侧脉 7～10 对，背面凸起，网脉稍明显；叶柄长 2～5 cm；托叶披针状卵形，先端急尖，长可达 10 cm。榕果单生或成对腋生或簇生于已落叶枝叶腋，球形，直径 7～12 mm，成熟时紫红色，基生苞片 3 片，细小；无总梗。雄花、瘿花、雌花生于同一榕果内；雄花无柄，少数，花被片 3～4，花柱侧生，短于子房；雌花与与瘿花相似，花柱长于子房。榕果表面有皱纹。花、果期 4～7 月。

鹤山各地常见栽培或逸为野生，见于址山、共和里村，生于路旁。原产于中国东南部至西南部；亚洲南部至大洋州。中国南方栽培较为普遍，珠江三角洲一带较为常见。

冠大荫浓，是良好绿化树种，适宜做风景树或行道树，亦为护岸、保堤、护壁的绿化树种，此外也是做盆景的植物材料。

5. 桑属 Morus L.

　　落叶乔木或灌木。无刺。冬芽具3～6枚芽鳞,呈覆瓦状排列。叶互生,边缘具锯齿,全缘至深裂,基生叶脉3～5出,侧脉羽状；托叶侧生,早落。花雌雄同株或异株,或同株异序,雌雄花序均为穗状；雄花花被片4,覆瓦状排列,雄蕊4枚,与花被片对生,在花芽时内折,退化雌蕊陀螺形；雌花花被片4,覆瓦状排列,结果时增厚为肉质,子房1室,花柱有或无,柱头2裂,内面被毛或为乳头状凸起；聚花果由多数包藏于肉质花被片内的核果组成,外果皮肉质,内果皮壳质；种子近球形。

　　约16种,主要分布在北温带,但在亚洲热带山区达印度尼西亚,在非洲南达热带,在美洲可达安第斯山。中国11种,其中引种1种,各地均有分布；鹤山1种。

1. 桑
Morus alba L.

　　灌木或小乔木,高3～7m。叶纸质,卵形或广卵形,长5～19cm,宽4～11.5cm,顶端短尖、渐尖或钝,基部近楔形或近心形,常稍偏斜,腹面无毛,有光泽,背面无毛或沿脉上有疏短柔毛,边缘有粗锯齿或有的为不规则的分裂；叶柄

长 1 ~ 6.3 cm，有疏短柔毛。雄花序长 2 ~ 3.5 cm，密被毛；雄花萼片椭圆状披针形，花药有腺体附属体；雌花序有长总花梗，长 6 ~ 12 mm；雌花：萼片阔倒卵形，有缘毛，花柱分裂部分较不裂部分长。果腋生，具柄，肉质，成熟时暗紫红色或近黑色，间有白色。花期 4 ~ 5 月；果期 5 ~ 8 月。

产于雅瑶昆东洞田村，生于村边、林缘。原产于中国中部和北部，广泛栽培于世界各地。

桑叶供饲蚕，果为桑椹，成熟时可食。工业用。材用。药用。树冠健美，叶苍郁绿浓，果期果实累累，满树通红，鲜艳夺目，适合孤植、列植作园景树或大型盆栽。

169. 荨麻科 Urticaceae

草本、亚灌木或灌木。有时有刺毛。钟乳体点状、杆状或条形，在叶或有时在茎和花被的表皮细胞内隆起。叶互生或对生，单叶；托叶有或缺。花极小，单性，稀两性，花被单层；花序雌雄同株或异株，由若干小的团伞花序排成聚伞状、圆锥状、总状等；有时花序轴上端发育成球状、杯状或盘状多少肉质的花序托。雄花花被片 4 ~ 5，覆瓦状或镊合状排列，雄蕊与花被片同数；雌花：花被片 5 ~ 9，分生或多少合生，花后成增大，宿存，退化雄蕊鳞片状，或缺。果实为瘦果，有时为肉质核果状，常包被于宿存的花被内；种子具直生的胚。

47 属，约 1 300 种，分布于两半球热带与温带地区。中国 25 属，341 种，其中引种 1 种，产于全国各地，以长江流域以南亚热带和热带地区分布最多；鹤山 1 属，1 种。

1. 苎麻属 Boehmeria Jacq.

灌木、小乔木、亚灌木或多年生草本。叶互生或对生，边缘有牙齿，不分裂，稀 2、3 裂，表面平滑或粗糙，基出脉 3 条，钟乳体点状；托叶通常分生，脱落。团伞花序生于叶腋，或排列成穗状花序或圆锥花序；苞片膜质，小。花被片 3 ~ 6，椭圆形镊合状排列，下部常合生；雄蕊与花被片同数；退化雌蕊椭圆球形或倒卵球形；雌花花被管状，顶端缢缩，有 2 ~ 4 个小齿，在果期稍增大，通常无纵肋；子房通常卵形，包于花被中，柱头丝形，密被柔毛，通常宿存。瘦果通常卵形，包于宿存花被之中，果皮薄，通常无光泽，无柄或有柄，或有翅。

约 65 种，分布于热带或亚热带，少数分布到温带地区。中国 25 种，自西南、华南至东北有分布，多数分布于西南和华南；鹤山 1 种。

1. 苎麻
Boehmeria nivea (L.) Gaudich.

灌木或亚灌木。茎上部与叶柄均密被开展的长硬毛和近开展和伏贴的短糙毛。叶圆卵形或宽卵形，互生，革质，长 6 ~ 15 cm，宽 4 ~ 11 cm，边缘在基部之上有牙齿；托叶钻状披针形，分生，背面被毛。圆锥花序腋生，或植株上部的为雌性，其下的为雄性；雄团花序直径 1 ~ 3 mm，有少数雄花；雌团花序直径 0.5 ~ 2 mm，有多数密集的雌花；雄花花被片 4，狭椭圆形，合生至中部，外面有疏柔毛；雌花花被椭圆形，顶端有 2 ~ 3 个小齿，外面有短柔毛；果期菱状倒披针形。瘦果近球形，光滑，基部突缩成细柄。花期 8 ~ 10 月。

产于鹤山各地，生于路旁、灌草丛。分布于中国华南、华

东及西南地区。不丹、柬埔寨、印度、印度尼西亚、日本、朝鲜、尼泊尔、斯里兰卡、泰国、越南、老挝也有分布。

麻纤维可织布。药用，根可利尿解热。嫩叶可作饲料。种子榨油制皂或食用。

171. 冬青科 Aquifoliaceae

常绿或落叶乔木或灌木。单叶互生，稀对生或假轮生；托叶细小，早落或缺。花小，辐射对称，单性，稀两性或杂性，雌雄异株，腋生或顶生，排成聚伞状、伞形、总状或圆锥形花序，稀单生；花萼 4 ~ 8 枚，分离或基部合生，覆瓦状排列，宿存或早落；花瓣 4 ~ 8 枚，分离或基部合生，覆瓦状排列；雄蕊与花瓣同数并与其互生，花药 2 室，纵裂；花盘缺；子房上位，1 至多室，每室具 1 ~ 2 颗胚珠，花柱短或无，柱头头状或浅裂。浆果状核果，具 2 至数枚分核；种子胚小，直生，胚乳丰富。

1 属，500 ~ 600 种，分布中心为美洲热带地区和亚洲热带至温带地区，仅有 3 种到达欧洲。中国 1 属，204 种，分布

于秦岭南坡、长江流域及其以南地区，以西南地区最盛；鹤山1属，18种，1变种。

1. 冬青属 Ilex L.

常绿或落叶乔木或灌木。单叶，互生，具柄，全缘或具齿或有时为刺齿；托叶小，宿存或早落。花小，白色、粉红色或红色，常雌雄异株，有时杂性，排成腋生聚伞花序、伞形花序；花萼盘状，4～8裂；花瓣4～8枚，基部连合而开展或离生而近直立；雄蕊稍附着于花冠管上，常与花瓣等长，花药长椭圆状卵形；子房上位，1至多室，每室有悬垂胚珠1～2颗。浆果状核果，成熟时红色或黑色，外果皮膜质或纸质，中果皮肉质或革质，内果皮木质，具2至数枚分核；胚小，胚乳丰富。

400种以上，分布于南北半球的热带、亚热带至温带地区，主产于中南美洲和亚洲热带地区。中国约200种，分布于秦岭南坡、长江流域及其以南广大地区，而以西南和华南最多；鹤山7种，1变种。

1. 落叶乔木或灌木。
　　2. 宿存柱头头状；果较大，直径1.5～2 cm ··········
　　　············· 2. 沙坝冬青 I. chapaensis
　　2. 宿存柱头盘状；果较小，直径约5 mm ··········
　　　············· 1. 梅叶冬青 I. asprella
1. 常绿乔木或灌木。
　　3. 雌花序单个分枝具1花。
　　　4. 果较大，直径9～11 mm，成熟后黑色 ··········
　　　　············· 8. 绿叶冬青 I. viridis
　　　4. 果较小，直径小于9 mm，成熟后红色。
　　　　5. 叶片革质，长圆状倒披针形 ······· 3. 灰冬青 I. cinerea
　　　　5. 叶片纸质或膜质，椭圆形或长卵形。
　　　　　6. 植株各部被毛 ······· 4. 毛冬青 I. pubescens
　　　　　6. 植株各部无毛或近无毛 ··········
　　　　　　···· 5. 光叶毛冬青 I. pubescens var. glabra
　　3. 雌花序单个分枝具多花。
　　　7. 叶片全缘 ············· 6. 铁冬青 I. rotunda
　　　7. 叶缘具齿 ············· 7. 三花冬青 I. triflora

1. 梅叶冬青（秤星树）
Ilex asprella (Hook. & Arn.) Champ. ex Benth.

落叶灌木，高达3 m。具长短枝，枝条具浅色皮孔。叶膜质，在长枝上互生，在短枝上1～4枚簇生于枝顶，卵形或椭圆形，长3～7 cm，顶端渐尖，基部近圆形，边缘具锯齿，叶面被微柔毛，背面无毛；叶柄上面具凹槽，托叶小，三角形。雄花2～3朵成束或单生于叶腋或鳞片内，花冠白色，花瓣4～5枚，近圆形，

基部合生，雄蕊 4 或 5 枚；雌花单生于叶腋与鳞片内，花 4 ~ 6 基数，直径约 2 mm，基部合生，退化雄蕊长约 1 mm，不育花药箭头状，子房卵球形，花柱厚盘状。果黑色，球形，直径约 5 mm，具纵向沟槽；分核 4 ~ 6 枚，倒卵状，长约 5 mm。花期 3 月；果期 4 ~ 10 月。

鹤山各地常见，产于桃源鹤山市林科所、鹤城昆仑山、龙口仓下村后山等地。生于丘陵山坡灌丛中。分布于中国广东、广西、湖南、江西、福建、台湾、浙江。菲律宾也有分布。

根叶入药，有清热解毒、生津止渴、消肿散瘀之功效。

2. 沙坝冬青
Ilex chapaensis Merr.

落叶乔木，高达 12 m；具长枝及短枝。叶卵状椭圆形或椭圆形；先端渐尖或钝，基部钝，具浅圆齿；无毛；侧脉 8 ~ 10 对；叶柄长 1.2 ~ 3 cm。雄花序假簇生，每分枝具花 1 ~ 5 朵，花白色，6 ~ 8 基数；花萼 6 ~ 8 裂，裂片圆形，具缘毛；花瓣倒卵状长圆形，基部合生，具缘毛，雄花与花瓣等长；雌花单生短枝鳞片腋内，花萼 6 ~ 7 裂；花柱明显，柱头头状。果球形，直径 1.5 ~ 2 cm。花期 4 月；果期 10 ~ 11 月。

鹤山偶见，产于共和獭山村风水林。分布于中国广东、海南、广西、福建、贵州南部、云南东南部。越南北部也有分布。

树形优美，可做园林绿化。

3. 灰冬青
Ilex cinerea Champ. ex Benth.

常绿灌木或小乔木，高 6 m；小枝挺直，褐色或灰色，具纵棱及槽，叶痕半圆形，稍凸起，皮孔少见，幼时被短柔毛，后变无毛。叶片革质，长圆状倒披针形；先端急尖或短渐尖，基部钝或圆形，边缘具小细圆齿或锯齿；叶面绿色，背面淡绿色。花序簇生于两年生枝的叶腋内，淡黄绿色。果球形，直径约 7 mm，成熟时红色。花期 3 ~ 4 月；果期 9 ~ 10 月。

鹤山各地常见，产于鹤城昆仑山、共和里村华伦庙后面风水林、宅梧泗云管理区元坑村风水林，生于常绿阔叶林中。分布于中国广东、香港、海南。越南也有分布。

枝叶稠密，是良好的观叶及观果植物。

4. 毛冬青
Ilex pubescens Hook. & Arn.

产于鹤城昆仑山，生于山坡常绿阔叶林中或林缘、灌丛、溪旁、路旁。分布于中国华南、华东及华中地区。

6. 铁冬青（小果铁冬青）
Ilex rotunda Thunb.
Ilex rotunda Thumb var. *microcarpa* (Lindl. ex Paxton) S. Y. Hu.

常绿灌木，高达 4 m。小枝具棱，被粗毛。叶纸质或膜质，椭圆形或长卵形，长 2 ~ 6 cm，顶端急尖或短渐尖，基部钝，边缘具疏细锯齿或近全缘，两面被长硬毛，背面沿主脉更密；叶柄密被长硬毛。花序簇生于 1 ~ 2 年生枝的叶腋内，密被长硬毛；雄聚伞花序簇生，花梗基部具 2 片小苞片，花 4 或 5 基数，粉红色，花萼盘状，被长柔毛，裂片具缘毛，花瓣 4 ~ 6 枚，雄蕊长为花瓣的 3/4，花药长圆形，退化雌蕊垫状；雌花序簇生，被长硬毛，花梗基部具小苞片，花 6 ~ 8 基数，花萼盘状，6 或 7 深裂，被长硬毛，花瓣 5 ~ 8 枚，退化雄蕊为花瓣的 1/2，子房卵球形。果成熟后红色，球形，直径约 4 mm；分核 6 枚。花期 4 ~ 5 月；果期 8 ~ 11 月。

产于鹤城昆仑山、共和里村风水林，生于山地疏林或山坡灌丛中。分布于中国华南、华东，以及湖南、湖北、贵州、云南。

5. 光叶毛冬青
Ilex pubescens Hook. et Arn. var. **glabra** H. T. Chang

本种与原种的主要区别在于：植株各部分无毛或近无毛。

常绿大乔木，高达 20 m。树皮淡灰色，小枝红褐色。叶薄革质或纸质，卵形至倒卵状椭圆形，长 4 ~ 9 cm，顶端渐尖，基部钝，全缘，两面无毛，主脉于叶面凹陷；叶柄无毛，叶柄长 8 ~ 18 mm；托叶钻状线形，早落。聚伞花序或伞形花序具（2 ~ ）4 ~ 6 ~ 13 朵花，单生于当年生枝的叶腋内；雄花白色，4 基数，花萼盘状，4 浅裂，花瓣长圆形，纵裂，退化子房垫状；雌花序具 3 ~ 7 朵花；花白色，5 ~ 7 基数，花萼 5 浅裂，花瓣倒卵状长圆形；退化雄蕊长为花瓣的 1/2，不育花药卵形，子房卵形。果红色，近球形或椭圆形，直径 4 ~ 6 mm；分核 5 ~ 7 枚，背面具 3 纵棱及 2 沟，有时具 2 棱单沟。花期 4 月；果期 8 ~ 12 月。

鹤山各地常见，产于共和里村及獭山村风水林、龙口（莲

花瓣阔卵形，退化子房金字塔形；雌花 1 ~ 5 朵簇生于当年生或 2 年生枝的叶腋内，花萼与雄花同，花瓣阔卵形至近圆形，不育花药心状箭形，子房卵球形，柱头 4 浅裂。果成熟后黑色，球形，直径 6 ~ 7 mm；分核 4 枚，背部具 3 条纹，无沟。花期 5 ~ 7 月；果期 8 ~ 11 月。

产于鹤城昆仑山，生于山地阔叶林、杂木林或灌木丛中。分布于中国华南、华中、华东、西南各省。印度、孟加拉国及越南北部经马来半岛至印度尼西亚也有分布。

枝叶稠密，良好的观叶及观果植物。

塘村、三洞水口村）风水林、雅瑶昆东洞田村风水林，生于沟边、山坡常绿阔叶林及林缘。分布于中国华南、华中、华东，以及贵州、云南。朝鲜、日本、越南（北部）也有分布。

叶和树皮入药，凉血散血，有清热利湿之效。枝叶作造纸糊料原料。树形洁净优雅，适作园景树、行道树或观果盆景。

7. 三花冬青
Ilex triflora Blume

常绿灌木或小乔木，高 3 ~ 10 m。幼枝近四棱形，密被短柔毛。叶近革质，椭圆形、长圆形，长 2.5 ~ 10 cm，顶端急尖或渐尖，边缘波齿状，叶面干时呈褐色，叶背具腺点，疏被短柔毛；叶柄密被柔毛。雄花 1 ~ 3 朵组成聚伞花序，花 4 基数，白色或浅红色，花萼盘状，4 深裂，裂片近圆形，具缘毛，

8. 绿叶冬青（亮叶冬青、细叶三花冬青）
Ilex viridis Champ. ex Benth.
Ilex triflora Blume var. *viridis* (Champ. ex Benth.) Loes.

常绿灌木或小乔木，高 1 ~ 5 m。幼枝近四棱形，具纵棱及沟，沟内被毛。叶革质，倒卵形、倒卵状椭圆形，长 2.5 ~ 7 cm，顶端圆钝、急尖或短渐尖，基部钝，边缘稍反折，具细圆齿，叶面主脉被短柔毛，叶背具不明显腺点；叶柄上面具浅沟，背

微柔毛或无毛；叶面干时呈草绿色。雄花1～5朵组成聚伞花序，花白色，4基数，雄蕊4枚，花药长圆形，退化子房狭圆锥形；雌花单生，花白色，4基数，退化雄蕊长为花瓣的1/3，不育花药箭头状，子房卵球形。果成熟后黑色，球形，直径9～11 mm；分核4枚，背部凸起。花期5月；果期10～11月。

鹤山常见，产于鹤城昆仑山、共和獭山村风水林，生于常绿阔叶林、疏林及灌木丛中。分布于中国华南、华东，以及湖南、贵州。

173. 卫矛科 Celastraceae

常绿或落叶乔木或灌木，或为攀缘藤本。单叶互生或对生，具柄；托叶小而早落或缺。两性花或退化为单性花，细小，辐射对称，通常淡绿色，排成腋生或顶生的聚伞花序或圆锥花序或有时单生；花萼小，4～5裂，宿存，常覆瓦状排列；花瓣4～5枚，稀不存在，分离，通常覆瓦状排列；雄蕊常与花瓣同数，稀更多，着生于花盘的边缘或边缘之下，与花瓣互生；花药2室，纵裂；花盘通常存在，肉质，全缘或分裂；子房上位，与花盘分离或与花盘贴生，1～5室，每室1～2颗胚珠，着生于室的内角上，花柱短或缺。蒴果、浆果、核果或翅果；种子通常有假种皮，子叶叶状，扁平，胚乳丰富。

约97属，1 194种。主要分布于热带、亚热带及温暖地区，少数进入寒温带。中国14属，192种，其中引种2种，全国均产；鹤山1属，3种。

1. 卫矛属 Euonymus L.

常绿、半常绿或落叶灌木或小乔木或藤本。叶对生，稀互生或3叶轮生。花为聚伞圆锥花序；花两性，细小；花4～5数，花萼绿色；花瓣多为白绿色或黄绿色，偶为紫红色；花盘发达；雄蕊着生于花盘上面，多在靠近边缘处花药"个"字着生或基着，2室或1室，药隔发达；子房半沉于花盘内，4～5室，胚珠每室2～12颗，花柱1枚。蒴果近球形、锥形，果皮平滑或被刺凸或瘤凸，心皮背部有时延长外伸呈扁翅状，成熟时胞间开裂，果皮完全裂开或内层果皮不裂而与外层分离在果内凸起呈假轴状；种子每室多为1～2颗，成熟种子外被红色或黄色肉质假种皮，假种皮包围种子的全部，或仅包围一部分而成杯状、舟状或盔状。

约130种，分布于东西两半球的亚热带和温暖地区，仅少数种类北伸至寒温带。中国90种，其中引种1种；鹤山3种。

1. 花4基数；蒴果三角状卵形；种子宽椭圆形心 ······
······ 3. 中华卫矛 E. nitidus
1. 花5基数。
  2. 花淡绿色；蒴果倒三角状心形 ······
  ······ 1. 长叶卫矛 E. kwangtungensis
  2. 花紫色；蒴果倒圆锥形 ······ 2. 疏花卫矛 E. laxiflorus

1. 长叶卫矛（广东卫矛）
Euonymus kwangtungensis C. Y. Cheng

小灌木。叶近革质，有光泽；长方披针形，长 8 ~ 14 cm，宽 1.5 ~ 3 cm，先端渐窄渐尖，边缘有极浅疏锯齿或近全缘，侧脉 5 ~ 7，不明显。聚伞花序 1 ~ 2 个腋生，短小，3 至数花；

花淡绿色，5 数；萼片覆瓦排列，在内 2 片较大，边缘常有细浅深色齿缘；花瓣近圆形。蒴果熟时带红色，倒三角状心形，5 浅裂，裂片顶端宽，稍外展，基部稍窄。

鹤山少见，产于鹤城昆仑山、龙口仓下村后山，生于常绿阔叶林、山谷丛林中阴湿处。分布于中国广东、香港及沿海岛屿。

枝叶皆美，果实红艳，可以作为绿篱或丛植观赏。

2. 疏花卫矛
Euonymus laxiflorus Champ. ex Benth.

灌木，高达 4 m。叶纸质或近革质，卵状椭圆形、长方椭圆形或窄椭圆形，长 5 ~ 12 cm，先端钝渐尖，基部阔楔形或圆，全缘或具不明显的锯齿。聚伞花序分枝疏松；花紫色，5 基数；裂片边缘具紫色毛；花瓣长圆形；花盘 5 裂，裂片钝；雄蕊无花丝，花药顶裂；子房无花柱，柱头圆。蒴果紫红色，倒圆锥状，5 浅裂，长 7 ~ 9 mm，直径约 9 mm，先端稍平截；种子长圆状，长 5 ~ 9 mm，直径 3 ~ 5 mm，种皮枣红色，假种皮橙红色，

高约 3 mm，成浅杯状包围种子基部。花期 3 ~ 6 月；果期 7 ~ 11 月。

鹤山各地常见，产于宅梧泗云管理区元坑村风水林，生于常绿阔叶林中。分布于中国华南、华东，以及贵州、云南、西藏。越南也有分布。

皮部药用，有"土杜仲"之称。

3. 中华卫矛（华卫矛）
Euonymus nitidus Benth.
Euenymus chinensis Lindl.

常绿灌木，高 1 ~ 5 m。叶革质，质地坚实，略有光泽，倒卵形、长方椭圆形或长方阔披针形，长 4 ~ 13 cm，先端有长 8 mm 的渐尖头，近全缘。聚伞花序 1 ~ 3 次分枝，3 ~ 15 朵小花；花白色或黄绿色，4 基数，直径 5 ~ 8 mm；花瓣基部窄缩成短爪；花盘较小，4 浅裂；雄蕊无花丝。蒴果三角卵圆状，4 裂较浅成圆阔四棱，长 8 ~ 14 mm，直径 8 ~ 17 mm；种子阔椭圆状，长 6 ~ 8 mm，棕红色，假种皮黄橙色，全包着种子，上部两侧开裂。花期 3 ~ 5 月；果期 6 ~ 10 月。

产于宅梧泗云管理区元坑村风水林，生于林内、山坡、路旁等较湿润处。分布于中国华南、华东、华中及西南地区。孟加拉、柬埔寨、日本、越南也有分布。

186. 檀香科 Santalaceae

草本或灌木，稀小乔木，常为寄生或半寄生，稀为重寄生植物。单叶，互生或对生，有时退化呈鳞片状，无托叶。花序为总状、穗状或头状聚伞花序，或花单生于叶腋；苞片多少与花梗贴生；小苞片单生或成对，常离生或与苞片合生呈总苞状；花小，通常绿色，辐射对称，两性或单性，雌雄异株或杂性同株，稀雌雄同株；花被裂片 3～4，稀 5～6（～8），近肉质，贴生于子房，镊合状或覆瓦状排列，下部多少合生成管；雄蕊与花被裂片同数，并与之对生，花药 2 室，纵裂或斜裂；子房下位或半下位，1 室，胚珠 1～3 颗；种子无外种皮，胚乳丰富，肉质，通常白色；胚小，直立；子叶常为圆柱形。

约 36 属，500 种，分布于全世界的热带和温带。中国 7 属，33 种，各省区皆产；鹤山栽培 1 属，1 种。

1. 檀香属 Santalum L.

半寄生小乔木。叶对生，有叶柄，全缘，薄革质、膜质或近肉质，有网脉，中脉常明显。花两性，常集成三歧聚伞式圆锥花序；苞片小，早落；花被与子房基部贴生，4（～5）裂，裂片通常与花盘离生，镊合状排列，内面位于雄蕊后面有疏毛一撮；雄蕊 5 枚或 4 枚，着生于花被裂片基部而较短，花药长圆形，2 室，平行纵裂；花盘 5 裂，裂片离生呈鳞片状，肉质，间于雄蕊之间，似方块状排列；子房半下位，花柱细长，线状，柱头短，2～4 裂；胚珠 2～3 颗，着生于胎座顶端的下方。核果近球形或卵球形，花被残痕环状；外果皮颇薄，内果皮通常粗糙；种子近球形。

约 20 种，分布于印度半岛、中南半岛及太平洋岛屿。中国引种 2 种；鹤山栽培 1 种。

1. 檀香
Santalum album L.

常绿小乔木，高约 10 m；枝圆柱状，灰褐色，具条纹，有多数皮孔和半圆形的叶痕；小枝细长，淡绿色，节间稍肿大。叶椭圆状卵形，膜质，顶端锐尖，基部楔形或阔楔形，稍下延，边缘波状，稍外折，背面有白粉，中脉在背面凸起，侧脉 10 对。三歧聚伞式圆锥花序顶生，花被淡绿色，4 裂。核果外果皮肉

质多汁。花期 5 ~ 6 月；果期 7 ~ 9 月。

桃源鹤山市林科所、大雁山海会寺有栽培。中国广东、台湾有栽培。原产于太平洋岛屿。

材用。该种绿叶成荫，树形婆娑，为美丽的观赏树种。

190. 鼠李科 Rhamnaceae

灌木、攀缘灌木或乔木。具刺或无刺。单叶互生或近对生，全缘或具齿，具羽状脉或基生 3 ~ 5 出脉；托叶小或变为刺状。花小，整齐，两性，稀杂性或有时因败育而成为单性，雌雄异株，常排成聚伞花序或再分枝呈聚伞圆锥花序，稀穗状花序，或有时单生或簇生；花萼通常钟状，淡黄绿色，萼片镊合状排列，与花瓣互生；花瓣 4 ~ 5 枚，常较萼片小，兜状包围雄蕊，有时无花瓣，雄蕊与花瓣同数且对生，与花瓣等长或略短，花药 2 室，纵裂；花盘发达，杯状或盘状；子房上位、半下位或下位，1 ~ 3 室，每室具基生的倒生胚珠 1 颗，花柱 2 ~ 3 裂或不裂。核果或蒴果，无翅或具翅；种子每室 1 颗，具薄胚乳或无胚乳；胚大而直，黄色或绿色。

约 50 属，900 种以上，广泛分布于温带至热带地区。中国 13 属，137 种；鹤山 3 属，3 种。

1. 核果有长圆形翅 ·············· 3. 翼核果属 Ventilago
1. 核果无翅。
    2. 直立灌木或乔木；花具梗 ········· 1. 鼠李属 Rhamnus
    2. 攀缘灌木；花无梗 ········· 2. 雀梅藤属 Sageretia

1. 鼠李属 Rhamnus L.

灌木或乔木。无刺或小枝顶端常变成针刺。叶互生或近对生，羽状脉；托叶小，常早落。花小，两性或单性，雌雄异株，稀杂性，

单生或数个簇生，或排成聚伞花序，有时再分枝呈圆锥花序状；花黄绿色；花萼钟状或漏斗状，4 ~ 5 裂，萼片内面有凸起的中脉；花瓣 4 ~ 5 枚，短于萼片，与萼裂片互生，兜状包围雄蕊，稀无花瓣；雄蕊 4 ~ 5 枚，与花瓣对生，花丝短，花药背着；花盘薄，杯状；子房上位，2 ~ 4 室，每室有 1 颗胚珠，花柱 2 ~ 4 裂。核果浆果状，基部为宿萼所承托，分核 2 ~ 4，骨质，开裂或不开裂；种子背面或侧面常具纵沟。

约 150 种，分布于温带至热带，主要集中于亚洲东部和北美洲的西南部，少数也分布于欧洲和非洲。中国 57 种，分布于全国各省区，其中以西南和华南种类最多；鹤山 1 种。

1. 黄药（长叶冻绿）
Rhamnus crenata Sieb. & Zucc.

落叶灌木至小乔木，高 4 m。嫩枝密被锈色柔毛。叶纸质，互生，倒卵形、倒卵状披针形或长圆形，长 4 ~ 8 cm，顶端具小短尖或有时渐尖，基部楔形，边缘具疏细锯齿，叶上表面无毛，背面被疏柔毛；叶柄 4 ~ 8 mm，被柔毛；托叶钻形。聚伞花序腋生，具花数至 10 余朵；萼片三角形与萼管等长，外面有疏微毛；花瓣近圆形，顶端 2 裂；雄蕊与花瓣等长，被其包围；子房球形，无毛，3 室，每室具 1 颗胚珠，花柱不分裂。核果倒卵球形，熟时黑色，长 5 ~ 6 mm；种子无沟。花期 5 ~ 8 月；果期 7 ~ 11 月。

鹤山各地常见，产于鹤城昆仑山，生于山坡灌丛中。分布于中国华南、华中、华东、西南地区。朝鲜、日本及中南半岛等国也有分布。

民间常用根、根皮煎水或醋浸治皮肤病。根和果实含黄色染料。

2. 雀梅藤属 Sageretia Brongn.

藤状灌木或木质藤本。无刺或具枝刺，小枝互生或近对生。叶纸质至革质，互生或近对生，具羽状脉，边缘具锯齿；具叶柄；托叶小，早落。花两性，5 基数，无梗，稀有梗，排成穗状花序或再分枝成圆锥花序状，稀为总状花序；花萼 5 裂，裂片三角形，内面凸起中脉；花瓣匙形，顶端 2 裂；雄蕊背着药，与花瓣等长

或略长于花瓣；花盘厚，肉质，全缘或 5 裂；子房上位，下半部藏于花盘内，2 ~ 3 室，每室具 1 颗胚珠，花柱粗而短，柱头头状，不分裂或 2 ~ 3 裂。核果浆果状，具肉质外果皮，有 2 ~ 3 个不开裂的分核，基部为宿萼所托；种子扁平，两端凹陷。

约 35 种，主要分布于亚洲南部和东部，少数种在美洲和非洲也有分布。中国 19 种；鹤山 1 种。

1. 雀梅藤
Sageretia thea (Osbeck) M. C. Johnst.

灌木。具刺；嫩枝密被锈色或淡黄色绒毛，后变近无毛。

叶互生或近对生，圆形、椭圆形、卵状椭圆形或长圆形，长 1 ~ 4 cm，顶端急尖或圆，基部圆形或近心形，边缘具细锯齿，叶上表面无毛，下表面稀被毛；叶柄被绒毛。穗状圆锥花序或穗状花序顶生或腋生，总轴密被绒毛；苞片钻形，总苞片线形；花无梗；花萼钟状，5 深裂，裂片三角形或披针状三角形；花瓣白色，匙形，顶端 2 浅裂，包围雄蕊，雄蕊与花瓣等长；花柱粗短，柱头 3 浅裂；子房 3 室，每室具 1 颗胚珠。核果近球形，直径约 5 mm，熟时紫黑色。花期 10 ~ 11 月；果期翌年 3 月。

产于共和里村，生于村边、路旁、沟旁或丘陵地灌丛中。分布于中国华东地区，以及广东、广西、湖北、四川、云南、甘肃。印度、越南、朝鲜、泰国、日本也有分布。

本种叶可代茶，也可供药用，治疮疡肿毒；根可治咳嗽，降气化痰。果酸味可食。因本种枝具刺，常栽培作绿篱。

3. 翼核果属 Ventilago Gaertn.

攀缘灌木。叶互生，排成 2 列，叶面光亮，边近全缘或疏具浅波状齿，具明显网状脉。花小，两性，5 基数，数朵簇生于叶腋或排成聚伞花序或为顶生的圆锥花序；花萼 5 裂，裂片三角形，内面上部中脉凸起；花瓣倒卵形，顶端凹缺，稀无花瓣；花盘厚，五边形；子房藏于花盘内，2 室，每室具 1 颗胚珠，花柱 2 裂，宿存。核果球形，不开裂，顶端有革质、扁平、长圆形翅，基部为宿萼包围，1 室 1 颗种子；种子球形，无胚乳。

约 40 种，主要分布于旧世界热带地区。中国 6 种；鹤山 1 种。

1. 翼核果
Ventilago leiocarpa Benth.
Smythea nitida Merr.

攀缘灌木。嫩枝被淡黄色短柔毛，后变为近无毛。叶互生，2 列，卵状披针形或卵状长圆形，长 4 ~ 8 cm，顶端渐尖，基部圆，边缘具不明显疏细锯齿，两面无毛或中脉下部被疏短毛，叶柄上面被疏或密短柔毛。花单生或数朵簇生于叶腋，或数朵排成长达 2 cm 的聚伞花序；花梗被淡黄色短柔毛；花萼背面被稀疏短柔毛，5 裂，萼片三角形，顶端渐尖，内面上部中脉凸起；花瓣倒卵形，顶端微缺；雄蕊与花瓣等长或较短；花盘厚，五边形；子房藏于花盘内，2 室，每室具 1 颗胚珠，花柱 2 裂。

核果近球形，直径 4 ~ 6 mm，基部具宿萼，顶端具长圆形翅，长 3 ~ 5 cm。花期 4 月；果期 6 ~ 7 月。

产于共和里村风水林，生于山地、低海拔旷野林中。分布于中国广东、广西、湖南、福建、台湾、贵州、云南。印度、缅甸、泰国、越南也有分布。

本种根入药，有补气血、舒筋活络的功效。

194. 芸香科 Rutaceae

常绿或落叶乔木、直立或攀缘灌木、藤本或草本。常具有气味的油点，有或无刺，无托叶。叶互生，少对生，单叶或复叶。花两性或单性，辐射对称，稀两侧对称，聚伞花序，稀头状或穗状花序或单朵腋生；萼片 5 或 4 枚，离生或部分合生；花瓣 5 或 4 枚，离生，少合生，覆瓦状排列，稀镊合状排列；雄蕊 5 或 4 枚，或为花瓣数的倍数，花丝分离或部分连生成多束或呈环状；雌蕊由 5 或 4 枚心皮组成；心皮离生或合生；子房多上位；花盘明显；柱头常增大。果为蓇葖果、蒴果、翅果、核果或浆果；种子有或无胚乳，胚直立或弯生。

约 155 属，1 600 种。全世界分布，主产于热带和亚热带，少数分布至温带。中国连引进栽培的共 22 属，约 126 种（含变种），分布于全国各地，主产于西南和南部。鹤山连引入栽培的共 9 属，10 种，3 杂交种。

1. 果为蓇葖果。
　2. 有皮刺 ·················· 9. 花椒属 Zanthoxylum
　2. 无皮刺。
　　3. 单叶或 3 出叶，稀羽状复叶 ·········· 6. 蜜茱萸属 Melicope
　　3. 奇数羽状复叶·········· 8. 四数花属 Tetradium
1. 果非蓇葖果。
　4. 果为柑果。
　　5. 单身复叶，翼叶通常明显，很少甚窄至仅具痕迹 ··············
　　···················· 2. 柑橘属 Citrus
　　5. 单叶或常为单小叶，翼叶常甚窄至仅具痕迹 ··············
　　···················· 4. 金橘属 Fortunella
　4. 果非柑果。

　　6. 果为核果 ················· 1. 山油柑属 Acronychia
　　6. 果为浆果。
　　　7. 具单小叶 ················· 5. 山小桔属 Glycosmis
　　　7. 羽状复叶，不具单小叶。
　　　　8. 近平顶的伞房状聚伞花序 ··············
　　　　················· 7. 九里香属 Murraya
　　　8. 圆锥花序 ············· 3. 黄皮属 Clausena

1. 山油柑属 Acronychia J. R. Forst. & G. Forst.

常绿乔木。叶对生，单小叶，全缘，有透明油点。聚伞圆锥花序；花淡黄白色，略芳香，单性或两性；有小苞片，萼片及花瓣均 4 枚；萼片基部合生；花瓣覆瓦状排列；雄蕊 8 枚，两轮排列，外轮与花瓣互生，内轮与花瓣对生，花丝中部以下被毛，花盘小；雌蕊由 4 枚合生心皮组成；心皮合生，子房 4 室。含水分的核果，有小核 4 个，每分核有 1 颗种子；种皮黑褐色，胚乳肉质，胚直立，子叶扁平。

约 48 种，分布于亚洲热带、亚热带及大洋洲各岛屿，主产于澳大利亚。中国 1 种，分布于北纬 25° 以南地区；鹤山 1 种。

1. 降真香（山油柑）
Acronychia pedunculata (L.) Miq.

乔木。树皮灰或淡黄灰色，当年生枝常中空。叶有时呈不整齐对生，单小叶，叶片椭圆形至长圆形，长 7 ~ 18 cm；叶柄两端略增大。花两性，黄白色；萼片及花瓣均 4 枚。果序下垂，果淡黄色，圆球形，直径 1 ~ 1.5 cm，半透明，近圆形而略具肋状棱，顶部平坦，中央稍凹陷，富含水分，味清甜，有小核 4 个，每核有 1 颗种子；种子倒卵形，种皮褐黑色、骨质、胚乳小。花期 4 ~ 8 月；果期 8 ~ 12 月。

鹤山各地常见，产于鹤城（鸡仔地、昆仑山）、共和里村风水林、雅瑶昆东洞田村风水林、龙口仓下村后山，生于稍湿润疏林、山地及山谷中。分布于中国华南地区，以及福建、台湾和云南南部。东南亚各国也有分布。

药用，有化痰止咳、活血散瘀、消肿止痛的功效。枝繁叶茂，树姿优美，为优良的园林绿化树种。

1. 果较大，直径大于 10 cm ┄┄┄┄┄┄┄┄┄┄┄ 2. 柚 **C. maxima**
1. 果较小，直径小于 10 cm。
　2. 枝干多刺 ┄┄┄┄┄┄┄┄┄┄┄┄┄┄┄┄ 1. 柠檬 **C. × limon**
　2. 枝干极少或近于无刺。
　　3. 叶为单身复叶 ┄┄┄┄┄┄┄┄┄ 3. 四季桔 **C. × microcarpa**
　　3. 叶为单身羽状复叶 ┄┄┄┄┄┄┄┄┄ 4. 橙 **C. × sinensis**

1. 柠檬（洋柠檬）
Citrus × limon (L.) Osbeck

多年生常绿植物。枝干多刺，树皮灰色，嫩梢紫色。叶尖卵形或菱形、质厚、淡绿色、叶柄短。单花腋生或少花簇生；花萼杯状，4 ~ 5 浅齿裂；花瓣长 1.5 ~ 2 cm，外面淡紫红色，内面白色；常有单性花，即雄蕊发育，雌蕊退化；雄蕊 20 ~ 25 枚或更多；子房近筒状或筒状。果实长卵圆形，两端尖，有乳状突起，果皮稍厚、淡黄绿色、味酸带爽快的芳香气，果肉淡灰黄色，果汁多、酸味强。花期 4 ~ 5 月；果期 9 ~ 11 月。

鹤城营顺村等地有栽培，生于路旁。原产于印度。中国长江以南地区有栽培或逸为野生。

柠檬果皮含黄酮类化合物：rutin、diosmin 等，前者即芦丁，后者即柠檬素，或所谓维生素 P。柠檬花、叶及果皮都含柠檬精油，是烯萜类的种种氧化衍生物，如醇、醛、酮、酯等类，其中以果皮含的右旋柠檬烯 d–limonine 最多，占油量中的

2. 柑橘属　Citrus L.

小乔木。枝有刺，新枝扁而具棱。单身复叶，冀叶通常明显，很少甚窄至仅具痕迹。花两性，或因发育不全而趋于单性，单花腋生或数花簇生，或为少花的总状花序；花萼杯状，5 ~ 3 浅裂，很少被毛；花瓣 5 片，覆瓦状排列，盛花时常向背卷，白色或背面紫红色，芳香，雄蕊 20 ~ 25 枚，很少多达 60 枚，子房 7 ~ 15 室或更多，每室有胚珠 4 ~ 8 或更多，柱头大，花盘明显，有密腺。柑果，外果皮由外表皮和下表皮细胞组织构成，密生油点，外果皮和中果皮的外层构成果皮的有色部分，内含多种色素体，中果皮的最内层为白色线网状组成，称为橘白或橘络，内果皮由多个心皮发育而成，发育成熟的心皮称为瓢囊；种子甚多或经人工选育成为无籽，种皮平滑或有肋状棱。

20 ~ 25 种，原产于亚洲东南部及南部、澳大利亚、太平洋岛屿的西南部。现热带及亚热带地区常有栽培。中国 11 种，其中多数为栽培种，主产在秦岭南坡以南各省区。鹤山栽培 1 种，3 杂交种。

90%，其次为 methyl heptanone、terpineol 及凝固性的柠檬油素等。种子又含 limonin。药用。观赏。

2. 柚
Citrus maxima (Burm.) Merr.
Citrus grandis Osbeck

小乔木，高 5 ~ 10 m；嫩枝、叶背、花梗、花萼及子房均被柔毛，嫩叶通常暗紫红色，小枝具棱，有长而硬的刺。叶阔

卵形至椭圆形，连翼叶长 9 ~ 16 cm，宽 4 ~ 8 cm，边缘具明显的圆裂齿；翼叶倒圆锥形至狭三角状圆锥形。总状花序，有时兼有腋生单花，花白色；花萼不规则 5 ~ 3 浅裂；花瓣长 1.5 ~ 2 cm；雄蕊 25 ~ 35 枚。果梨形或球形，果大，直径达 10 cm 以上，淡黄色或黄绿色。花期 4 ~ 6 月；果期 9 ~ 12 月。

鹤城各地有栽培，昆仑山顶有栽培。原产于东南亚，中国秦岭以南各地均有栽培。

果可食，果肉含维生素 C 较高。有消食、解酒毒的功效。供观赏。

3. 四季桔（酸桔）
Citrus × microcarpa Bunge.
Citrus × mitis Blanco

常绿灌木。叶为单身复叶，椭圆形，叶缘略具钝齿。花白色，有香味，夏季开放。果实扁圆形，两端中央凹陷，熟后橙黄色，春节前夕果实成熟。花期 6 ~ 8 月；果期 10 月到翌年 2 月。

鹤城等地有栽培。栽培品种，各地零星栽培，广东珠江三角洲地区较为常见。是春节前夕迎春花市的展品之一，民间习俗用以喜庆新春，取其名字谐音"大吉大利"之意，故品种挂果多者为上品，挂果少者为次品。

4. 橙（甜橙）
Citrus × sinensis (L.) Osbeck
Citrus aurantium L. var. *sinensis* L.

小乔木。极少刺或近于无刺。叶为单身羽状复叶，翼叶狭长，明显或仅具痕迹，卵形或椭圆形。总状花序有花少数，花瓣白色，馥郁芳香，春末夏初为开花期。果圆球形，橙黄至橙红色，果皮难剥离，果肉淡黄或淡红色；种子少或无，子叶乳白色，多胚。花期 3 ～ 5 月；果期 10 ～ 12 月，迟熟品种至翌年 2 ～ 4 月。

鹤城有栽培。原产于中国，现世界各地普遍栽培。

果可食。为优良的庭院绿化树种。

3. 黄皮属 Clausena Burm. f.

无刺灌木或乔木。各部常有油点，小枝及花序轴常兼有丛状短毛。奇数羽状复叶，小叶两侧不对称。圆锥花序；花两性，花蕾圆球形；花萼 5 或 4 裂，花瓣 5 或 4 枚，5 片时覆瓦状排列，4 片时多近于镊合排列；雄蕊 10 或 8 枚，两轮排列，外轮的与花萼裂片对生，着生于隆起的花盘基部四周，花丝顶端钻尖，中部呈曲膝状，基部增宽，稀线形；子房 5 或 4 室，每室有并列的胚珠 2 颗，稀 1 颗，中轴胎座，花柱短而增粗，稀较子房长，柱头与花柱等宽或稍增大。浆果，有 4 ～ 1 颗种子；种皮膜质，棕色，子叶深绿，平凸，有时两侧边缘稍向内卷，油点多，胚茎被微柔毛。

15 ～ 30 种，见于亚洲、非洲及大洋洲。中国 10 种，其中 1 种为引进栽培。分布于长江以南各地，以广东、广西及云南的种类最多。鹤山栽培 1 种。

1. 黄皮
Clausena lansium (Lour.) Skeels

常绿小乔木，高 5 ～ 10 m。小枝、叶轴、花序轴、未张开的小叶背脉上散生甚多明显凸起的细油点且密被短直毛。叶互生，奇数羽状复叶，小叶 5 ～ 11 片，长 6 ～ 13 cm，宽 2 ～ 6 cm，顶端短尖。圆锥花序顶生，白色小花，有芳香。果圆形、椭圆形或阔卵形，长 1 ～ 3 cm，横径 1 ～ 2 cm，果实多汁，味酸甜，内有 1 ～ 4 颗绿色的种子。花期 4 ～ 5 月；果期 6 ～ 8 月。

鹤山各地常见栽培或逸为野生，产于鹤城鸡仔地风水林中，

生于阔叶林中或屋旁。分布于中国广东、海南、广西、福建、台湾、四川、云南。越南也有分布。

果可食。药用。生性强健，适作园景树、诱鸟树。

4. 金橘属 Fortunella Swingle

灌木或小乔木。嫩枝绿色，略扁而具棱，刺生于叶腋间或无刺。单叶或常为单小叶，翼叶常甚窄至仅具痕迹，油点多，叶脉常不显，干后叶背常略显亮黄色光泽，侧脉清晰。花腋生，单朵或少数花簇生成束，两性，稍芳香；花萼5裂，稀4或6裂；花瓣5枚，覆瓦状排列；雄蕊为花瓣数的3～4倍；子房3～6室；花柱长，柱头大呈头状。柑果具瓢囊和有柄的汁泡，果皮肉质，油胞多；种子卵形，顶端尖，平滑，子叶和胚均绿色，种子萌发时子叶留土。

约6种，产于亚洲东南部。中国5种，产于长江以南各地；鹤山1种。

1. 山橘
Fortunella hindsii (Champ. ex Benth.) Swingle

小乔木或灌木。分枝多，刺短小。指状复叶或有时兼有少数单叶，小叶椭圆形或卵状椭圆形，长4～6 cm，顶端圆或钝，基部圆或阔楔形，近顶部边缘有细裂齿，翼叶线状或明显。花多单生，花梗甚短，花萼甚小；花瓣5枚；雄蕊约20枚，花丝合生成5或4束；子房4或3室。果圆球形或扁圆形，通常有瓢囊3瓣，橙黄至朱红色，平滑，果皮略有麻舌感且微苦，果肉味酸；种子3～4颗，阔卵形，平滑无脊棱，子叶绿色，多胚。花期4～5月；果熟期10～12月。

产于鹤城昆仑山，生于山地疏林中。分布于中国广东、广西、福建、台湾等省区的南部。

花清香优雅，结果期挂果数量甚丰，果金黄色，小巧玲珑，

十分耀眼，为优良的观花及观果植物，适合在庭院中片植或丛植及盆栽。

5. 山小桔属 Glycosmis Corrêa

灌木或小乔木。新生嫩枝及花序常密被褐锈色卷曲细短毛。单叶，单小叶或2～7数复叶，互生，油点多，常无毛。聚伞花序排成圆锥花序式，花甚小；花梗极短；萼片及花瓣常为5枚，萼片基部合生；花瓣覆瓦状排列；雄蕊10枚，等长或长短相间，着生于花盘基部四周，比花瓣短；花柱粗而短，常迟脱落或宿存，柱头不增大或比花柱略粗；心皮合生，子房5室。浆果有时半干质；种子1～2颗，子叶肉质，富含油点。

约50种，分布于亚洲南部及东南部，澳大利亚东北部。中国11种，产于南岭以南及云南南部和西藏东南部各地；鹤山1种。

1. 小花山小桔（山小桔）
Glycosmis parviflora (Sims) Little

小乔木。新梢淡绿色，略呈两侧扁压状。叶具3～5小叶，常兼有单小叶或2小叶；小叶长圆形，长5～19 cm，全缘，干后暗淡，两面茶褐色或暗苍绿色，有时带灰黄色；侧脉和支脉较明显。花序或长或短，短的呈簇生、几乎无花序轴的小花束，长的为聚伞圆锥花序，花序轴、花梗及萼片外面通常被褐锈色短卷毛，但毛甚早脱落；萼片和花瓣均5枚；花丝等长；花柱短且头状。果圆或扁圆形，淡红或朱红色，半透明。花期3～5月；果熟期9～11月或几乎全年，有时在一树上同时有成熟的果及盛开的花。

产于共和里村华伦庙后面风水林、宅梧泗云管理区元坑村风水林。生于坡地林缘。分布于中国广东、海南、广西、福建、台湾、贵州、云南。越南、日本、缅甸也有分布。

药用，有行气、消积、化痰、止咳的功效。庭院栽培，良好的观赏树种。

6. 密茱萸属 Melicope J. R. Forst. et G. Forst.

灌木或乔木。叶对生或互生，单叶或3出叶，稀羽状复叶，透明油点甚多。花单性，聚伞花序腋生；萼片及花瓣各4枚；花瓣镊合状排列，花瓣顶端常向内弯折；雄蕊8枚，着生于花盘基部，花丝分离，钻状；雌蕊由4枚仅基部合生的心皮组成，柱头头状，4浅裂。成熟蓇葖果开裂为4个分果瓣，每分果瓣有1颗种子，内外果皮彼此分离；种子细小，种皮褐黑色或蓝黑色，有光泽，胚乳肉质，含油丰富，子叶长圆形，胚根甚短。

约233种，主要产于太平洋各岛屿和澳大利亚，亚洲大陆较少。中国8种；鹤山有1种。

1. 三桠苦

Melicope pteleifolia (Champ. ex Benth.) T. G. Hartley
Evodia lepta (Spreng.) Merr.

小乔木或灌木。树皮灰白或灰绿色，光滑，纵向浅裂，嫩枝的节部常呈压扁状，小枝的髓部大，枝叶无毛。叶纸质，指状3小叶，叶柄基部稍增粗，小叶长椭圆形，两端尖，长6～20 cm，全缘，油点多；小叶柄甚短。花序腋生，花多，萼片及花瓣均4枚；花瓣淡黄或白色，常有透明油点，干后油点变暗褐至褐黑色；花柱与子房等长或略短，柱头头状。分果

瓣淡黄或茶褐色，散生肉眼可见的透明油点，每分果瓣有1颗种子；种子蓝黑色，有光泽。花期4～6月；果熟期7～10月。

鹤山各地常见，产于桃源鹤山市林科所、鹤城昆仑山、龙口仓下村后山等地。生于中海拔以下疏林中。分布于中国华南、华东，以及云南。越南、老挝、泰国缅甸、柬埔寨也有分布。

药用，有清热解毒的功效。

7. 九里香属 Murraya Koenig ex L.

无刺灌木或小乔木。奇数羽状复叶。近平顶的伞房状聚伞花序；花两性；萼片和花瓣常5枚，稀4枚，萼片基部合生；花瓣覆瓦状排列，常有较大的透明油点；雄蕊10枚，稀8枚，2轮，长短相间，花丝分离；子房近圆球形或长卵形，2～5室，每室有胚珠2或1颗，花柱比子房长，柱头头状。浆果常有黏液，

有种子 4 ~ 1 颗，种皮有绵毛或无，子叶平凸，有油点。

约 12 种，分布于亚洲热带、亚热带、澳大利亚及太平洋岛屿。中国 9 种，产于南部；鹤山栽培 1 种。

1. 九里香
Murraya exotica L.

常绿灌木。株高 3 ~ 4 m。奇数羽状复叶互生，叶轴不具翅，小叶 3 ~ 9 片，叶形变异极大，卵形、匙状倒卵形至近棱形，全缘，表面深绿色，有光泽。伞房花序顶生，侧生或生于上部叶腋内。花白色，极芳香。果卵形或球形，朱红色。花期 4 ~ 8 月；果期翌年 9 ~ 12 月。

鹤山各地常见栽培，见于桃源鹤山市林科所、鹤城、市区等地。分布于中国广东、海南、广西、福建、台湾、贵州；中国南方广泛栽培。

树姿优美，枝叶秀丽，花香宜人，为良好的木本花卉。

8. 四数花属 Tetradium Lour.

乔木或灌木。奇数羽状复叶对生，叶柄基部常膨大，小叶片常有油点。一歧聚伞花序顶生；花单性，雌雄异株；萼片或花瓣均为 5 或 4 枚，花瓣镊合状排列；雄花的退化子房先端 3 ~ 5 裂；雌花的退化雄蕊短小成鳞片状，心皮 2 ~ 5 枚。蓇葖果，顶端无喙状尖；种子圆珠形或卵珠形，蓝黑色，有光泽。

9 种，分布于亚洲东部、南部及东南部。中国 7 种；鹤山 1 种。

1. 楝叶吴茱萸
Tetradium glabrifolium (Champ. ex Benth.) T. G. Hartley
Euodia glabrifolia (Champ. ex Benth.) C. C. Huang;
Euodia meliifolia (Hamce) Benth.

乔木，高 10 ～ 20 m。树皮灰白色，不开裂，密生圆形略凸起的皮孔。奇数羽状复叶对生，小叶 5 ～ 11 片，长 6 ～ 10 cm，斜卵状披针形，基部歪斜，叶背灰绿色，干后略呈苍灰色，叶缘有细钝齿或全缘，无毛。聚伞圆锥花序顶生，花多，单性，雌雄异株，花萼和花瓣均 5 枚，花瓣白色；雄花的退化雌蕊短棒状；雌花的退化雄蕊鳞片状或仅具痕迹。分果瓣淡紫红色，外果皮的两侧面被短伏毛，内果皮肉质，白色，种子黑褐色。花期 6 ～ 9 月；果熟期 9 ～ 12 月。

鹤山各地常见，产于桃源鹤山林科所、鹤城鸡仔地、共和里村风水林、龙口三洞水口村风水林、雅瑶昆东洞田村风水林，生于山地林、阔叶林中。分布于中国华南、华东及西南地区。不丹、印度、印度尼西亚、日本、马来西亚、缅甸、菲律宾、泰国及越南也有分布。

材用。饲料。药用，有健胃、祛风、镇痛、消肿的功效。为优良的荒山绿化树种。

9. 花椒属 Zanthoxylum L.

落叶乔木或为常绿、枝条披散或攀附的灌木。有皮刺。叶互生，复叶，稀单小叶；小叶边缘常有齿缺，缺刻处常有透明油点。花单性，聚伞花序排成各种花序式；花被 1 或 2 轮，若 1 轮则花被片 5 ～ 8，颜色相同而大小略相等，若 2 轮则外轮为萼片，绿色或带紫色，内轮为花瓣，白色或淡黄色，均为 5 或 4 枚；雄花的雄蕊 8 ～ 10 枚，退化雌蕊棒状或分裂；雌花中退化雄蕊鳞片状或无，雌蕊由 5 ～ 2 枚离生心皮组成，子房 1 室，花柱有时略侧生，柱头头状。蓇葖果，成熟时腹背缝线开裂，常紫红色，外果皮常有油点；内果皮蜡黄或灰黄色，每果瓣有 1 颗种子；种子褐黑色，光亮，内种皮有网状纹。

约 250 种，广泛分布于亚洲、非洲、大洋洲、北美洲的热带和亚热带地区，温带较少。中国 41 种，分布几遍全国；鹤山 2 种。

1. 小叶较小，长 4 ～ 7 cm，叶面油点稀少或无 ·············
·············· 1. 簕檔花椒 Z. avicennae
1. 小叶较大，长 10 ～ 20 cm，叶片两面油点多且大 ·······
·············· 2. 大叶臭花椒 Z. myriacanthum

1. 簕檔花椒
Zanthoxylum avicennae (Lam.) DC.

落叶乔木。树皮暗灰至褐灰色，不裂，成年树常有粗锐刺，刺基部增粗且有环纹，小枝实心，有短刺。叶有小叶 13 ～ 18 片；小叶常斜四边形，长 4 ～ 7 cm，两侧甚不对称，或为倒卵状菱形，叶缘在中部以上有钝裂齿，嫩枝散生细油点，成长叶的油点稀少或无。花序顶生，多花；萼片和花瓣均 5 枚，淡黄绿色；

长 10 ～ 20 cm，宽 4 ～ 10 cm；叶上的油点多且大。花序顶生，花多；花瓣白色。果红褐色。花期 6 ～ 8 月；果期 9 ～ 11 月。

鹤山偶见，产于鹤城昆仑山山顶，生于山地疏林中。分布于中国华南，以及湖南、江西、福建、浙江、贵州、云南。不丹、越南、缅甸、印度、印度尼西亚、马来西亚、菲律宾也有分布。

根皮、树皮及嫩叶入药，可祛风除湿、活血散瘀、消肿止痛。

196. 橄榄科　Burseraceae

乔木或灌木。奇数羽状复叶，稀为单叶，互生，常集中于小枝上部；小叶全缘或具齿，托叶有或无。圆锥花序或稀为总状或穗状花序，腋生或有时顶生；花小，3 ～ 5 数，辐射对称；萼与花冠覆瓦状或镊合状排列，萼片 3 ～ 6 枚，基部多少合生；花瓣 3 ～ 6 枚，与萼片互生，常分离；花盘有时与子房合生成"子房盘"；雄蕊在雌花中常退化，1 ～ 2 轮；花盘增大，中央呈一凹陷的槽；花柱单一，柱头头状。核果，外果皮肉质，不开裂，稀木质化且开裂，内果皮骨质，稀纸质；种子无胚乳；子叶肉质，稀膜质，旋卷折叠。

16 属，约 550 种，分布于南北半球热带地区，是热带森林主要树种之一。中国 3 属，13 种，产于广东、海南、广西、福建、台湾、四川和云南；鹤山 1 属，2 种。

1. 橄榄属　Canarium L.

常绿乔木。树皮光滑，有时粗糙，灰色。小枝圆柱形或稀有棱，韧皮部有 1 或数个树脂道。奇数羽状复叶螺旋状排列集生于枝顶；托叶常存在，着生于近叶柄基部的枝上，或直接生于叶柄上，常早落。叶柄圆柱形、扁平至具沟槽，髓部有维管束。小叶对生或近对生，全缘至具浅齿。聚伞圆锥花序，有苞片；花 3 数，单性，雌雄异株；花托扁平下凹；萼杯状，裂片三角形；花瓣 3 枚，分离，顶端长有内曲的尖头，乳白色；雄蕊 6 枚，1 轮。核果，外果皮肉质，核骨质，3 室，其中 1 ～ 2 室常不育且在不同程度上退化。每室种子 1 颗，种皮褐色，无胚乳，含有丰富，子叶掌状分裂至 3 小叶，卷叠或折叠。

约 75 种，分布于非洲热带及东南亚和大洋洲东北部。中国 7 种，产于华东、华南地区，以及云南，多见于季雨林、常绿阔叶林及其次生林中；鹤山 2 种。

1. 芽时有托叶；果成熟时黄绿色，外果皮厚 …… 1. 橄榄　C. album
1. 无托叶；果成熟时紫黑色，外果皮较薄 …… 2. 乌榄　C. pimela

花瓣比萼片大 4 ～ 5 倍。果褐红至紫红色，干后常淡棕灰色，有细油点；种子近圆球形，褐黑色，光亮。花期 8 ～ 9 月；果熟期 11 ～ 12 月。

鹤山常见，产于雅瑶昆东洞田村风水林。生于山地疏林中。分布于中国华南，以及福建、云南。

根、茎、叶、果及种子均可入药，有祛风去湿、行气化痰、止痛的功效。

2. 大叶臭花椒
Zanthoxylum myriacanthum Wallich ex Hook. f.

落叶乔木。茎干上有鼓钉状锐刺，花序轴及小枝顶部有较多劲直锐刺。小叶 7 ～ 17 片，对生，宽卵、卵状椭圆形或长圆形，

1. 橄榄（白榄）
Canarium album (Lour.) Raeusch.

乔木。小枝幼部被黄棕色绒毛，后脱落；髓部周围有柱状维管束。有托叶，仅芽时存在，着生于近叶柄基部的枝干上。小叶 3 ~ 6 对，纸质至革质，披针形或椭圆形，长 6 ~ 14 cm，背面有极细小疣状凸起，基部偏斜，全缘，中脉发达。花序腋生；雄花序为聚伞圆锥花序，雌花序为总状花序。果序具 1 ~ 6 个果；果萼扁平，萼齿外弯。果卵圆形至纺锤形，成熟时黄绿色；外果皮厚，干时有皱纹；果核渐尖，横切面圆形至六角形，在钝的肋角和核盖之间有浅沟槽，核盖有稍凸起的中肋，外面浅波状；种子 1 ~ 2 颗。花期 4 ~ 5 月；果熟期 10 ~ 12 月。

鹤山有栽培，已逸为野生，宅梧泗云管理区元坑村风水林，生于沟谷河山坡次生林中。分布于中国广东、海南、广西、福建、台湾、贵州、四川、云南。越南也有分布。

果为岭南佳果之一，有生津止渴的功效。树干通直，树冠宽广，枝繁叶茂，为优良的庭园风景树、绿荫树、防风树和行道树。

2. 乌榄
Canarium pimela K. D. Koenig
Canarium tramdenum C. D. Dai & Yakovler

乔木。小枝干时紫褐色，髓部周围及中央有柱状维管束。无托叶。小叶 4 ~ 6 对，纸质至革质，无毛，宽椭圆形、卵形或圆形，长 6 ~ 17 cm，顶端急渐尖，基部偏斜，全缘，网脉明显。花序腋生，为疏散的聚伞圆锥花序；雄花序多花，雌花序少花；雄蕊 6 枚；花盘杯状，中央有一凹穴。果序有果 1 ~ 4 个；果具长柄，果萼近扁平，熟时紫黑色，狭卵圆形；外果皮较薄，干时有细皱纹。果横切面近圆形，平滑或在中间有 1 条不明显的肋凸；种子 1 ~ 2 颗。花期 4 ~ 5 月；果熟期 5 ~ 11 月。

鹤山有栽培，已逸为野生，产于桃源鹤山市林科所、共和里村华伦庙后面风水林、龙口（莲塘村、龙口三洞水口村）风水林，生于山地、路旁或密林中。分布于中国华南地区及云南南部等地。柬埔寨、老挝、越南也有分布。

树干通直，树冠广阔，枝繁叶茂，为优良的庭园风景树、绿荫树、防风树和行道树。

197. 楝科 Meliaceae

乔木或灌木，很少亚灌木或草本。被单毛、星状毛或鳞片。叶互生，少对生，通常羽状复叶，无托叶；小叶对生或互生，全缘或有锯齿，基部偏斜。花两性或杂性异株，辐射对称，常组成圆锥花序，间有排成总状花序或穗状花序；萼杯状或短管状，4～5齿裂或深裂，少有3～7枚；花瓣4～5枚；雄蕊4～10枚，花丝常合生成短于花瓣的雄蕊管，少分离，花药内向，花盘环状、管状或柄状，有时无花盘；子房上位，2～5室；花柱单生，有时无花柱；柱头盘状或头状，顶部有槽纹或有2～4个小齿。果为蒴果、浆果或核果，开裂或不开裂，果皮革质、木质或少有肉质；种子有翅或无翅，有胚乳或无，常有假种皮。

约50属，650种，广泛分布于热带、亚热带地区，少数产于温带地区。中国17属，40种，其中引种3属，3种；鹤山连引入栽培的共6属，5种，1变种。

1. 小叶全缘或有时有细齿或缺刻。
  2. 浆果，不开裂 ······················· 1. 米仔兰属 Aglaia
  2. 蒴果，开裂。
    3. 每室种子少数，每室有种子1～2颗 ···············
    ···················· 3. 铿木属 Dysoxylum
    3. 每室种子多数。
      4. 果成熟时3～4瓣裂 ············ 2. 麻楝属 Chukrasia
      4. 果成熟时4～5瓣裂。
        5. 蒴果球形或近球形，成熟时顶端4～5瓣裂 ·····
        ··················· 4. 非洲楝属 Khaya
        5. 蒴果卵状，由基部起胞间开裂为5果片 ···········
        ················ 6. 桃花心木属 Swietenia
1. 小叶通常有齿缺 ······················· 5. 楝属 Melia

1. 米仔兰属 Aglaia Lour.

乔木或灌木。植株幼嫩部分常被鳞片或星状的短柔毛。羽状复叶或3小叶，极少单叶；小叶全缘。花小，杂性异株，常球形，组成腋生或顶生的圆锥花序；花萼4～5齿裂或深裂；花瓣3～5枚，凹陷，短，花芽时覆瓦状排列，分离或有时下部与雄蕊管合生；雄蕊管稍较花瓣为短，全缘或有短钝齿，花药5～6枚，1轮排列；花盘不明显或缺；子房1～2室或3～5室，花柱极短或无，柱头常盘状或棒状。果为浆果，不开裂，有种子1至数颗，果皮革质；种子常为一胶粘状、肉质的假种皮所围绕，无胚乳。

约120种，分布于亚洲热带和亚热带地区、澳大利亚、热带地区及太平洋岛屿。中国8种，分布于西南、南部至东南部；鹤山栽培1种。

1. 小叶米仔兰
Aglaia odorata Lour. var. microphyllina C. DC.

小乔木。茎多小枝，幼枝顶部被星状锈色的鳞片。叶轴和叶柄具狭翅，有小叶5～7片；小叶狭长椭圆形或狭倒披针状长椭圆形，对生，厚纸质，长2～4 cm，顶端1片最大，先端钝，基部楔形，两面均无毛，侧脉每边约8条，极纤细，和网脉均于两面微凸起。圆锥花序腋生；花芳香；花萼5裂，裂片圆形；花瓣5枚，黄色，长圆形或近圆形，顶端圆而截平；雄蕊管略

短于花瓣，花药5枚，卵形，内藏；子房卵形，密被黄色粗毛。果为浆果，卵形或近球形，初时被散生的星状鳞片，后脱落；种子有肉质假种皮。花期5～12月；果熟期7月至翌年3月。

鹤山各地常见栽培。分布于中国广东、海南、广西；中国南方有栽培。东南亚也有分布。

庭院观赏。

2. 麻楝属 Chukrasia A. Juss.

高大乔木；芽有鳞片，被粗毛。叶通常为偶数羽状复叶，有时为奇数羽状复叶，小叶全缘。花两性，长圆形，组成顶生或腋生的圆锥花序；花萼短，浅杯状，4～5齿裂；花瓣4～5枚，彼此分离，旋转排列；雄蕊管圆筒形，较花瓣略短，近顶端全缘或有10齿裂，花药10，长椭圆形，着生于管口的边缘上；花盘不甚发育或缺；子房具短柄，3～5室，每室有胚珠多颗，2列，花柱粗壮，柱头头状。果为木质蒴果，3室，室间开裂为3～4个果片，果片2层，由具3～4翅的中轴上分离；种子每室多数，2行覆瓦状排列于中轴上，扁平，有薄而长的翅，无胚乳，子叶叶状，圆形，胚根突出。

1种，广泛分布于亚洲热带、亚热带地区。中国产1种，分布于广东、广西、云南和西藏等省区。鹤山栽培1种。

1. 麻楝
Chukrasia tabularis A. Juss.

乔木，高可达 25 m。偶数羽状复叶，长 30 ~ 50 cm，无毛，小叶 10 ~ 16 片；叶柄圆柱形，长 4.5 ~ 7 cm；小叶互生，纸质，卵形至长卵状披针形，先端尾尖，基部斜歪。圆锥花序顶生，

花冠黄色，略带紫色，有香味。蒴果椭圆形，黄褐至暗褐色，长 4.5 cm，宽 3.5 ~ 4 cm，顶端有小凸尖，无毛，表面粗糙而有淡褐色的小疣点；种子扁平，椭圆形。花期 4 ~ 5 月；果期 7 月至翌年 1 月。

鹤山各地常见栽培，见于共和里村等地，生于路旁、山坡。原产中国南部和亚洲热带。

树冠浓绿苍翠，为高级的园景树、行道树。

3. 铿木属 **Dysoxylum** Blume

乔木或小乔木，有时灌木。叶互生或很少对生，羽状复叶；小叶通常全缘，有时有细齿或缺刻，具柄，基部常偏斜。花两性，4 或 5 基数，组成腋生的圆锥花序；萼杯状，4 ~ 5 齿裂或分裂为 4 ~ 5 萼片；花瓣 4 ~ 5 枚，长圆形，芽时镊合状排列或顶部稍呈覆瓦状排列；雄蕊管圆筒形，略较花瓣为短；花盘管状，与子房等长或更长，全缘或具钝齿；子房 4 ~ 5 室，很少 3 室，每室有胚珠 1 ~ 2 颗；花柱约与雄蕊管等长，柱头盘状。果为蒴果，球形或梨形，5 ~ 4（3）瓣裂，每室有种子 1 ~ 2 颗；种子具假种皮或无，种脐宽，腹生，子叶大。

约 80 种，分布于热带亚洲、澳大利亚和新西兰及太平洋岛屿。中国产 11 种，分布于广东、海南、广西、台湾和云南等省区。鹤山栽培 1 种。

1. 香港铿木
Dysoxylum hongkongense (Tutch.) Merr.

常绿乔木，高可达 25 m。叶为奇数或偶数羽状复叶，长 20 ~ 40 cm；小叶 9 ~ 16 片，互生或对生，长圆形至长圆状披针形，基部稍偏斜，顶端钝或阔短渐尖，近革质，幼时常被锈色短柔毛；小叶柄长 5 ~ 15 mm。圆锥花序生于枝顶叶腋，长可达 15 cm，被微柔毛。花白色；花瓣 5 枚，长圆形，长 5 ~ 6 mm。蒴果近球形；种子肾形，有假种皮。花期 5 ~ 12 月；果期 11 月至翌年 6 月。

鹤山偶见，产于空口仓下村后山。分布于中国广东、海南、广西、台湾、云南。

树干挺拔，枝叶优美，为良好的园林绿化树种。

4. 非洲楝属 Khaya A. Juss.

乔木。叶为偶数羽状复叶；小叶全缘，无毛。圆锥花序腋生或近顶生；花两性，4～5基数；花萼4～5裂，裂片几达基部，覆瓦状排列，花瓣4或5枚，分离，芽时远较萼片为长；雄蕊管坛状或杯状；花药8～10枚，着生于雄蕊管内面近顶端；花盘杯状；子房4～5室，每室有胚珠12～16颗，少有18颗；柱头圆盘状，上面具4槽。果为蒴果，球形或近球形，木质，成熟时顶端4～5瓣裂，果壳厚，每室有种子8～18颗；种子椭圆形至近圆形，边缘有圆形膜质的翅，胚乳残存，子叶扁平。

约6种，分布于非洲热带地区和马达加斯加；中国广东引种栽培1种。鹤山栽培1种。

1. 塞楝（非洲楝、非洲桃花心木）
Khaya senegalensis (Desr.) A. Juss.

乔木，高可达20 m，树皮呈鳞片状开裂。羽状复叶，小叶6～16片，互生和近对生，长圆形，基部不对称。圆锥花序顶生或生上部叶腋；花小，黄绿色，花瓣4枚。蒴果近球形，直径4～5 cm，成熟时自顶端开裂，果壳厚。花期4～6月；果期翌年4～6月。

鹤山市区有栽培。原产于热带非洲和马达加斯加，现中国华南地区，以及福建、台湾广为栽培。

木材尚可作胶合板的材料。叶可作粗饲料。根可入药。优良的景观树种，可作行道树、庭园风景树和绿荫树。

5. 楝属 Melia L.

落叶乔木或灌木。幼嫩部分常被星状粉状毛；小枝有明显的叶痕和皮孔。叶互生，一至三回羽状复叶；小叶具柄，常有锯齿或全缘。圆锥花序腋生，多分枝，由多个二歧聚伞花序组成；花两性；花萼5～6深裂，覆瓦状排列；花瓣白色或紫色，5～6枚，分离，线状匙形，开展，旋转排列；雄蕊管圆筒形，花药10～12枚；花盘环状；子房近球形，3～6室。核果，近肉质，核果质，每室有种子1颗；种子下垂，外种皮硬壳质，胚乳肉质，薄或无胚乳，子叶叶状，薄，胚根圆柱形。

3种，产于东半球热带和亚热带地区至亚洲温带地区。中国1种，黄河以南各省区普遍分布；鹤山1种。

1. 楝（苦楝）
Melia azedarach L.
Melia toosendan Siebold & Zucc.

落叶乔木。树皮灰褐色，纵裂。分枝广展，小枝有叶痕。叶为二至三回奇数羽状复叶；小叶对生，卵形、椭圆形至披针形，顶生1片常略大，长3～7 cm，先端短渐尖，基部偏斜，边缘有钝锯齿，幼时被星状毛，后两面均无毛。侧脉向上斜举。圆锥花序约与叶等长，无毛或幼时被鳞片状短柔毛；花芳香；花萼5深裂；花瓣淡紫色，倒卵状匙形，两面均被微柔毛，常外面较密；雄蕊管紫色，有纵细脉，花药10枚；子房近球形，5～6室。核果球形至椭圆形，内果皮木质，4～5室，每室有种子1颗；种子椭圆形。花期4～5月；果熟期10～12月。

产于桃源鹤山市林科所等地，生于旷野、次生林中。分布

于中国黄河以南各省区。亚洲热带和亚热带地区、澳大利亚热带地区及太平洋岛屿也有分布。

材用。药用，苦楝子制成油膏可治头癣。鲜叶作农药可灭钉螺。观赏。

6. 桃花心木属 Swietenia Jacq.

高大乔木，具红褐色的木材。叶互生，偶数羽状复叶，无毛；小叶对生或近对生，有柄，偏斜，卵形或披针形，先端长渐尖，全缘或具 1 ~ 2 个浅波状钝齿。花小，两性，排成腋生或顶生的圆锥花序；萼小，5 裂，裂片覆瓦状排列；花瓣 5 枚，分离，广展，覆瓦状排列；雄蕊管壶形，顶端 10 齿裂，花药 10，着生于管口的内缘而与裂齿互生，花盘环状或浅杯状；子房无柄，卵形，5 室，每室有下垂的胚珠多颗，花柱圆柱状，柱头盘状，顶端 5 出，放射状。蒴果卵状，木质，由基部起胞间开裂为 5 果爿，果爿与具 5 棱而宿存的中轴分离；种子多数，2 裂，覆瓦状排列，下向，上端有长而阔的翅；胚乳多少肉质，子叶肉质，

胚根极短。

7 ~ 8 种，分布于亚热带地区、美洲热带、非洲西部热带地区，大、小安的列斯群岛和西非等地。中国广东和云南等地引种栽培 1 种。鹤山栽培 1 种。

1. 桃花心木
Swietenia mahagoni (L.) Jacq.

常绿大乔木，株高可达 25 m，基部可扩大成板根；树皮淡红色，鳞片状；枝条广展。偶数羽状复叶，叶长 35 cm，小叶 4 ~ 6 对，叶柄细长，基部略膨大，无毛；小叶片革质，斜披针形至斜卵状披针形，长约 10 ~ 16 cm，宽 4 ~ 6 cm，先端渐尖，基部明显偏斜，全缘或具 1 ~ 2 个浅波状钝齿，叶面深绿色，背面淡绿色。聚伞圆锥花序腋生，花具短柄，花淡黄绿色；花萼浅杯状，5 裂；花瓣白色，无毛，广展；子房圆锥状卵形，花柱无毛，较子房长，柱头盘状。蒴果较大，卵形，木质化，深褐色，种子具长翅。花期 5 ~ 6 月；果期 10 ~ 11 月。

桃源鹤山市林科所有栽培。原产于美洲热带。热带和亚热带地区有栽培。中国华南，以及福建、台湾、云南有栽培。

树枝飒爽，枝叶青翠，为优良的庭园树、行道树。

198. 无患子科 Sapindaceae

乔木或灌木，有时为藤本。叶互生，极少对生，常无托叶，羽状复叶或掌状复叶，少单叶。蝎尾状小聚伞花序排成总状花序式或圆锥花序式；花常小，单性，很少杂性或两性，萼片 4 ~ 6 枚，离生或有时基部合生；花瓣 4 ~ 6 枚，有时部分或全部退化，覆瓦状排列，内面基部常有鳞片；花盘肉质，全缘或分裂；雄蕊 5 ~ 10 枚，常 7 或 8 枚，离生，少基部合生；子房上位，2 ~ 4 室，常 3 室，花柱顶生或生于子房裂隙间；胚珠在每一子房室中 1 或 2 颗，极少多颗，着生于中轴上。核果或蒴果，常分裂为果爿，1 ~ 4 室；种子常有肉质假种皮。

135 属，约 1 500 种，分布在热带和亚热带地区，在东南亚热带地区较多。中国 21 属，52 种，其中引种 1 种；鹤山栽培 2 属，2 种。

1. 花瓣 5 或 1 ~ 4 枚 ·················· 1. 龙眼属 Dimocarpus
1. 无花瓣 ·················· 2. 荔枝属 Litchi

1. 龙眼属 Dimocarpus Lour.

乔木。偶数羽状复叶，互生；小叶对生或近对生，全缘。聚伞圆锥花序顶生或近枝顶丛生，被星状毛或绒毛；苞片和小苞片均小而钻形；花单性，雌雄同株，辐射对称；萼杯状；深5裂，裂片覆瓦状排列，被星状毛或绒毛；花瓣5或1 ~ 4枚，通常匙形或披针形，无鳞片，有时无花瓣；花盘碟状；雄蕊（雄花）通常8枚，伸出，花丝被硬毛，花药长圆形，子房（雌花）倒心形，2或3裂，2或3室，密覆小瘤体，花柱生子房裂片间，柱头2或3裂；每室有胚珠1颗。果深裂为2或3果爿，通常仅1或2个发育，发育果爿浆果状，近球形，基部附着有细小的不育分果爿，外果皮革质，内果皮纸质；种子近球形或椭圆形，种皮革质，平滑，种脐稍大，椭圆形，假种皮肉质，包裹种子的全部或一半；胚直，子叶肥厚，并生。

约7种，分布在亚洲热带及澳大利亚、亚热带地区广泛栽培。中国4种；鹤山栽培1种。

1. 龙眼
Dimocarpus longan Lour.
Euphoria longan (Lour.) Steud.; *Euphoria longana* Lam.

常绿乔木，有板状根；小枝粗壮，被微柔毛，散生苍白色皮孔。偶数羽状复叶互生，小叶4 ~ 5对，很少3或6对，小叶革质，长圆形，两侧常不对称，长6 ~ 15 cm，宽2.5 ~ 5 cm；侧脉12 ~ 15对，仅在背面凸起。圆锥花序顶生或腋生，小花黄白色，杂性；花梗短；萼片近革质，三角状卵形；花瓣乳白色，披针形，与萼片近等长。核果球形，直径1.2 ~ 2.5 cm，通常黄褐色或有时灰黄色，外面稍粗糙，或少有微凸的小瘤体，熟时果皮壳质。花期3 ~ 4月；果期7 ~ 8月。

鹤山各地常见栽培。原产于中国华南和云南。中国南部广泛栽培。东南亚、印度尼西亚等地也有分布。亚热带地区有栽培。

著名的南国水果，常与荔枝相提并论；经济用途以作果品为主，因其假种皮富含维生素和磷质，有益脾、健脑的作用，故亦入药。种子含淀粉，经适当处理后，可酿酒。木材坚实，甚重，暗红褐色，耐水湿，是造船、家具、细工等的优良材料。因其有板根，可用来作行道树，或作庭园绿化树，也可用来造林。

2. 荔枝属 Litchi Sonn.

乔木。偶数羽状复叶，互生，无托叶。聚伞圆锥花序顶生，被金黄色短绒毛；苞片和小苞片均小；花单性，雌雄同株，辐射对称；萼杯状，4或5浅裂，裂片镊合状排列，早期张开；无花瓣；花盘碟状，全缘；雄蕊（雄花）6 ~ 8枚，伸出，花丝线状，被柔毛；子房（雌花）有短柄，倒心状，2裂，很少3裂，2室，很少3室，花柱着生在子房裂片间，柱头2或3裂；胚珠每室1颗。果深裂为2或3果爿，通常仅1或2个发育，卵圆形或近球形，果皮革质（干时脆壳质），外面有龟甲状裂纹，散生圆锥状小凸体，有时近平滑；种子与果爿近同形，种皮褐色，光亮，革质，假种皮肉质，包裹种子的全部或下半部；胚直，子叶并生。

1种，分布于东南亚；亚热带地区广泛栽培。中国1种；鹤山栽培1种。

1. 荔枝
Litchi chinensis Sonn.

常绿乔木,树皮灰黑色;小枝圆柱状,褐红色,密生白色皮孔。小叶 2 或 3 对,较少 4 对,薄革质或革质,披针形或卵状披针形,有时长椭圆状披针形,长 6 ~ 15 cm,宽 2 ~ 4 cm,叶面亮绿有光泽,叶背粉绿;侧脉常纤细,在腹面不很明显,在背面明显或稍凸起。花序顶生,阔大,多分枝;萼被金黄色短绒毛;雄蕊 6 ~ 7 枚,有时 8 枚,花绿白色或淡黄色。果卵圆形至近球形,长 2 ~ 3.5 cm,果熟时核果果皮暗红,密生瘤状突起。种子褐色发亮,为白色多汁肉质甘甜的假种皮所包。花期春季;果期夏季。

鹤山各地常见栽培,见于龙口三洞水口村风水林等地。原产于中国广东、海南;中国南方广泛栽培。老挝、马来西亚、缅甸、菲律宾、新几内亚、泰国、越南也有分布;亚热带地区广泛栽培,非洲、美洲和大洋洲都有引种的记录。

著名的南国水果。树形开阔呈圆形,枝叶茂盛,果色红艳,是优良的观果树、园景树。

201. 清风藤科 Sabiaceae

乔木或灌木,或攀缘状木质藤本。叶互生,单叶或奇数羽状复叶;无托叶。花两性或杂性异株,常组成腋生或顶生的聚伞花序或圆锥花序;萼片 5 枚,很少 3 ~ 4 枚,分离或于基部合生,覆瓦状排列;花瓣 5 枚,很少 4 枚,覆瓦状排列,大小相等或内面 2 枚远比外面的小;雄蕊 5 枚,很少为 4 枚,与花瓣对生,全部发育或外面 3 枚不发育变为退化雄蕊;花盘环状或杯状;子房上位,无柄,常 2 室。核果由 1 或 2 枚成熟心皮组成,1 室,很少 3 室,不开裂;种子单生,无胚乳或有极薄的胚乳,胚有折叠的子叶和弯曲的胚根。

3 属,约 80 种,分布于亚洲东部和热带地区及美洲中部和南部地区。中国 2 属,46 种,分布于西南部经中南部至台湾,长江以北较少见;鹤山 1 属,1 种。

1. 泡花树属 Meliosma Blume

乔木或直立灌木。常被毛;芽裸露,被褐色绒毛。单叶或奇数羽状复叶,叶全缘或有锯齿。花小,两性或杂性异株,具短梗或无,组成顶生或腋生、多花的圆锥花序;萼片 4 ~ 5 枚,其下部常有紧接的小苞片;花瓣 5 枚,外面 3 枚较大,常近圆形,内凹,内面 2 枚极小,花蕾时全为外面的花瓣所包藏,膜质,2 裂或不分裂,基部与发育的雄蕊的花丝合生或离生;雄蕊 5 枚,其中 2 枚发育的与内面的小花瓣对生;花盘杯状或浅杯状,有小齿;子房无柄,2 ~ 3 室,柱头钻形,胚珠每室 2 颗。核果小,近球形、卵形或椭圆形,无棱或有棱,核硬壳质,1 室。

约 50 种,分布于东南亚和美洲中部及南部。中国约 29 种,广泛分布于西南部经中南部至东北部,但北部极少见;鹤山 1 种。

1. 香皮树
Meliosma fordii Hemsl.

乔木,高可达 10 m,树皮灰色;小枝、叶柄、叶背及花序被褐色平伏柔毛。单叶,叶柄长 1.5 ~ 3.5cm,叶近革质,倒披针形或披针形,长 9 ~ 18 (~ 25) cm,宽 2.5 ~ 5 (~ 8) cm,先端渐尖,基部狭楔形,下延,全缘或近顶部每边有锐齿 1 ~ 数个,叶面有光泽,中脉及侧脉常被短柔毛,叶背面被稀疏短毛,侧脉每边 11 ~ 20 条,无髯毛。圆锥花序宽广,顶生或近顶生,

3 或 4 (5) 回分枝，总轴细而有圆棱；花直径 1 ~ 1.5 mm，花梗长 1 ~ 1.5 mm，萼片 4 (5)，宽卵形，背面疏被柔毛，有缘毛；外面 3 片花瓣近圆形，直径约 1.5mm，无毛，内面 2 片花瓣长约 0.5 mm，2 裂达中部，裂片线形，广叉开；雄蕊长约 0.7 mm；雌蕊长约 0.8 mm，子房无毛，约与花柱等长。果近球形或扁球形，直径 3 ~ 5mm，核具明显网纹凸起，中肋隆起。花期 5 ~ 7 月，果期 8 ~ 10 月。

鹤山偶见，产于共和里村风水林，生于疏林中。分布于中国广东、海南、广西、湖南、江西、福建、贵州、云南。越南、柬埔寨、泰国和老挝也有分布。

树姿优美，叶花俱美，观赏价值高。

205. 漆树科 Anacardiaceae

乔木或灌木，很少木质藤本。常有树脂。叶互生，少对生，单叶或复叶，无托叶。圆锥花序或伞房花序，较少穗状花序或总状花序，顶生、腋生或生于无叶老枝上。花小、两性、单性或杂性，常雌雄异株；花梗常有关节；萼片分离或基部合生；花瓣 3 ~ 7 枚，与萼片或萼裂片互生、分离，很少基部合生，有时与花托贴生；雄蕊着生在花盘的基部。较少着生在花盘的近顶部，与花瓣同数或为其 2 倍；花药 2 室，药室纵裂；花盘肉质；心皮 1 ~ 5 枚，合生，较少分离，子房上位，1 室，花柱 1 ~ 5 枚，柱头稍膨大。核果，很少坚果状，1 ~ 5 室；种子常无胚乳，子叶肉质。

约 77 属，600 种，主产于热带、亚热带和温带地区，以马来西亚为分布中心。中国 17 属，55 种，其中引种 2 种；鹤山连引入栽培的共 4 属，6 种。

1. 具白色乳汁，干后变黑，有臭气
  ································· 4. 漆树属 Toxicodendron
1. 无上述特征。
  2. 单叶，互生 ·················· 2. 芒果属 Mangifera
  2. 奇数羽状复叶。
    3. 子房 5 室，花柱 5 枚 ········· 1. 人面子属 Dracontomelon
    3. 子房 1 室，花柱 3 枚 ········· 3. 盐麸木属 Rhus

1. 人面子属 Dracontomelon Blume

乔木；小枝具三角形叶痕。叶互生，奇数羽状复叶大，有小叶多对；叶对生或互生，具短柄，全缘，稀具齿。圆锥花序腋生或近顶生；花小，两性，具花梗；花萼 5 裂，裂片覆瓦状

排列，较大，内凹；花瓣 5 枚，比萼片长，在芽中基部镊合状排列，上部覆瓦状排列，先端外卷；雄蕊 10 枚，与花瓣等长；花盘碟状，不明显浅裂；心皮 5 枚，合生，子房 5 室，每室具 1 胚珠，胚珠倒生悬垂，花柱 5，粗，上部合生，下部分离。核果近球形，先端具花柱残迹，中果皮肉质，果核压扁，近五角形，上面具 5 个卵形凹点，边缘具小孔，形如人面，通常 5 室，室周围具薄壁组织腔；种子椭圆状三棱形，略压扁。

约 8 种，分布于热带地区。中国西南和南部有 2 种；鹤山栽培 1 种。

1. 人面子
Dracontomelon duperreanum Pierre
Dracontomelon sinense Staps

常绿大乔木，高达 25 m。叶互生，奇数羽状复叶，长 30 ~ 45 cm，有小叶 5 ~ 7 对；小叶通常互生，近革质，下部小叶较小，向上逐渐增大，长圆形，长 5 ~ 14.5 cm，宽 2.5 ~ 4.5 cm，先端渐尖，基部常偏斜，阔楔形或近圆形，全缘，叶背脉腋具灰白色簇毛，侧脉 8 ~ 9 对，近边缘处弧形上升，侧脉和细脉两面突起。圆锥花序顶生或腋生，比叶短，长 10 ~ 23 cm；花白色；萼片 5 枚，覆瓦状排列，阔卵形或卵状椭圆形，先端钝；花瓣 5 枚，覆瓦状排列，披针形或狭长圆形。核果扁球形，长约 2 cm，直径约 2.5 cm，成熟时黄色。花期 4 ~ 5 月；果期 6 ~ 11 月。

鹤山有栽培，见于鹤山林科所、鹤城及市区等地。分布于中国广东、海南、广西南部及云南东南部。越南也有分布。

果可食。树干通直，树冠近塔形，为优良的庭园树、行道树。

2. 芒果属 Mangifera L.

常绿乔木。单叶互生，全缘，具柄。圆锥花序顶生；花小，杂性，4~5基数，花梗具节；苞片小，早落；萼片覆瓦状排列，有时基部略合生；花瓣4~5枚，稀6枚，着生在花盘基部，分离或与花盘合生，芽中覆瓦状排列；雄蕊5枚，稀10~12枚，着生于花盘里面，分离或基部与花盘合生，通常仅1个发育，稀2~5个发育；花盘膨胀，垫状，4~5裂，宽于子房或狭小，退化呈子房柄状，稀不存；子房无柄，偏斜，1室，1胚珠，花柱1枚，顶生或近顶生，与发育雄蕊相对，钻形，内弯。核果多形，中果皮肉质或纤维质，果核木质；种子大，种皮薄，胚直，子叶扁平或上侧具皱纹，常不对称或分裂。

约69种，产于热带亚洲，以马来西亚为多，西至印度和斯里兰卡，东达菲律宾和伊里安岛，北经印度至中国西南和东南部，南抵印度尼西亚。中国东南至西南部有5种；鹤山栽培2种。

1. 叶为长圆状披针形或长圆形，较宽，宽3.5~6.5 cm ················
·················· 1. 芒果 M. indica

1. 叶狭披针形或线状披针形，较窄，宽2~3 cm ················
·················· 2. 扁桃 M. persiciformis

1. 芒果
Mangifera indica L.

常绿乔木，高10~20 m。单叶互生，常聚生枝顶，薄革质，叶的形状和大小变化较大，通常为长圆状披针形或长圆形，长12~30 cm，宽3.5~6.5 cm，先端渐尖、长渐尖或急尖，基部楔形或近圆形，边缘皱波状；侧脉20~25对，斜升，两面突起。圆锥花序顶生，长20~35 cm，尖塔形，多花密集；苞片披针形，长约1.5 mm；花小，杂性，黄色或淡黄色；萼片5枚，卵状披针形；花瓣5枚，长圆形或长圆状披针形，长3.5~4 mm，宽约1.5 mm。核果大，卵圆形或长圆形或近肾形，外果皮成熟时黄色。花期3~5月；果期5~7月。

鹤山各地常见栽培，产于鹤城、共和等地，生于路旁、屋旁。原产于东南亚，世界热带、南亚热带各地广为引种栽培。

素有"热带果王"之称，与香蕉、菠萝并称世界三大名果。其树形美观，叶色常绿，抗污力强，适合作园林绿化及行道树。

2. 扁桃
Mangifera persiciformis C. Y. Wu et T. L. Ming

常绿乔木，高10~20 m。叶薄革质，狭披针形或线状披针形，长11~20 cm，宽2~3 cm，先端急尖或短渐尖，基部楔形，边缘皱波状，中脉两面隆起，侧脉约20对。圆锥花序顶生，单生或2~3条簇生，长10~19 cm，苞片小，三角形；花黄绿色；萼片4~5枚，卵形；花瓣4~5枚，长圆状披针形。核果球形，稍扁，果肉较薄，多纤维，核极扁。果期9~10月。

鹤山偶见栽培。分布于中国广西南部、贵州南部及云南东南部；华南地区多有栽培。

树叶细密翠绿，树姿整齐壮观，为优良的庭园树、行道树。

3. 盐麸木属 Rhus L.

落叶乔木或灌木。奇数羽状复叶，少3片小叶或单叶；小叶全缘或有锯齿。圆锥花序腋生或顶生；花小，常杂性；萼5裂，裂片覆瓦状排列；花瓣5枚，覆瓦状排列；雄蕊5枚，着生在花盘的基部，分离；花盘环状；子房1室，花柱3枚，常短而粗厚，柱头头状；胚珠单生于基部。核果较小，干燥，两侧稍扁，平滑或被毛，核革质或骨质；种子1颗，子叶扁平。

约250种，分布于温带和亚热带地区。中国6种，几遍全国；鹤山2种。

1. 小叶边缘具粗锯齿，叶轴有翅 ⋯⋯⋯⋯⋯⋯⋯⋯⋯ 1. 盐麸木 **R. chinensis**
1. 小叶全缘或略具粗锯齿，叶轴无翅 ⋯⋯⋯⋯ 2. 白背漆 **R. hypoleuca**

1. 盐麸木（盐酸白、五倍子树、盐肤木）
Rhus chinensis Mill.

灌木或小乔木，高 2 ～ 10 m。树皮灰褐色；小枝、叶柄和花序均密被柔毛。叶轴常有翅；小叶 7 ～ 13 片，有短柄，卵形至长圆形，长 5 ～ 12 cm，顶端渐尖或至短尖，基部阔楔形或圆，稍不对称，边缘有粗锯齿，腹面近无毛或被微柔毛，背面被灰褐色绵毛。圆锥花序宽大，多分枝，总花梗短而粗壮；萼裂片卵形，顶端钝或圆，被柔毛；花瓣白色，长圆形；雄蕊 5 枚，极短；花盘无毛；子房卵形，密被白色微柔毛，花柱 3 枚，柱头头状。核果小，扁球形，红色，被腺状柔毛。花期夏末；果熟期秋季。

鹤山各地常见，生于灌丛或疏林中。分布于中国中部、西南部和南部，东至台湾省。广泛分布亚洲南部及东部。

树皮和叶富含丹宁，为重要的工业原料。又可入药，为收敛剂，可治火伤，止血，也可作某些生物碱中毒之解毒剂。木材致密，为细工用材。

2. 白背漆（白背盐肤木、白背麸杨）
Rhus hypoleuca Champ. ex Benth.

灌木或小乔木，高 1.5 ～ 5 m。小枝具棕红色圆形皮孔。叶轴圆柱形，无翅；小叶 11 ～ 17 片，披针形至卵状披针形，长 5 ～ 7 cm，顶端渐尖至尾尖，基部不对称；边缘有锯齿，腹面无毛或中脉上被绒毛，背面密被短而紧贴的白色绵毛；侧脉稍密，15 ～ 20 对，常在腹面稍凹陷；小叶柄短近无柄。圆锥花序顶生，尖塔形，长 10 ～ 30 cm，多分枝，被灰黄色微绒毛，总花梗极短；花小，白色；花萼裂片卵形，外面被微柔毛，边缘具细睫毛；花丝线形；花盘无毛；子房球形，被白色长柔毛。核果被白色长柔毛和红色腺毛。花期夏季；果熟期秋季。

鹤山偶见，生于山坡、旷野疏林中。分布于中国广东、湖南、福建、台湾。

4. 漆树属 Toxicodendron Mill.

落叶乔木或灌木，稀为木质藤本。具白色乳汁，干后变黑，有臭气。叶互生，奇数羽状复叶或掌状 3 小叶；小叶对生，叶轴常无翅。花序腋生，聚伞圆锥状或聚伞总状，果期常下垂或花序轴粗壮而直立；花小，单性异株，苞片披针形，早落；花萼 5 裂，裂片覆瓦状排列，宿存；花瓣 5 枚，覆瓦状排列，常具褐色羽状脉纹，开花时先端常外卷，雌花花瓣较小；雄蕊 5 枚，花盘环状、盘状或杯状浅裂；子房基部埋入下凹花盘中，无柄，1 室，1 颗胚珠，花柱 3 枚，基部多少合生。核果近球形或侧向压扁，无毛或被微柔毛或刺毛，但不被腺毛，外果皮薄、脆，常具光泽，成熟时与中果皮分离，中果皮厚，白色蜡质，具褐

色纵向树脂道条纹，与内果皮连合，果核坚硬，骨质，常有少数纵向条纹。

约20种，分布于亚洲东部和北美。中国16种，主要分布于长江以南各省区；鹤山1种。

1. 野漆树（痒漆树、大木漆）
Toxicodendron succedaneum (L.) O. Kuntze
Rhus succedanea L.

灌木或乔木，高2～4 m。嫩枝和冬芽被棕黄色绒毛，皮孔不明显。叶丛生于枝顶；小叶7～13片，卵形至卵状椭圆形，长4～8 cm或稍长，顶端尾状渐尖或渐尖，基部不对称，近圆形或阔楔形，全缘，腹面疏生柔毛或近无毛，背面被黄色硬毛；侧脉18～25对，明显。圆锥花序腋生，密被棕色硬毛；花梗被硬毛；萼裂片三角形；花瓣黄色。核果淡黄色，光滑无毛，扁而稍歪斜。花期4～5月；果熟期9～10月。

产于鹤山桃源鹤山林科所、雅瑶昆东洞田村风水林等地。生于山地、密林。分布于中国华南、华东及西南。柬埔寨、印度、日本、朝鲜、老挝、泰国、越南也有分布。

秋季叶色放红，为良好的秋色叶树种。在应用时应注意该树汁液会引起皮肤的过敏。

207. 胡桃科 Juglandaceae

落叶或半常绿乔木或小乔木。芽裸出或具芽鳞，常2～3枚重叠于叶腋。叶互生或稀对生，无托叶，奇数或稀偶数羽状复叶；小叶对生或互生，羽状脉，边缘具锯齿或稀全缘。花单性，雌雄同株，花序单性或稀两性。雄花序常为葇荑花序，雄花生于1片不分裂或3裂的苞片腋内，小苞片2片及花被片1～4，贴生于内方的扁平花托周围，或无小苞片及花被片，雄蕊3～40枚，1到多轮排列，花丝极短或不存在，离生或基部稍愈合，花药2室。雌花序穗状，顶生，具少数雌花而直立，或有多数雌花而成下垂的葇荑花序，雌花花被片2～4枚，贴生于子房，雌蕊1枚；子房下位，花柱极短，柱头2裂或稀4裂，胎座短柱状，先端有1颗直立的无珠柄的直生胚珠。果为核果状的假核果或坚果状；种子大型，具1层膜质的种皮。

9属，60余种，大多数分布在北半球热带到温带。中国7属，20种，其中引种1种，主要分布于长江以南；鹤山1属，2种。

1. 黄杞属 Engelhardia Lesch. ex Blume

落叶或半常绿乔木或小乔木。芽无芽鳞而裸出，具显著的柄；枝条实心。叶互生，常为偶数羽状复叶；小叶全缘或具锯齿。雌雄同株稀异株；雌性及雄性花序均为葇荑状，长而具多数花，俯垂，常为1条顶生的雌花序及数条雄花序排列成圆锥式花序束；雄花具短柄或无柄，苞片3裂；2片小苞片有或无，花被片4或减退；雄蕊3～15枚，花丝极短。雌花具短柄或无，苞片3裂，基部贴生于子房下端，小苞片2片；花被片4，排列成2轮，位于正中线的2枚在外；子房下位，2枚心皮合生，花柱存在或不存在，具2或4深裂的柱头。果序长而下垂，果实坚果状，外侧具由苞片发育而成的果翅；果翅膜质，3裂，基部与果实下部愈合，中裂片显著较两侧的裂片为长。

约7种，产于亚洲东部、东南部及印度北部。中国4种；鹤山2种。

1. 小枝苍白色；小叶1～2对 ·············· 1. 白皮黄杞 E. fenzelii
1. 小枝暗褐色；小叶3～5对 ·············· 2. 黄杞 E. roxburghiana

1. 白皮黄杞（少叶黄杞）
Engelhardia fenzelii Merr.

常绿乔木，高5～18 m。嫩枝有铜色至金黄色鳞秕，枝条稍带苍白色，有皮孔。偶数羽状复叶，长8～16 cm，小叶1～2对，近对生，近革质，椭圆形至长圆状椭圆形，长6～9 cm，宽2.5～5 cm，全缘，基部歪斜；侧脉5～7对。雌雄同株或

异株；雄花无柄，苞片 3 裂，花被片 4，兜状，雄蕊 10 ~ 12 枚，几无花丝；雌花有不到 1 mm 长的柄，苞片 3 裂，不贴于子房，花被片 4，贴生于子房，子房直径约 1 mm，柱头 4 裂。果序长 7 ~ 12 cm，俯垂，果柄长 3 ~ 4 cm；果球形，密被橙黄色腺体；苞片托于果实，膜质 3 裂，中间裂片长 2 ~ 3.5 cm。花期 5 ~ 7 月；果期 9 ~ 10 月。

鹤山偶见，产于鹤城昆仑山，生于山地疏林。分布于中国华南、华东地区。

园林观赏。材用。

2. 黄杞
Engelhardia roxburghiana Wall.

半常绿乔木，高达 10 m。小枝紫褐色或黑褐色。叶为偶数

羽状复叶，长 12 ~ 25 cm，叶柄长 3 ~ 8 cm；小叶 3 ~ 5 对，革质，近对生，长 6 ~ 14 cm，宽 2 ~ 5 cm，长椭圆状披针形至长椭圆形，全缘，顶株或稀异株；常形成一顶生的圆锥状花序束，顶端为雌花序，下方为雄花序或雌雄花序分开则雌花序

单独顶生；雄花无柄或近无柄，花被片 4，兜状，雄蕊 10 ~ 12 枚，几乎无花丝；雌花有长约 1 mm 的花柄，苞片 3 裂，花被片 4，贴生于子房，子房近球形，无花柱，柱头 4 裂。果序长达 15 ~ 25 cm；坚果球形，外果皮膜质，内果皮骨质，3 裂的苞片托于果实基部，中间裂片长 3 ~ 5 cm，约为两侧裂片的 2 倍。花期 5 ~ 6 月；果期 8 ~ 9 月。

鹤山各地常见，产于昆仑山，生于丘陵或山地阳坡次生林或疏林中。分布于中国华南、西南，以及湖南、湖北、江西、福建、台湾。中南半岛也有分布。

药用。枝叶茂密，树体高大，适宜在园林绿地中栽植，尤其适宜用做山地风景区绿化的先锋树种。

210. 八角枫科 Alangiaceae

落叶乔木或灌木，很少攀缘状。枝有刺或无刺，常圆柱状形，有时略呈之字形屈曲。单叶互生，无托叶；叶片全缘或掌状分裂，基部两侧常不对称；羽状脉或 3 ~ 7 基出脉。聚伞花序或伞形花序腋生，很少单朵腋生；花两性，白色或淡黄色，有香气，花梗有关节，小苞片常早落；萼小，檐部 4 ~ 10 齿裂或近截平；花瓣 4 ~ 10 枚，线形，分离，或有时基部与花瓣粘连；花药线形，2 室，药室纵裂；花盘肉质；子房下位，1 ~ 2 室，花柱常很长，柱头棒状或头状，不裂或 2 ~ 4 裂，胚珠单生，下垂。核果椭圆形，卵形或近球形；种子 1 颗，有丰富的胚乳；胚大，子叶长圆形或近圆形。

仅 1 属，约 21 种，分布于亚洲、大洋洲和非洲。中国 11 种，除黑龙江、内蒙古、新疆、宁夏和青海外，其余各省均有分布；鹤山 1 属，2 种。

1. 八角枫属 Alangium Lam.

属的形态特征与科同。

11 种，分布于亚洲、大洋洲和非洲。中国 11 种，除黑龙江、内蒙古、新疆、宁夏和青海外，其余各省均有分布；鹤山 2 种。

1. 幼枝近无毛；聚伞花序有花 7 ~ 30 朵，雄蕊的药隔无毛 ········
·· 1. 八角枫 **A. chinense**
1. 幼枝被毛；聚伞花序有花 5 ~ 7 朵，雄蕊的药隔有毛 ············
·· 2. 毛八角枫 **A. kurzii**

1. 八角枫
Alangium chinense (Lour.) Harms

落叶乔木或灌木，高 5 ~ 7 m。小枝"之"字形屈曲，无毛或有稀疏的柔毛；冬芽圆锥形。叶纸质，近圆形、椭圆形或卵形，长 13 ~ 19 cm，顶端短尖或略钝头，基部常不对称，不分裂或 3 ~ 7 裂；基出脉 3 ~ 5；叶柄长 2.5 ~ 3.5 cm。聚伞花序腋生，有花 7 ~ 30 朵；花梗长 5 ~ 15 mm；小苞片线形或披针形；萼裂片 6 ~ 8 枚，齿状；花瓣 6 ~ 8 枚，初为白色，后变为黄色，线形，长 1 ~ 1.5 cm，基部彼此粘连；雄蕊与花瓣同数且近等长，花丝稍扁；柱头头状，2 ~ 4 浅裂。核果卵圆形，成熟时黑色。花期 5 ~ 7 月和 9 ~ 10 月；果期 7 ~ 11 月。

鹤山各地常见，产于鹤城鸡仔地、共和里村华伦庙后面、龙口桔园风水林中，生于常绿阔叶林、山地林中。分布于中国华南、华中、华东及西南地区。东南亚和不丹、印度、尼泊尔及非洲东部也有分布。

圆状椭圆形，长 1.2 ~ 1.5 cm，直径 8 mm，幼时紫褐色，成熟后黑色，顶端有宿存的萼齿。花期 5 ~ 6 月；果期 9 月。

鹤山少见，产于鹤城昆仑山，生于山地灌丛。分布于中国广东、海南、广西、江苏、浙江、安徽、江西、湖南、山西、贵州、云南。缅甸、越南、泰国、日本、朝鲜、老挝、马来西亚、印度尼西亚和菲律宾也有分布。

本种种子可榨油，供工业用。

212. 五加科 Araliaceae

乔木、灌木或木质藤本，稀多年生草本。有刺或无刺。叶互生，稀轮生，单叶、掌状复叶或羽状复叶；托叶常与叶柄基部合生成鞘状。花整齐，两性或杂性，稀单性异株，聚生为伞形花序、头状花序或穗状花序，通常再组成圆锥状复花序；萼筒与子房合生，边缘波状或有萼齿；花瓣 5 ~ 10 枚，镊合状或覆瓦状排列，常离生，稀合生成帽状体；雄蕊与花瓣同数而互生，有时为花瓣的 2 倍，或无定数，着生于花盘边缘；花丝线形或舌状；花药长圆形或卵形，丁字状着生；子房下位，2 ~ 15 室；花柱与子房室同数；花盘上位，肉质，扁圆锥形或环形；胚珠倒生。果实为浆果或核果，种子常侧扁。

约 50 属，1 350 种，分布于两半球热带至温带地区。中国 23 属，180 种，其中引种 1 属，7 种，除新疆外，全国各地有分布；鹤山连引入栽培的共 4 属，4 种。

1. 单叶，不分裂或指状 2 ~ 3(~ 5) 深裂 ·················
································· 2. **树参属 Dendropanax**
1. 掌状或羽状复叶。

2. 毛八角枫
Alangium kurzii W. G. Craib

落叶小乔木，稀灌木，高 5 ~ 10 m；树皮深褐色，平滑；小枝近圆柱形；当年生枝紫绿色，有淡黄色绒毛和短柔毛，多年生枝深褐色，无毛。叶互生，纸质，近圆形或阔卵形，顶端长渐尖，基部心脏形或近心脏形，倾斜，两侧不对称，全缘，长 12 ~ 14 cm，宽 7 ~ 9 cm，上面深绿色，幼时除沿叶脉有微柔毛外，其余部分无毛，下面淡绿色，有黄褐色丝状微绒毛，叶上更密，主脉 3 ~ 5 条，在上面显著，下面凸起，侧脉 6 ~ 7 对，上面微现，下面显著；叶柄长 2.5 ~ 4 cm，近圆柱形，有黄褐色微绒毛，稀无毛。聚伞花序有 5 ~ 7 花，总花梗长 3 ~ 5 cm；花萼漏斗状，常裂成锐尖形小萼齿 6 ~ 8，花瓣 6 ~ 8，线形，长 2 ~ 2.5 cm，基部粘合；雄蕊 6 ~ 8，被毛略短于花瓣；花盘近球形，微呈裂痕，有微柔毛；子房 2 室，每室有胚珠 1 颗；花柱圆柱形，上部膨大，柱头近球形，4 裂。核果椭圆形或矩

1. 楤木属 Aralia L.

小乔木、灌木或多年生草本。树皮小枝通常有刺。叶大，1至数回羽状复叶；托叶和叶柄基部合生，先端离生，稀不明显或无托叶。花杂性，聚生为伞形花序，稀为头状花序，再组成圆锥花序；苞片和小苞片宿存或早落；花梗有关节；萼筒边缘有 5 个小齿；花瓣 5 枚，在花芽中覆瓦状排列；雄蕊 5 枚，花丝细长；子房 5 室，稀 4 ~ 2 室；花柱 5 枚，稀 4 ~ 2，离生或基部合生；花盘小，边缘略隆起。果实球形，有 5 棱，稀 4 ~ 2 棱；种子白色，侧扁，胚乳匀一。

约 40 种，大多数分布于中国和东南亚，少数分布于北美洲。中国 29 种；鹤山 1 种。

1. 黄毛楤木
Aralia chinensis L.

小乔木，高 1 ~ 5 m。树皮灰白色，有纵纹；小枝、叶、叶柄、花序等密生黄棕色绒毛，尤其叶背最密；小枝、叶轴、伞梗还疏生小皮刺。叶为二回羽状复叶，长达 1.2 m；叶柄粗壮，长 20 ~ 40 cm，疏生细刺和黄棕色绒毛；托叶和叶柄基部合生，外面密生锈色绒毛；叶轴和羽片轴密生黄棕色绒毛；羽片有小叶 7 ~ 13 片，小叶片纸质，卵形至长圆状卵形，长 7 ~ 14 cm，宽 4 ~ 10 cm，边缘有细锯齿；侧脉 6 ~ 9 对。圆锥花序大，密生黄棕色绒毛，疏生细刺；伞形花序直径约 2.5 cm，有花

30 ~ 50 朵；花淡绿色。果实球形，宿存花柱上部离生，反曲。花期 10 月至翌年 1 月；果期 12 月至翌年 2 月。

鹤山偶见，产于龙口古造村风水林、桃源，生于低山山谷或阳坡疏林。分布于中国华南，以及江西、福建、贵州。

2. 树参属 Dendropanax Decne. & Planch.

灌木或乔木。树干和枝无刺，无毛。单叶，不分裂或指状 2 ~ 3(~ 5) 深裂，常有半透明、红棕色或黄红色腺点或无腺点；托叶与叶柄合生或无托叶。花两性或杂性，多朵，排成单一、顶生的伞形花序或数枚伞形花序聚生成复伞形花序；花梗无关节；萼筒上端全缘或有 5 个裂齿；花瓣 5 枚，在花蕾时镊合状排列，顶端有内弯的凹头；雄蕊 5 枚；子房 5 室，稀 4 ~ 2 室，花柱离生或上部离生、基部合生或合生成柱状；花盘明显。果球形或长圆形，有明显的或不明显的棱，很少光滑。

约 80 种，分布于美洲热带地区及亚洲东部。中国 14 种，分布于西南至东南各省；鹤山 1 种。

1. 变叶树参
Dendropanax proteus (Champ. ex Benth.) Benth.

小乔木，高 2 ~ 3 m。叶革质、纸质或薄纸质，叶形多变，分裂叶为倒三角形，通常 2 ~ 3 深裂，不分裂叶片椭圆形、卵状椭圆形、椭圆状披针形、长圆状披针形、线状披针形或狭披针形，长 2.5 ~ 12 cm，宽 1 ~ 7 cm，全缘或有少数不明显的细锯齿；羽状脉或 3 出脉，侧脉 5 ~ 20 对。伞形花序单生或 2 ~ 3 个聚生，有花多数；花瓣 4 ~ 5 枚，卵状三角形；花柱合成柱状。

果实球形,平滑。花期 8 ~ 9 月;果期 9 ~ 11 月。

鹤山各地常见,产于昆仑山等地,生于山地沟谷疏林。分布于中国广东、海南、广西、福建、湖南、云南。

可作观赏树种。

3. 幌伞枫属 Heteropanax Seem.

乔木或灌木,无刺。大型,三至五回羽状复叶,稀二回羽状复叶,托叶和叶柄基部合生;叶柄基部膨大;中轴和羽轴有膨大关节;小叶全缘。花杂性,聚生为伞形花序,再组成大圆锥花序,顶生的伞形花序通常为两性花,结实,侧生的伞形花序通常为雄花;苞片和小苞片宿存;花梗无关节;萼筒边缘通常有 5 小齿;花瓣 5 枚,在花芽中镊合状排列;雄蕊 5 枚;子房 2 室;花柱 2 枚,离生,开展。果实侧扁。种子扁平,具 2 纵沟,胚乳嚼烂状。

8 种,分布于亚洲南部和东南部。中国 6 种;鹤山栽培 1 种。

1. 幌伞枫（狭叶幌伞枫）
Heteropanax fragrans (Roxb. ex DC.) Seem.
Heteropanax fragrans (Roxb.) seem. var. *attenuatus* C. B. Clarke

乔木,高 8 ~ 20 m。叶为多回羽状复叶,宽达 0.5 ~ 1 m;小叶纸质,对生,椭圆形,长 6 ~ 12 cm,宽 3 ~ 6 cm,先端短渐尖,基部楔形,全缘;侧脉 6 ~ 10 对;叶柄长 15 ~ 30 cm,小叶柄长 1 cm。圆锥花序顶生,长 30 ~ 40 cm,被锈色星状绒毛,后渐脱落,伞形花序在分枝上排列成总状花序,分枝长 10 ~ 20 cm;苞片小,卵形;伞形花序具多花,几为密头状,直径约 1 ~ 1.2 cm,有 1 ~ 2 cm 长的柄,花梗长 2 mm,果时延长;花瓣 5 枚,卵形。果微侧扁;种子椭圆形而扁。花期 3 ~ 4 月;果期冬季。

鹤山偶见栽培,见于址山鹤城街心公园。分布于中国广东西南部、海南、广西、福建、云南南部。不丹、印度、印度尼西亚、缅甸、尼泊尔、泰国、越南也有分布。华南地区有栽培;鹤山 1 种。

树姿优雅,大型羽状复叶仿佛张开的雨伞,甚为壮观,为优美庭园观赏树种。

4. 鹅掌柴属 Schefflera J. R. Forst & G. Forst.

常绿乔木、灌木或藤状灌木。枝无刺。掌状复叶,稀单叶;托叶与叶柄基部合生成鞘状;叶柄长,脱落后在枝上留有 "V" 形叶痕或叶柄基部不脱落,在枝上留有叶柄残基。花多数,排成伞形花序,很少为总状花序、头状花序或穗状花序,上述花序再组成顶生的圆锥花序或总状花序;花梗无关节;萼筒上端全缘或有 5 个细裂齿;花瓣 5 枚,在花蕾时镊合状排列;雄蕊与花瓣同数;子房常 5 室,花柱离生或基部合生,上部离生或合生成柱状或无花柱。果球形或卵球形,具 5 棱,有时棱不明显;种子常扁平,胚乳匀一,有时稍呈嚼烂状。

约 200 种,广泛分布于两半球的热带地区。中国 37 种,分布于西南部和东南部的热带和亚热带地区;鹤山 1 种。

1. 鹅掌柴（鸭脚木）
Schefflera heptaphylla (L.) Frodin
Schefflera octophylla (Lour.) Harms

常绿乔木,高达 15 m。复叶有小叶 6 ~ 9 片;叶柄长 15 ~ 30 cm;小叶纸质至革质,椭圆形、长圆状椭圆形或倒卵状椭圆形,长 9 ~ 17 cm,宽 3 ~ 5 cm,先端尖,稀圆形,基部渐狭,楔形或钝形,边缘全缘;侧脉 7 ~ 10 对;小叶柄长 1.5 ~ 5 cm。圆锥花序顶生,长 20 ~ 30 cm;分枝斜生,有总状排列的伞形花序几个至十几个;伞形花序有花 10 ~ 15 朵;总花梗纤细,长 1 ~ 2 cm;小苞片小,宿存;花白色;花瓣 5 ~ 6 枚,开花时反曲;雄蕊 5 ~ 6 枚;子房 5 ~ 7 室;花柱合生成粗短的柱状;花盘平坦。果实球形,具 5 棱;宿存花柱极短。花期 11 ~ 12 月;果期 12 月至翌年 3 月。

鹤山各地常见,产于桃源鹤山市林科所、鹤城昆仑山、龙口（莲塘村、三洞水口村）风水林、雅瑶昆东洞田村风水林等地。生于低山地区阔叶林和针阔混交林中。分布于中国广东、广西、江西、福建、湖南、浙江、贵州、云南、西藏。印度、越南、日本、泰国也有分布。

叶色翠绿,四季常青,是良好的园林绿化树种。

鹅掌柴

215. 杜鹃花科 Ericaceae

木本，灌木或乔木。地生或附生。通常常绿；有具芽鳞的冬芽。叶革质，稀纸质，互生，极少假轮生，稀交互对生，全缘或有锯齿，不分裂，被各式毛或鳞片或无。花单生或组成总状、圆锥状或伞形总状花序，顶生或腋生，两性，辐射对称或略两侧对称；具苞片；花萼4～5裂，宿存，有时花后肉质；花瓣合生呈钟状、坛状、漏斗状或高脚蝶状，稀离生，花冠通常5裂，稀4、6、8裂，裂片覆瓦状排列；雄蕊为花冠裂片的2倍，少同数，稀更多，花丝分离，稀略粘合；花盘盘状，具厚圆齿；子房上位或下位，常5室，每室有胚珠多数，稀1颗；花柱和柱头单一。蒴果或浆果，少有浆果状蒴果；种子小，粒状或锯屑状，无翅或有狭翅，或两端具伸长的尾状附属物；胚圆柱形，胚乳丰富。

约125属，4 000种，除沙漠地区外，广泛分布于南、北半球的温带及北半球亚寒带，少数属、种环北极或北极分布，也分布于热带高山，大洋洲种类极少。中国22属，约826种，全国均有分布；鹤山连引入栽培的共2属，3种，1杂交种。

1. 蒴果室背开裂 .... 1. 吊钟花属 Enkianthus
1. 蒴果室间开裂 .... 2. 杜鹃花属 Rhododendron

1. 吊钟花属 Enkianthus Lour.

落叶或极少常绿灌木，稀为小乔木。枝常轮生；冬芽为混合芽。叶互生，全缘或具锯齿，常聚生于枝顶，具柄。单花或为顶生、下垂的伞形花序或伞形总状花序；花梗细长，花开时常下弯，果时直立或下弯，基部具苞片；花萼5裂，宿存；花冠钟状或坛状，5浅裂；雄蕊10枚，分离，通常内藏，花丝短，基部渐变宽，常被毛，花药卵形，顶端常呈羊角状叉开，每室顶端具1芒，有时基部具附属物，顶孔开裂；子房上位，5室，每室有胚珠数颗。蒴果椭圆形，5棱，室背开裂为5片；种子少数，长椭圆形，常有翅或有角。

12种，分布于日本及中国东部至西南部、越南北部、缅甸北部至东喜马拉雅地区。中国7种，分布于长江流域及其以南各省区；鹤山1种。

1. 吊钟花
Enkianthus quinqueflorus Lour.

灌木或小乔木，高1～3 m。叶聚生于枝顶，互生，革质，长圆形或倒卵状长圆形，长5～10 cm，宽2～4 cm，先端渐

尖，从中部向基部渐狭而成短柄，边缘反卷，全缘或稀向顶端有疏细齿；中脉在两面清晰，侧脉6～7对。伞形花序，顶生，有花5～8朵，着生于覆瓦状排列的红色苞片内；苞片长椭圆形、匙形或条状披针形，膜质；花梗长约1.5～2 cm，绿色；花萼5裂，裂片三角状披针形，长2～4 mm，顶端被纤毛；花冠宽钟状，长约1.2 cm，粉红色或红色，5裂；雄蕊10枚，白色，花药黄色。蒴果椭圆形，淡黄色，具5棱。花期3～5月；果期5～7月。

鹤山偶见，产于鹤城昆仑山等地，生于山地灌丛中。分布于中国广东、海南、广西、湖南、湖北、福建、贵州、四川、云南。

花钟铃形，花色淡红，花姿清妍，为优良的木本观赏花卉。

2. 杜鹃花属 Rhododendron L.

灌木或乔木，有时矮小成垫状，地生或附生。植物无毛或被各式毛被或被鳞片。叶互生，全缘，稀有不明显的小齿。花芽被多数形态大小有变异的芽鳞。花显著，形小至大，通常排列成伞形总状或短总状花序，稀单花，通常顶生，少有腋生；花萼5裂或环状无明显裂片，宿存；花冠漏斗状、钟状。管状或高脚蝶状，整齐或略两侧对称，常5裂，裂片在芽内覆瓦状；雄蕊5～10枚，常10枚，着生于花冠基部，花药无附属物，顶空开裂或为略微偏斜的孔裂；花盘多少增厚而显著，5～10裂；子房常5室，花柱细长劲直或粗短而弯弓状，宿存。蒴果自顶部向下室间开裂；种子多数，细小，纺锤形，具翅。

约1 000种，广泛分布于亚洲、欧洲、北美洲，主产于东亚和东南亚，澳大利亚有2种。中国约571种，除新疆、宁夏外，

各地均产，集中产于华南和西南地区；鹤山连引入栽培的共3种。

1. 落叶灌木 ·· 1. 华丽杜鹃 R. farrerae
1. 常绿灌木。
  2. 花蔷薇紫色，有深紫色斑点 ·········· 2. 锦绣杜鹃 R. × pulchrum
  2. 花玫瑰色、鲜红色或暗红色，有深红色斑点
  ·· 3. 杜鹃花 R. simsii

1. 华丽杜鹃（丁香杜鹃）
Rhododendron farrerae Sweet

落叶灌木，高约1 m。多分枝；小枝假轮生；幼枝、嫩叶、叶柄、花梗和花萼等密被深褐色长柔毛；子房和蒴果均被长柔毛状糙伏毛。叶近革质，卵形，长3.5 ~ 5 cm，顶端尖或稍钝，基部近圆形，边缘有细密圆齿或近全缘，两面老时无毛，有时仅中脉或侧脉残存被毛，网脉明显；叶柄长2 ~ 3 mm。花单生，很少2朵并生，先于叶开放；花梗常为花芽的鳞片所包着；花萼小，裂片细齿状；花冠辐状漏斗形，淡紫红色，有紫红色斑；雄蕊8 ~ 10枚，不等长，比花冠和花柱短。蒴果圆锥状卵圆形，长约1.5 cm；果梗稍弯曲。花期2 ~ 3月；果期9月。

鹤山偶见，产于鹤城昆仑山，生于山地灌丛。常生于山地干燥的岩石旁或灌丛中。分布于中国广东、广西、江西、湖南、福建、重庆。

可盆栽作盆景观赏。

2. 锦绣杜鹃（鲜艳杜鹃）
Rhododendron × pulchrum Sweet

常绿灌木，高达2 m。叶纸质，椭圆状长圆形，长2.5 ~ 5.6 cm，宽8 ~ 18 mm，顶端急尖，有凸尖头，基部楔形；叶柄长4 ~ 6 mm。花1 ~ 3朵顶生枝端；花梗长6 ~ 12 mm，密被淡黄色长柔毛；花萼大，5深裂，裂片长约8 mm；花冠宽漏斗状，直径约6 cm，裂片5枚，宽卵形，蔷薇紫色，有深紫色斑点。花期4 ~ 9月；果期9 ~ 10月。

鹤山各地常见栽培，常见于市区、各住宅小区。中国广东、广西，以及华中、华东地区有栽培。

供庭院观赏，为优良的观花灌木。

3. 杜鹃花（映山红）
Rhododendron simsii Planch.

落叶灌木，高2 ~ 5 m。分枝多而纤细，密被亮棕褐色扁平糙伏毛。叶革质，常集生于枝端，卵形、椭圆状卵形或倒卵形或倒卵形至倒披针形，长1.5 ~ 5 cm，先端短渐尖，基部楔形，边缘微反卷，具细齿，下面淡白色，密被褐色糙伏毛；中脉在上面凹陷，下面凸出；叶柄长2 ~ 6 mm，密被亮棕褐色扁平糙伏毛。花芽卵球形。花2 ~ 3朵簇生于枝顶；花梗长8 mm，密被亮棕褐色糙伏毛；花萼5深裂，裂片三角状卵形；花冠阔漏斗形，玫瑰色、鲜红色或暗红色，长3.5 ~ 4 cm，裂片5枚，倒卵形，上部裂片具深红色斑点；雄蕊10枚，长约与花冠相等，花丝线状；子房卵球形，10室，密被亮棕褐色糙伏毛，花柱伸出花冠外。蒴果卵球形，长达1 cm，密被糙伏毛；花萼宿存。花期4 ~ 5月；果期6 ~ 8月。

鹤山偶见，产于鹤城昆仑山，生于山地灌丛。分布于中国华南、华中、华东和西南地区。日本、缅甸、泰国也有分布。

为优良的观花灌木。

杜鹃花

221. 柿树科 Ebenaceae

　　乔木或灌木。无乳状汁液。单叶互生，稀对生，全缘，无托叶。花通常单性，雌雄异株，稀杂性或两性，辐射对称，单生于叶腋或排成小聚伞花序；雄花常具不发育子房；雌花有或无退化雄蕊；花萼3～7裂，宿存，果时常增大；花冠3～7裂，裂片旋转排列，稀覆瓦状或镊合状排列；雄蕊常为花冠裂片数的2～4倍且与其对生，下位或着生于花冠管的基部，稀同数而互生，花丝分离或两枚连生成对，花药基着，2室，内向，纵裂，稀顶孔开裂；子房上位，2～16室；花柱2～8枚，分离或基部合生；胚珠每室1～2颗，悬垂于子房室顶端的内角，珠被2层。浆果肉质或革质；种子有薄种皮，胚直，胚乳丰富，软骨质。

　　3属，约500种，主要分布于热带地区，次为亚热带地区。中国1属，60种；鹤山连引入栽培的共1属，3种。

1. 柿树属 Diospyros L.

　　乔木或灌木。叶互生或稀近对生，全缘。花单性，雌雄异株，稀杂性，组成腋生的聚伞花序或生于老枝上，雌花常单生；花萼通常4～5裂，雌花的花萼结果时增大；花冠裂片通常4～5，蕾时向左旋转排列，罕为覆瓦状排列；雄花雄蕊4到多数，通常16枚，分离或成对在基部连合，花药纵裂或稀孔裂，不发育子房有或无；雌花子房4～16室，通常8室，花柱通常2～4枚，分离或基部合生，柱头微凹或点状，胚珠每室1～2颗，退化雄蕊通常存在，但数目比雄花里的雄蕊要少。浆果肉质，托以宿萼；种子压扁。

　　约485种，主产于热带地区，少数产于温带地区。中国60种，南北均有分布，以西南至东南部最盛；鹤山连引入栽培的共3种。

1. 果较大，直径约3～4 cm ────────── 2. 柿 D. kaki
1. 果较小，直径小于2.5 cm。
　2. 叶纸质；果椭圆形，较小，直径1.5 cm ──────────────────── 1. 乌材 D. eriantha
　2. 叶革质；果近球形，较大，直径1.5～2 cm ──────────────── 3. 罗浮柿 D. morrisiana

1. 乌材（乌柿）
Diospyros eriantha Champ. ex Benth.

　　乔木，高可达13 m。嫩枝、嫩叶及花序被紧贴的锈色硬毛，老枝无毛。叶近2列，纸质，长椭圆形或披针状长椭圆形，长5～15 cm，先端渐尖，基部阔楔形或近圆形，全缘，叶表深绿光滑，无毛；中脉及侧脉在下面均明显，侧脉4～8对；叶柄粗短。花序腋生，聚伞花序式；雄花1～3朵簇生于叶腋，近无梗，基部有数片覆瓦状排列的小苞片；花萼4深裂；裂片披针形，被粗伏毛；花冠白色，高脚碟状，外面密被粗伏毛；花冠管长7～8 mm，裂片4枚，披针形，雄蕊14～16枚，退化子房小；雌花单生于叶腋，近无梗，花被与雄花同，子房密被粗伏毛，2室，退化雄蕊8枚。果实椭圆形，径1.5 cm，近无柄；种子1～2颗。花期7～8月；果期10月至翌年2月。

　　产于宅梧泗云管理区元坑村风水林，生于常绿阔叶林中。分布于中国广东、海南、广西、福建、台湾。越南、日本、老挝、马来西亚及印度尼西亚也有分布。

　　耐旱性强，树姿优美，可栽为观赏树。

2. 柿
Diospyros kaki Thunb.

落叶乔木，高达 10 m 以上。小枝密被褐色短柔毛，后渐脱落。叶互生，纸质或革质，卵状椭圆形、阔椭圆形或倒卵形，长 7 ~ 17 cm，顶端具短尖头，基部渐狭或近圆形，嫩叶两面被柔毛，老时仅下面被柔毛；叶柄长 1 ~ 2.5 cm。花杂性；雄花通常 3 朵组成腋生的聚伞花序，花梗长 6 ~ 10 mm；花萼钟状，4 深裂，萼管及裂片内面被毛，裂片披针形，花冠坛状，花冠管长约 1 cm，裂片 4 枚，宽卵形，雄蕊 16 ~ 24 枚；雌花通常单生于叶腋，子房 8 室，花柱基部分离，被短柔毛，退化雄蕊 8 枚。果卵球形或扁球形，熟时橙黄色或深橙红色；宿萼 4 裂，直径 3 ~ 4 cm。花期 4 ~ 6 月；果期 7 ~ 11 月。

顶端急尖，退化雄蕊 6 枚，子房球形，花柱 4 枚，通常合生至中部，花梗长约 2 mm。果近球形，直径 1.5 ~ 2 cm，黄色；种子近长圆形，栗色，侧扁，宿存萼片近平展，近方形，4 浅裂；果梗极短。花期 5 ~ 6 月；果期 10 ~ 12 月。

鹤山各地常见，产于鹤城昆仑山等地，生于海拔 300 m 以上的密林或山坡次生林中。分布于中国广东、广西、福建、台湾、浙江、贵州、四川、云南。越南、日本也有分布。

为良好的观果树种。

鹤山偶见栽培，亦有野生，产于共和獭山村、龙口莲塘村、鹤城昆仑山等地。分布于中国长江流域及辽宁西部、甘肃南部、华南、华中、华东、西南各省区多有栽培。东亚、东南亚及大洋洲和北非的阿尔及利亚及法国、俄罗斯、美国等有栽培。

为重要的果树，也是优良的风景树。

3. 罗浮柿
Diospyros morrisiana Hance

灌木或小乔木，高达 20 m。叶薄革质，椭圆形或长圆形，长 4.5 ~ 10 cm，宽 2.5 ~ 3.5 cm，先端短渐尖，基部楔形，边缘微背卷；侧脉 4 ~ 6 对，网脉不明显，两面均无毛；叶柄长约 1 cm，顶端有很狭的翅。雄花通常 3 朵组成腋生的聚伞花序，花萼钟形，4 裂，裂片三角形，花冠壶形，裂片 4 枚，卵形，长约 2.5 mm，反曲，雄蕊 16 ~ 22 枚，每 2 枚合生成对，腹面 1 枚较短，花梗短，密生伏柔毛；雌花单生于叶腋，萼浅杯状，被绒毛，4 裂，裂片三角形，花冠近壶形，裂片 4 枚，卵形，

222. 山榄科 Sapotaceae

乔木或灌木。有时具乳汁，髓部、皮层及叶肉有分泌硬橡胶的乳管；幼嫩部分常被锈色、通常 2 叉的绒毛。单叶互生，近对生或对生，有时密聚于枝顶，通常革质，全缘，羽状脉；托叶早落或无托叶。花单生或通常数朵簇生于叶腋或老枝上，有时排列成聚伞花序，稀成总状或圆锥花序，两性，稀单性或杂性，辐射对称，具小苞片；花萼裂片常 4 ~ 6 枚，稀 12 枚，覆瓦状排列，或成 2 轮，基部联合；花冠合瓣，具短管，裂片与花萼裂片同数或为其 2 倍，覆瓦状排列，通常全缘；能育雄蕊着生于花冠裂片基部或冠管喉部，与花冠裂片同数对生，或多数而排列成 2 ~ 3 轮，分离，花药 2 室，药室纵裂，常外向；退化雄蕊有或无，鳞片状至花瓣状；雌蕊 1 枚，子房上位，心皮 4 或 5(1 ~ 14) 枚，合生，中轴胎座，每室 1 侧生下转或上转胚珠，着生于胎座基部，珠被 1 层，珠孔向下，花柱单生，常顶端分裂。浆果，有时为核果状。种子 1 至数颗，有各种各样的疤痕。

52 属, 约 1 100 种, 分布于全球热带地区。中国 11 属, 24 种, 主产于华南地区和云南; 鹤山连引入栽培的共 2 属, 1 种, 1 变种。

1. 金叶树属 Chrysophyllum L.

乔木。叶革质或纸质, 有纤细而密生的侧脉, 通常下面被绢质绒毛, 无托叶。花数至多朵腋生, 有或无花梗; 萼通常 5 裂, 很少 6 或 7 裂, 裂片覆瓦状排列; 花冠管状钟形, 冠管短或与裂片近等长, 裂片 5 枚, 很少 6 ~ 11 枚, 覆瓦状排列; 雄蕊通常着生在花冠喉部, 与花冠裂片同数而对生, 花丝钻形或线形, 无不育雄蕊; 子房被长柔毛, 1 ~ 10 室, 每室 1 颗胚珠, 花柱短或长, 柱头头状或 5 ~ 10 裂。浆果肉质, 近球形或长圆形; 种子 1 ~ 8 颗, 种皮坚硬而厚或纸质, 光亮, 疤痕侧生, 长线形或很阔, 几乎覆盖种子的全表面, 胚乳少或几乎无, 子叶肥厚。

约 70 种, 广泛分布于热带地区, 但主要分布在美洲热带地区。中国 1 种; 鹤山 1 变种。

1. 金叶树
Chrysophyllum lanceolatum (Blume) A. DC. var. **stellatocarpon** P. Royen ex Vink

乔木, 高 10 ~ 20 m 或更高。嫩枝被黄色短柔毛。叶薄革质, 长圆形或长圆状披针形, 两侧稍不对称, 长 7 ~ 12 cm, 顶端略呈尾状, 钝头, 基部楔形, 两面无毛, 干时呈黄褐色; 侧脉多而密, 极纤细, 末端在近边缘处结成清晰的边脉; 叶柄长通常不超过 1 cm, 无毛或被短柔毛。花数朵至多朵簇生于叶腋; 花梗纤细, 长约 5 mm, 被锈色柔毛; 萼裂片长约 1.5 mm, 外面略被柔毛; 花冠白色, 阔钟状, 长不及 3 mm, 裂片与冠管近等长, 顶端圆; 雄蕊具短的花丝; 子房被绒毛。浆果近球形, 直径 1.5 ~ 2 cm, 成熟时有 5 条纵棱, 褐黄色; 种子常 5 颗, 近倒卵形, 两侧压扁, 长 11 ~ 13 mm, 栗褐色, 光亮。花期夏季。

鹤山偶见, 产于龙口三洞水口村风水林、宅梧泗云管理区元坑村风水林, 生于常绿阔叶林中。分布于中国广东和广西。印度、越南、菲律宾及马来半岛也有分布。

根和叶有活血去瘀、消肿止痛的功效。果可食用。

2. 铁线子属 Manilkara Adans.

乔木或灌木。叶革质或近革质, 具柄, 侧脉甚密; 托叶早落。花数朵簇生于叶腋; 花萼 6 裂, 2 轮排列; 花冠裂片 6, 每裂片的背部有 2 枚等大的花瓣状附属物; 能育雄蕊 6 枚, 着生于花冠裂片基部或冠管喉部; 退化雄蕊 6 枚, 与花冠裂片互生, 卵形, 顶端渐尖至钻形, 不规则的齿裂、流苏状或分裂, 有时鳞片状; 子房 6 ~ 14 室, 每室 1 胚珠。果为浆果; 种子 1 ~ 6 颗, 侧向压扁, 种脐侧生而长, 种皮脆壳质, 胚乳少, 子叶薄, 叶状。

约 65 种, 分布热带地区。中国 1 种; 鹤山栽培 1 种。

1. 人心果
Manilkara zapota (L.) P. Royen

小乔木，高 15 ～ 20 m，有白色乳汁。树冠圆球状或塔形，终年常绿。叶片坚挺，革质，密生于枝梢，长圆形或卵状椭圆形，长 6 ～ 19 cm，宽 2.5 ～ 4 cm，先端急尖或钝，基部楔形。花 1 ～ 2 朵 生于枝顶叶腋，长约 1 cm，花冠白色。浆果纺锤形、卵形或球形。花、果期 4 ～ 9 月。

鹤山市林科所、宅梧泗云管理区元坑村有栽培。原产于热带美洲。中国广东、广西、云南有栽培。

果可食。适合作园林绿化观赏树种。

222A. 肉实树科 Sarcospermataceae

乔木或灌木。具乳状汁液。单叶，对生、近对生或有时互生；羽状脉，侧脉腋内常有腺孔；托叶小，早落。花两性，辐射对称，排成腋生的总状花序或圆锥花序；苞片小；萼 5 裂，裂片覆瓦状排列；花冠近钟状，冠管短，裂片 5 枚，覆瓦状排列；发育雄蕊 5 枚，着生在花冠喉部或裂片基部，与花冠裂片对生，纵裂，不育雄蕊与花冠裂片互生；子房上位，2 或 1 室，每室有 1 颗胚珠；花柱常粗壮，柱头头状或浅裂。核果；种子常 1 颗，疤痕圆形，基生，无胚乳，子叶厚。

仅 1 属，约 9 种，分布于印度及中南半岛、马来半岛。中国 4 种，产于西南部至东南部；鹤山 1 属，1 种。

1. 肉实树属 Sarcosperma Hook. f.

常绿乔木或灌木小乔木。具乳状汁液。单叶对生或近对生，稀互生；托叶小，早落，有时半宿存，通常在叶柄上面，留有明显的托叶痕；叶片全缘，近革质，具柄；羽状脉，侧脉腋内常有腺孔。花小，单生或成簇排成腋生的总状花序或圆锥花序；苞片小，三角形；萼 5 裂，裂片覆瓦状排列；花冠近钟状，冠管短，裂片 5 枚，覆瓦状排列；发育雄蕊 5 枚，着生在花冠喉部或裂片基部，与花冠裂片对生，纵裂，不育雄蕊与花冠裂片互生；子房上位，2 或 1 室，每室有 1 颗胚珠；花柱常粗壮，柱头头状或浅裂，胚珠 1 颗，外转，上升。核果；种子常 1 颗，疤痕圆形，基生，无胚乳，子叶厚。

约 8 ～ 9 种，分布于广东、海南、广西等南方省区；印度、马来西亚、印度尼西亚、菲律宾及中南半岛也有分布。中国 4 种；鹤山 1 种。

1. 水石梓（肉实树）
Sarcosperma laurinum (Benth.) Hook. f.

乔木，高 6 ～ 15 m。树皮灰褐色，薄，近平滑，板根显著；小枝具棱，无毛。叶于小枝上不规则排列，大多互生，也有对生，枝顶的通常轮生；托叶钻形，早落；叶片近革质，通常倒卵形或倒披针形，稀狭椭圆形，长 7 ～ 16 cm，先端骤然急尖，有时钝至钝渐尖，基部楔形，上面深绿色，下面淡绿色，两面无毛；侧脉 6 ～ 9 对；叶柄长 1 ～ 2 cm，上面具小沟，无叶耳。总状花序，或为圆锥花序腋生，长 2 ～ 13 cm；花芳香，单生或 2 ～ 3 朵簇生于花序轴上；每花具 1 ～ 3 片小苞片；花冠绿色转淡黄色；能育雄蕊着生于冠管喉部，与花冠裂片对生；花丝极短，花药卵形；子房卵球形，1 室；花柱粗，长约 1 mm。核果长圆形或

椭圆形，长 1.5 ~ 2.5 cm，由绿至红至紫红转黑色，基部具外反的宿萼，果皮极薄；种子 1 颗，长约 1.7 cm。花期 8 ~ 9 月；果期 12 月至翌年 1 月。

鹤山偶见，产于龙口桔园风水林、宅梧泗云管理区元坑村风水林，生于常绿阔叶林中。分布于中国广东、广西、福建、浙江及云南等省。越南北部也有分布。

树形优美，叶色翠绿，为良好的园林行道树种。

223. 紫金牛科 Myrsinaceae

灌木、乔木或攀缘灌木。单叶互生，稀对生或近轮生，常具腺点或脉状腺条纹，全缘或具各式齿，齿间有时具边缘腺点；无托叶。总状花序、伞房花序、伞形花序、聚伞花序及上述各式花序组成的圆锥花序或花簇生，腋生、顶生或生于侧生特殊花枝顶端；花常两性或杂性，稀单性，有时雌雄异株或杂性异株，辐射对称，覆瓦状或镊合状排列，或螺旋状排列，4 或 5 数，稀 6 数；花萼基部连合或近分离，或与子房合生，通常具腺点，宿存；花冠通常仅基部连合或成管，稀近分离，裂片各式，通常具腺点或脉状腺条纹；雄蕊与花冠裂片同数，对生，着生于花冠上，分离或仅基部合生，稀呈聚药；花药 2 室，纵裂，稀孔裂或室内具横隔，有时在雌花中常退化；雌蕊 1 枚，子房上位，稀半下位或下位，1 室，中轴胎座或特立中央胎座；胚珠多数，1 或多轮，通常埋藏于多分枝的胎座中，倒生或半弯生，常仅 1 颗发育，稀多数发育；花柱 1 枚。浆果核果状。种子 1 颗或多数。

约 42 属，2 200 余种，主要分布于南、北半球热带和亚热带地区，南非及新西兰也有分布。中国 5 属，120 种，主要产于长江流域以南各省区；鹤山 3 属，7 种。

1. 种子多数，有棱角 ⋯⋯⋯⋯⋯⋯ 2. 杜茎山属 Maesa
1. 种子 1 颗，通常为球形。
  2. 花柱丝状，柱头点尖 ⋯⋯⋯⋯⋯⋯ 1. 紫金牛属 Ardisia
  2. 花柱极短或几无，柱头伸长，成圆柱形，腊肠形或中部以上扁平成舌状 ⋯⋯⋯⋯⋯⋯ 3. 铁仔属 Myrsine

1. 紫金牛属 Ardisia Sw.

小乔木、灌木或亚灌木状近草本。叶互生，稀对生或近轮生，通常具不透明腺点，全缘或具波状圆齿、锯齿或细齿，具边缘腺点或无。聚伞花序、伞房花序、伞形花序又由上述花序组成的圆锥花序、金字塔状的圆锥花序，稀总状花序，顶生、腋生、侧生或着生于侧生或腋生的特殊花枝顶端；两性花，通常为 5 数，稀 4 数；花萼通常仅基部连合，稀分离，萼片镊合状或覆瓦状排列，通常具腺点；花瓣基部微微连合，为右旋螺旋状排列，花时外反或开展，稀直立，无毛，稀里面被毛，常具腺点；雄蕊着生于花瓣基部或中部；花丝短，基部宽，向上渐狭；花药 2 室，纵裂，稀孔裂；雌蕊与花瓣等长或略长；子房通常为球形或卵株形；花柱丝状，柱头点尖；胚珠 3 ~ 12 颗或更多，1 轮或数轮。浆果核果状，球形或扁球形，通常为红色，具腺点；种子 1 颗，球形或扁球形；胚乳丰富；胚圆柱形，横生或直立。

约 400 ~ 500 种，主要分布于亚洲东部至南部，美洲、澳大利亚及太平洋诸岛。中国 65 种，分布于长江流域以南各地；鹤山 4 种。

1. 叶全缘或有不明显的弯缺，无边缘腺点或不明显 ⋯⋯⋯⋯⋯⋯⋯⋯⋯⋯ 4. 罗伞树 A. quinquegona
1. 叶缘具各式圆齿，齿间具边缘腺点，边缘具锯齿。
  2. 边缘脉远离叶缘，几乎与中部连接，叶背被细微柔毛 ⋯⋯⋯⋯⋯⋯ 3. 腺点紫金牛 A. lindleyana
  2. 边缘脉仅靠边缘，叶背无毛，有或无细鳞片。
    3. 叶片短且宽，长 7 ~ 10 cm，宽 2 ~ 4 cm；萼片长圆状卵形 ⋯⋯⋯⋯⋯⋯ 1. 朱砂根 A. crenata
    3. 叶片长且狭，长 10 ~ 17 cm，宽 1.5 ~ 2.5 cm；萼片卵形 ⋯⋯⋯⋯⋯⋯ 2. 大罗伞树 A. hanceana

1. 朱砂根
Ardisia crenata Sims
Ardisia linangensis C. M. Hu

常绿灌木，高 1 ~ 2 m。茎粗壮，无毛。叶对生，革质或坚纸质，椭圆形、椭圆状披针形，长 8 ~ 15 cm，宽 2 ~ 4 cm，顶端尖，基部楔形，边缘具皱波状或波状齿，具明显的边缘腺点，两面无毛，侧脉 12 ~ 18 对，构成不规则的边缘脉；叶柄长约 1 cm。伞形花序或聚伞花序，着生于侧生特殊花枝顶端，花枝近顶端有 2 ~ 3 片叶或无叶；花梗长 7 ~ 10 mm，几无毛；花长 4 ~ 6 mm，花萼近基部连合；萼片长圆状卵形，具腺点；花瓣白色，稀略带粉红色，卵形，具腺点；花药三角状披针形；雌蕊与花瓣近等长或略长；子房卵状形，无毛，具腺点；胚珠 5 颗，1 轮。浆果圆球形，成熟时鲜红色，有光泽。花期 5 ~ 6 月；果期 10 ~ 12 月，有时 2 ~ 4 月。

产于鹤城昆仑山龙口仓下村后山，生于低海拔至中海拔的疏、密林下阴湿的灌木丛中。分布于中国长江流域及以南各地。印度、缅甸、马来西亚、菲律宾、越南和日本也有分布。

为常用的中草药之一，根、叶可祛风湿、散瘀止痛，通经活络。果可食。也为优良的观赏植物。

2. 大罗伞树（郎伞木）
Ardisia hanceana Mez.

常绿灌木，高 0.8 ~ 1.5 m，有时达 6 m。茎通常粗壮，无毛，除侧生特殊花枝外不分枝。叶坚纸质或略厚，浓绿，椭圆状或长圆状披针形，长 10 ~ 17 cm，宽 1.5 ~ 3.5 cm，顶端长急尖，基部楔形，近全缘或具反卷的疏突尖锯齿，齿尖具边缘腺点，两面无毛，侧脉 12 ~ 18 对，隆起，近边缘连成边缘脉，边缘常明显反卷；叶柄长 1 cm 或更长。复伞房状伞形花序，无毛，着生于顶端下弯的侧生特殊花枝尾端；花枝长 8 ~ 24 cm；花

序轴长 1 ~ 2.5 cm；花萼仅基部连合，卵形；花瓣白色或带紫色，长 6 ~ 7 mm；雄蕊与花瓣等长，花药箭状披针形，背部具疏大腺点；雌蕊与花瓣等长；子房卵球形，无毛；胚珠 5 颗，1 轮。果球形，直径 9 mm，深红色。花期 5 ~ 6 月；果期 11 ~ 12 月。

　　鹤山偶见，产于雅瑶昆东洞田村风水林，生于山谷、坡地林中。分布于中国广东、广西、湖南、江西、福建、安徽、浙江。为优良的园林观赏树种。

3. 腺点紫金牛（山血丹）
Ardisia lindleyana D. Dietr.
Ardisia punctata Lindl.

　　灌木或小灌木，高 1 ~ 2 m。茎幼时被微柔毛，无皱纹，除侧生特殊花枝外，无分枝。叶片革质或近坚纸质，长圆形

或椭圆状披针形，顶端急尖或渐尖，稀钝，基部楔形，长 10 ~ 15 cm，近全缘或具微波状锯齿，齿尖具边缘腺点，边缘反卷，叶面无毛；侧脉 8 ~ 12 对，连成远离边缘的边缘腺；叶柄长 1 ~ 1.5 cm，被微柔毛。亚伞形花序，单生或稀为复伞形花序，着生于侧生特殊花枝顶端；花枝长 3 ~ 11 cm；具少数退化叶或叶状苞片，被细微柔毛；花梗长 8 ~ 12 mm，果时达 2.5 cm；花萼仅基部连合，具腺点；花瓣白色，椭圆状卵形，顶端圆形，具明显腺点；雄蕊较花瓣略短，花药披针形，顶端具小尖头，背部具腺点；雌蕊与花瓣等长，子房具腺点；胚珠 5 颗，1 轮。果球形，直径约 6 mm，深红色，微肉质，具疏腺点。花期 5 ~ 7 月；果期 10 ~ 12 月。

　　鹤山各地常见，产于共和里村风水林、龙口桔园风水林，生于山地灌丛中、山谷、山坡林下。分布于中国广东、广西、湖南、江西、福建、浙江。越南北部也有分布。

　　根入药可调经、通经、活血、祛风、止痛。亦可供观赏，为良好的观果及观叶植物。

4. 罗伞树（火炭树）
Ardisia quinquegona Blume

　　灌木或灌木状小乔木，高约 2 m。小枝细，无毛，有纵纹，嫩时被锈色鳞片；树冠伞形，状似凉伞。叶互生，坚纸质，长圆状披针形、椭圆状披针形至倒披针形，顶端渐尖，基部楔形，长 8 ~ 15 cm，宽 2 ~ 4 cm，全缘，两面无毛；中脉明显，侧脉连成边缘脉；无腺点；叶柄长 5 ~ 10 mm。聚伞花序或亚伞形花序，腋生，稀着生于侧生特殊花枝顶端，长 3 ~ 5 cm；花枝长 8 cm；花长约 3 mm 或略短，花萼仅基部连合，萼片三角

1. 杜茎山（金砂根）
Maesa japonica (Thunb.) Moritzi. & Zoll

状卵形，长 1 mm，具疏微缘毛及腺点，无毛；花瓣白色，广椭圆状卵形，长约 3 mm，具腺点；雄蕊与花瓣几等长；雌蕊常超出花瓣，子房卵珠形，无毛；胚珠多数，数轮。果扁球形，具钝 5 棱，直径 5 ~ 7 mm，无腺点。花期 5 ~ 6 月；果期 12 月或翌年 2 ~ 4 月。

产于共口獭山村风水林、鹤城昆仑山、宅梧泗云管理区元坑村风水林，生于山坡疏、密林中，或林中溪边阴湿处。分布于中国广东、海南、广西、福建、台湾、云南。印度、印度尼西亚、日本、马来西亚、越南也有分布。

全株入药，有消肿、清热解毒的作用。也是良好的园林观赏绿化树种。

2. 杜茎山属 Maesa Forssk.

灌木、稀小乔木。叶全缘或具各式齿，无毛或被毛，常具脉状腺条纹或腺点。总状花序或呈圆锥花序，腋生，稀顶生或侧生；苞片小，卵形或披针形，具花梗；小苞片 2 片，常紧贴于花萼基部或着生于花梗上；花 5 数，两性或杂性，常 1.5 ~ 4 mm；花萼漏斗形，萼管包子房的下半部或更多；萼片镊合状排列，常卵形，具脉状腺条纹或腺点；花冠白色或浅黄色，钟形至管状钟形，花冠管为全长的 1/2 ~ 4/5；雄蕊着生于花冠管上，与裂片对生，内藏，杂性者在雄花中退化；花柱圆柱形，常不超过雄蕊；柱头点尖、微裂或 3 ~ 5 浅裂；胚珠多数，着生于球形中央特立胎座上。肉质浆果或干果，球形或卵圆形，通常具坚脆的中果皮；宿存萼包果一半以上，通常具脉状腺条纹或纵行肋纹；种子细小，多数，直径常不到 1 mm，具棱角，镶于通常是空心的胎座内。

约 200 种，主要分布于东半球热带地区。中国 29 种，分布于长江流域以南各地；鹤山 2 种。

灌木，直立，高 1 ~ 3 m。小枝无毛，具细条纹，疏生皮孔。叶革质，椭圆形至椭圆状披针形，或倒卵形至长圆状倒卵形，或披针形，顶端尖或钝，有时尾状渐尖，基部楔形、钝或圆形，一般长约 10 cm，宽约 3 cm，两面无毛，背面中脉明显隆起，侧脉 5 ~ 8 对；叶柄长 5 ~ 13 cm，无毛。总状花序或圆锥花序，单一或 2 ~ 3 个腋生，长 1 ~ 3 cm；苞片长不到 1 mm，卵形；花梗长 2 ~ 3 mm；小苞片广卵形或肾形，紧贴于花萼基部，具腺点；花萼长约 2 mm，卵形至近半圆形，具明显的脉状腺条纹；花冠白色，长钟形，花冠管长 3.5 ~ 4 mm；雄蕊着生于花冠管中部略上，内藏；花丝与花药等长，花药卵形，背部具腺点；柱头分裂。果球形，直径 4 ~ 5 mm，肉质，具脉状腺条纹，宿存萼包果顶端，具宿存花柱。花期 1 ~ 3 月；果期 10 月或 5 月。

鹤山偶见，产于鹤城昆仑山，生于山地、路旁、密林。分布于中国西南至台湾以南各省区。日本及越南北部也有分布。

果可食。全株供药用，有祛风寒、消肿之功效。亦可供观赏。

2. 鲫鱼胆
Maesa perlarius (Lour.) Merr.

小灌木，高 1 ~ 3 m。分枝多，小枝被长硬毛。叶纸质或近坚纸质，广椭圆状卵形至椭圆形，顶端尖，基部楔形，长

1. 密花树
Myrsine seguinii Lév.
Rapanea neriifolia Mez

7 ~ 11 cm，叶下部全缘，中部以上具粗锯齿；背面中脉隆起，侧脉 7 ~ 8 对；叶柄长 7 ~ 10 mm，被长硬毛或短柔毛。总状花序或圆锥花序，腋生，长 2 ~ 4 cm，具 2 ~ 3 分枝，被长硬毛和短柔毛；苞片小，披针形或钻形；花梗长约 2 mm；小苞片披针形或近卵形，均被长硬毛和短柔毛；花萼长约 2 mm，广卵形，具脉状腺条纹；花冠白色，钟形，长约为花萼的 1 倍；雄蕊在雌花中退化，在雄花中着生于花冠管上部，内藏，花药广卵形或近肾形，无腺点；雌蕊较雄蕊略短，花柱短且厚，柱头 4 裂。果球形。花期 3 ~ 4 月；果期 12 月至翌年 5 月。

产于鹤城鸡仔地风水林、龙口仓下村后山，生于村边灌丛中及疏林中。分布于中国华南，以及台湾、贵州、四川、云南。越南、泰国也有分布。

全株供药用，有消肿去腐、生肌接骨的功效。

3. 铁仔属 Myrsine L.

乔木或灌木，直立。小枝无毛或被毛。叶全缘，稀具齿，多少具腺点，无毛。伞形花序或花簇生，着生于具覆瓦状排列的苞片的小短枝或瘤状物的顶端，小短枝或瘤状物腋生或生于无叶的老枝叶痕上；花 4 ~ 5 数，两性或雌雄异株，花萼仅基部连合，萼片覆瓦状或镊合状排列，边缘具乳头状凸起，具腺点，宿存；花冠仅基部连合或成短管，边缘和里面通常具乳头状凸起，多少具腺点；雄蕊与花瓣对生，着生于花冠管喉部或花瓣基部；花丝极短或几无；花药卵形或箭头形，几与花瓣等大或较花瓣小，2 室，纵裂；雌蕊在雄花中退化，在雌花中具卵形子房；花柱极短或几无；柱头伸长，成圆柱形，腊肠形或中部以上扁平成舌状。浆果核果状，卵形或近球形，有种子 1 颗。

约 300 种，分布于南北半球的热带地区。中国 11 种，分布于南部沿海各地；鹤山 1 种。

灌木或小乔木，高 2 ~ 7 m。小枝无毛，具皱纹。叶革质，长圆状倒披针形至倒披针形，长 7 ~ 17 cm，宽 1.3 ~ 6 cm，顶端急尖或钝，基部楔形，全缘，两面无毛，背面中脉隆起；叶柄长约 1 cm 或较长。伞形花序或花簇生，着生于具覆瓦状排列的苞片的小短枝上，有花 3 ~ 10 朵；苞片广卵形；花梗长 2 ~ 3 mm，无毛，粗壮；花长 3 ~ 4 mm，花萼仅基部连合，萼片卵形，具缘毛；花瓣白色或淡绿色，有时为紫红色，基部连合，长 3 ~ 4 mm，具腺点，里面和边缘密被乳头状凸起；雄蕊在雌花中退化，在雄花中着生于花冠中部；雌蕊与花瓣等长或超过花瓣，子房卵形或椭圆形，花柱极短，柱头伸长，长约为子房的 2 倍。果球形或近卵形，直径 4 ~ 5 mm，灰绿色或紫黑色。花期 4 ~ 5 月；果期 10 ~ 12 月。

鹤山偶见，产于鹤城昆仑山，生于林中、林缘或路旁的灌木丛中。分布于中国华南、华中、华东及西南地区。缅甸、越南及日本也有分布。

根煎水服，可治膀胱结石。可供观赏。

225. 山矾科 Symplocaceae

灌木或乔木。单叶互生，常具锯齿、腺齿或全缘，无托叶。花辐射对称，两性，稀杂性，排成穗状花序、总状花序、圆锥花序，稀单生；花常为 1 片苞片和 2 片小苞片所托；萼 3 ~ 5 裂，裂片镊合状排列或覆瓦状，常宿存；花冠分裂至近基部或中部，裂片 3 ~ 11 枚，常 5 枚，覆瓦状排列；雄蕊常多数，稀 4 ~ 5 枚，花丝联合或分离，排成 1 ~ 5 列，花药近球形，2 室，纵裂；子房下位或半下位，2 ~ 5 室，常 3 室；花柱 1 枚，纤细，柱头小，头状或 2 ~ 5 裂；胚珠每室 2 ~ 4 颗，下垂。核果或浆果，顶端具宿存的萼裂片，基部常具宿存的苞片和小苞片，1 ~ 5 室，每室有种子 1 颗，具丰富的胚乳；子叶远短于胚根。

1 属，约 200 种，广泛分布于亚洲、大洋洲和美洲的热带或亚热带地区。中国 1 属，42 种；鹤山 1 属，3 种，1 变种。

1. 山矾属 Symplocos Jacq.

属的形态特征与科同。

约 300 种，广泛分布于亚洲、大洋洲和美洲的热带或亚热带地区。中国 42 种；鹤山 3 种，1 变种。

1. 叶的中脉在叶面凸起；子房顶端的花盘有毛 ·············
·············· 4. 光亮山矾 S. lucida
1. 叶片的中脉在叶面下凹或平坦，花盘无毛。
  2. 叶片的中脉在叶面平坦 ·············· 3. 光叶山矾 S. lancifolia
  2. 叶片的中脉在叶面下凹。
    3. 嫩枝、叶柄、叶背中脉及花序均被红褐色绒毛 ·············
········· 1. 越南山矾 S. cochinchinensis
    3. 嫩枝、叶柄、叶背中脉均无毛或仅花序轴被柔毛 ·············
········· 2. 黄牛奶树 S. cochinchinensis var. laurina

1. 越南山矾
Symplocos cochinchinensis (Lour.) S. Moore.

乔木，高可达 13 m。树皮灰黑色；小枝粗壮；芽、嫩枝、叶柄、叶背中脉均被红褐色绒毛。叶纸质，椭圆形或倒卵状椭圆形，先端急尖或渐尖，基部楔形，叶背被柔毛，全缘或有锯齿；中脉在叶面凹下，侧脉向上弯拱至近叶缘处分叉网结；叶

柄长 1 ~ 2 cm。穗状花序近基部 3 ~ 5 分枝；花序轴、苞片、萼均被红褐色绒毛；苞片卵形，小苞片三角状卵形；花芳香，白色或淡黄色；花萼 5 裂，裂片与萼筒等长；花冠 5 深裂。雄蕊 60 ~ 80 枚，花丝基部联合；子房 3 室，顶端有五角形凸起，无毛。核果球形，顶端缢缩，宿萼裂片合成圆锥状；核具 5 ~ 8 条浅纵裂。花期 8 ~ 9 月；果期 10 ~ 11 月。

鹤山偶见，产于鹤城昆仑山，生于溪边、路旁和阔叶林中。

分布于中国广东、海南、广西、湖南、江西、福建、台湾、江苏、浙江、贵州、四川、云南。中南半岛及印度尼西亚、印度、澳大利亚及太平洋岛屿也有分布。

花色优雅，且具芳香，宜供观赏。

2. 黄牛奶树
Symplocos cochinchinensis (Lour.) S. Moore var. **laurina** (Retz.) Noot.
Symplocos laurina (Retz.) Wall.

乔木。小枝无毛，芽被褐色柔毛。叶革质，卵形、倒卵状椭圆形或狭椭圆形，长3~15.5 cm，宽1~7 cm，先端急尖或渐尖，基部楔形或宽楔形，缘有细小锯齿，齿端有易脱落的腺齿尖；中脉在叶面下凹，侧脉细，在近叶缘处分叉网结。穗状花序顶生或腋生，基部常分枝，花序轴常被柔毛，果时渐脱落；苞片和小苞片外面均被柔毛，边缘有腺点；萼5裂，无毛，裂片半圆形，短于萼筒；花冠白色，长约4 mm，5深裂，裂片长约3 mm；雄蕊约30枚，花丝基部稍合生；花柱粗壮，子房3室，顶端环状增厚，无毛。核果球形，直径4~6 mm，顶端宿存萼裂片直立。花期10~12月；果期翌年3~6月。

产于桃源鹤山市林科所、宅梧东门村风水林，生于次生林、路旁。分布于中国华南、华东和西南地区。南亚及中南半岛也有分布。

树形开展，多分枝，花色洁白，花期长，是优良的园景树。

3. 光叶山矾（剑叶灰木）
Symplocos lancifolia Sieb. & Zucc.

小乔木。小枝细长，黑褐色，无毛；芽、嫩枝、嫩叶背面脉上、花序均被黄褐色柔毛。叶纸质或近膜质，干后有时呈红褐色，卵形至阔披针形，长3~9 cm，宽1.5~3.5 cm，先端尾状渐尖，基部阔楔形或稍圆，边缘具稀疏的浅钝锯齿；中脉在叶面平坦，侧脉纤细；叶柄很短。穗状花序长1~4 cm；苞片椭圆状卵形，小苞片背面被短柔毛，边缘有毛；萼筒无毛；花冠淡黄色，5深裂几达基部；雄蕊约25枚，花丝基部稍连生；子房3室，花盘无毛。核果近球形，直径约4 mm，顶端宿萼裂片直立。花、果期5~9月，边开花边结果。

鹤山各地常见，产于桃源鹤山市林科所、共和里村华伦庙后面风水林、龙口（桔园、三洞水口村）风水林、雅瑶昆东洞田村风水林等地，生于山地、密林中或林缘。分布于中国长江以南各省区。印度、菲律宾、越南、日本也有分布。

木材供建筑及家具用。种子可榨油。叶可作茶，有甜味。根治跌打损伤。也可植于庭园供观赏。

4. 光亮山矾（厚皮灰木、厚皮山矾）
Symplocos lucida (Thunb.) Sieb. & Zucc
Symplocos crassifolia Benth.

　　常绿乔木。芽、嫩枝、叶均无毛；小枝粗壮，有棱。叶革质至厚革质，卵状椭圆形或椭圆形，长 4 ~ 9 cm，宽 2.5 ~ 4 cm，先端渐尖，基部楔形，全缘或有疏锯齿；中脉在叶面凸起，侧脉直向上分叉网结；叶柄长 1 ~ 1.5 cm。总状花序长 1 ~ 2 cm，被柔毛，中下部有分枝，有花 4 ~ 7 朵，最下部花有梗，上部花近无梗；苞片外面被毛；花萼 5 裂，裂片背面及边缘有毛；花冠白色，5 深裂几达基部；雄蕊 60 ~ 80 枚，花丝基部连生成五体雄蕊；子房 3 室，有长柔毛。核果长圆状卵形，长 1 ~ 1.5 cm，顶端有直立或稍向内弯的宿萼裂片；核骨质，分成 3 分核。花期 6 ~ 11 月；果期 12 月至翌年 5 月。

　　鹤山偶见，产于鹤城昆仑山，生于山地疏林。分布于中国华南、华东、西南，以及湖南、湖北、西藏。

　　枝繁叶茂，花清香宜人，为良好的绿化乔木树种。

228. 马钱科 Loganiaceae

　　乔木，灌木，稀为草本。单叶，对生或轮生，稀互生，全缘或具齿，羽状脉；托叶极退化，有些仅剩一条线痕或呈鞘状。花常两性，辐射对称，排成聚伞花序，再组成总状花序或圆锥花序式，稀单生；花萼 4 ~ 5 裂，裂片覆瓦状排列；花冠合瓣，4 ~ 5 裂，裂片覆瓦状排列或稀回旋状排列；雄蕊 4 ~ 5 枚，着生于花冠管上，与花冠裂片互生，通常不外露，稀仅 1 枚；花药 2 室，纵裂；子房上位或稀半下位，（1 ~ ）2 ~ 3 室，胚珠多数，稀 1 颗，生于中轴胎座上，如 1 室，则生于侧膜胎座上；花柱单生，2 ~ 4 裂。蒴果，浆果或核果；种子有时具翅，有直立的胚和丰富的胚乳。

　　约 29 属，500 种，主要分布于热带、亚热带地区，少数分布于温带地区。中国 8 属，45 种；鹤山连引入栽培的共 2 属，2 种。

1. 叶及花序常被星状毛或腺毛；蒴果室间开裂或呈浆果状 ⋯⋯⋯⋯⋯⋯⋯⋯⋯⋯⋯⋯⋯⋯⋯⋯⋯⋯⋯ 1. 醉鱼草属 Buddleja
1. 叶光滑无毛；浆果肉质不开裂 ⋯⋯⋯⋯⋯ 2. 灰莉属 Fagraea

1. 醉鱼草属 Buddleja L.

　　乔木或灌木，稀草本。枝圆柱形或四棱形；叶及花序常被星状毛或腺毛。叶对生，稀互生，全缘或有锯齿；托叶常退化成一条线痕。花组成总状花序或圆锥花序；苞片线形；花萼钟状，4 裂；花冠管状或漏斗状，4 裂，裂片覆瓦状排列；雄蕊 4 枚，着生于花冠管上，内藏；子房 2 室，每室有胚珠多颗，花柱单生，柱头 2 裂或不裂。蒴果室间开裂或呈浆果状；种子小，多数，常具翅，胚乳肉质。

　　约 100 种，分布于亚洲、非洲及美洲、热带、亚热带地区。中国 20 种，引种栽培 5 种，产于西南、西北至东南部；鹤山 1 种。

1. 驳骨丹（白背枫）
Buddleja asiatica Lour.

　　常绿灌木或亚灌木，高 1 ~ 2 m。小枝圆柱形。花序、叶背均密被灰色或黄色短绒毛，有时毛极密而成绵毛状。叶对生，披针形，长 7 ~ 18 cm，宽 1.5 ~ 4.5 cm，全缘或有小锯齿；叶柄长 4 ~ 10 mm。聚伞圆锥花序顶生或腋生，花 1 ~ 3 朵排成小聚伞花序生于分枝上，花萼被绵毛；花冠白色，花冠管长 3 ~ 4 mm，外面被稀疏的短柔毛；雄蕊着生于花冠管的上部；子房无毛，花柱短，柱头头状。蒴果长圆形，长 3 ~ 5 mm；

种子小，有翅。花期 10 月至翌年 2 月。

　　鹤山偶见，生于向阳山坡的灌丛中。分布于中国长江以南各省区。印度及东南亚和中南半岛也有分布。

　　全株有毒，外用可杀虫、止痒、治皮肤湿疹等症；民间用来毒鱼。也可作园林绿化植物。

2. 灰莉属　Fagraea Thunb.

　　乔木或灌木，通常附生或半附生于其他树上，稀攀援状。叶对生，全缘或有小钝齿；羽状脉通常不明显；叶柄通常膨大；托叶合生成鞘，常在二个叶柄间开裂而成为 2 个腋生鳞片，并与叶柄基部完全或部分合生或分离。花通常较大，单生或少花组成顶生聚伞花序，有时花较小而多朵组成二歧聚伞花序；苞片小，2 枚，着生于花萼下面或花梗上；花萼宽钟状，5 裂，裂片宽而厚，覆瓦状排列；花冠漏斗状或近高脚碟状，花冠管顶部扩大，花冠裂片 5 枚，阔而稍带肉质，通常比花冠管短，在花蕾时螺旋状向右覆盖；雄蕊 5 枚，着生于花冠管喉部或近喉部，通常伸出花冠之外，少有内藏，花丝伸长，花药内向，顶端圆或有小尖头；子房具柄，椭圆状长圆形，1 室，具 2 个侧膜胎座，或 2 室而为中轴胎座，胚珠多颗，花柱伸长，柱头头状、盾状、倒圆锥状或 2 裂。浆果肉质，圆球状或椭圆状，不开裂，通常顶端具尖喙；种子极多，藏于果肉中，种皮脆壳质。

　　约 35 种，分布于亚洲东南部、大洋洲及太平洋岛屿。中国 1 种；鹤山栽培 1 种。

1. 灰莉
Fagraea ceilanica Thunb.

　　攀援灌木或小乔木，高 4 ~ 10 m，树皮灰色。小枝粗厚，圆柱形，叶椭圆形或倒卵形，长 5 ~ 25 cm，宽 2 ~ 10 cm，顶端渐尖或急尖，基部窄楔形，革质，全缘，叶面中脉扁平，叶背微突起，侧脉 4 ~ 8 对，不显著；叶柄近圆形，长 1 ~ 4 cm。二歧聚伞花序顶生，长 6 ~ 12 cm，花梗长 1 ~ 3 cm，粗壮；侧生小聚伞花序，由 3 ~ 9 朵花组成，近无柄；花萼褐色，革质，长 1 ~ 1.5 cm，基部合生；花冠质薄，肉质，长 2.5 ~ 5 cm，花冠裂片上部内侧具突起花纹；雄蕊内藏。浆果卵形或近球形，直径 2 ~ 4 cm，顶端具短喙。花期 5 月；果期 10 月。

　　鹤山有栽培，见于鹤山道路、公园等地。分布于中国广东、海南、广西、台湾、云南。柬埔寨、印度、印度尼西亚、老挝、马来西亚、缅甸、菲律宾、斯里兰卡、泰国、越南也有分布。

　　花大，极芳香；初开时白色，分枝浓密且耐修剪，适用于园林绿化。

229. 木犀科　Oleaceae

　　乔木、灌木。叶对生，稀互生或轮生，单叶、三出复叶或奇数羽状复叶，全缘或有锯齿，具叶柄；无托叶。花辐射对称，两性，稀单性或杂性，雌雄同株、异株或杂性异株，常组成顶生或腋生的圆锥花序、聚伞花序或总状花序，稀单生；花萼常 4 裂，有时多达 15 裂，稀无花萼；花冠 4 裂，有时多达 12 裂，浅裂、深裂至近离生，或有时裂片于基部成对合生，花蕾时呈覆瓦状或镊合状排列，极少无花冠；雄蕊 2 枚，稀 4 枚，着生于花冠管上或花冠裂片基部，花药 2 室，纵裂；子房上位，2 室，每室有胚珠 2 颗，有时 1 颗或多颗，花柱单生或无花柱，柱头

头状或 2 裂。核果、浆果、蒴果、翅果。

约 28 属，400 余种，广泛分布于热带和温带地区，以亚洲种类最多。中国连栽培的共 10 属，160 种，南北各地均有分布；鹤山连引入栽培的共 2 属，3 种。

1. 女贞属 Ligustrum L.

落叶或常绿灌木或小乔木。单叶对生，全缘，羽状脉，具叶柄。聚伞状圆锥花序长生于小枝顶端，极少腋生；花两性；花萼钟状或杯状，先端不规则齿裂或 4 齿裂，或有时截平；花冠白色，近漏斗状，4 裂；裂片短于花冠管或与之近等长；花蕾时呈镊合状排列，花时向外平展；雄蕊 2 枚，着生于花冠管上端或近喉部，内藏或伸出，花药长圆形或椭圆形，有时近圆形；子房近球形，2 室，每室有下垂或倒生胚珠 2 颗，珠被单层，花柱丝状，柱头稍肥厚，浅 2 裂。浆果具 1 ～ 4 颗种子，内果皮膜质或纸质，稀开裂；种皮薄，胚乳肉质，胚根向上。

约 45 种，分布于亚洲、澳洲、欧洲。中国 27 种；鹤山 1 种。

1. 小蜡（山指甲）
Ligustrum sinense Lour.

灌木或小乔木，高 2 ～ 4 m，有时可达 7 m。小枝圆柱形，幼时密被短柔毛，老后渐无毛。叶纸质或薄革质，卵形、椭圆状卵形或椭圆形，先端急尖或钝，基部近圆形或阔楔形，两面疏被短绒毛或仅于中脉上被短柔毛，无腺点；侧脉 4 ～ 8 对，与中脉在上面凹入，下面凸起，小脉网状，不明显；叶柄长 2 ～ 8 mm，被短绒毛。圆锥花序腋生或顶生；花序轴密被淡黄色短柔毛或后变近无毛；花梗被短柔毛或无；花萼钟状，先端截平或具浅波状齿；花冠白色；花丝与花冠管等长或稍长。核果近球形，直径 5 ～ 8 mm。花期 3 ～ 6 月；果期 9 ～ 12 月。

鹤山各地常见，产于鹤城鸡仔地村、雅瑶昆东洞田村风水林，生于山地林缘。分布于中国华南、华东、中南、西南各省区。越南也有分布。

树冠整洁，自然分枝茂密，可修剪成圆形、锥形、方形或其他形状，是庭园美化的优良树种，亦适合作绿篱。

2. 木犀属 Osmanthus Lour.

常绿灌木或小乔木。单叶对生，厚革质或薄革质，全缘或有锯齿，具叶柄。花两性或单性，雌雄异株或雄花、两性花异株，花常簇生于叶腋，或组成短小的腋生或顶生的聚伞状圆锥花序；总花梗短或无；苞片 2 片，基部合生；花萼杯状，先端 4 裂；花冠白色、黄色或橙红色，钟形或管状钟形；裂片在花蕾时呈覆瓦状排列；雄蕊 2 枚，稀 4 枚，着生于花冠管上部，花丝短，花药近外向开裂，药隔于花药顶端常延伸成小尖头；子房 2 室，每室有下垂胚珠 2 颗，柱头头状或浅 2 裂，退化雌蕊的子房常呈钻状或圆锥状。核果，椭圆形或倒卵形，内果皮坚硬或骨质；种子常 1 颗。

约 30 种，大部分种类分布于亚洲东部至东南部，美洲只有少数种类。中国连栽培的共有 23 种，主产于南部和东南部；鹤山连引入栽培的共 2 种。

1. 桂花（木犀）
Osmanthus fragrans Lour.

常绿小乔木，幼年灌木状，高 3 ～ 18 m。叶片革质，椭圆形或椭圆状披针形，长 7 ～ 15 cm，宽 2.5 ～ 4.5 cm，先端渐尖，基部渐狭呈楔形，全缘或上半部有锯齿，两面无毛。聚伞花序簇生于叶腋，花多朵，细小，花冠黄白色、淡黄色或橘红色。果歪斜，椭圆形。花期 9 ～ 10 月；果期翌年 3 月。

鹤山各地常见栽培。分布于中国四川、云南。现各地广泛栽培。

适合庭园栽植，绿篱或大型盆栽，是受广泛喜爱的香花植物。

2. 牛矢果
Osmanthus matsumuranus Hayata

常绿灌木或乔木，高2～15 m。树皮灰色或灰褐色，粗糙。小枝黄褐色或紫红褐色，无毛。叶厚纸质或薄革质，倒披针形，稀狭长圆形，长5～15 cm，宽2.5～5 cm，先端短尾状渐尖，基部狭楔形，全缘或上半部具微波状小齿，两面无毛，下面密生小腺点，干时灰白色或淡黄色；叶柄长1.5～3 cm，无毛。聚伞状圆锥花序腋生，有花10～30朵；花单性，雌雄异株，芳香；雄花花冠绿白色或淡黄绿色，4裂至中部，雄蕊2枚，着生于花冠管近顶部，退化雌蕊的子房扁球形；雌花花冠与雄花的相似，子房卵球形，花柱纤细，柱头头状，2浅裂。核果椭圆形，成熟时紫黑色或蓝黑色，表面有棱6～8条。花期5～11月；果期8月至翌年2月。

鹤山各地常见，产于鹤城鸡仔地、共和里村及獭山村风水林、宅梧东门村风水林、龙口仓下村后山，生于阔叶林中。分布于中国广东、香港、广西、江西、台湾、安徽、浙江、贵州、云南。印度及中南半岛也有分布。

可供观赏。

230. 夹竹桃科 Apocynaceae

乔木、直立或藤状灌木或多年生草本。有乳状汁液或水液，少数有刺。单叶对生或轮生，稀互生，少数有细齿；羽状脉；托叶通常无或退化成腺体，稀有假托叶。花两性，单生或多朵组成聚伞花序，顶生或腋生；花萼裂片5枚，稀4枚，基部合生成筒状或钟状，裂片常为双盖覆瓦状排列，内面基部常有腺体；花冠合瓣，裂片5枚，稀4枚，覆瓦状排列，其基部边缘向左或向右覆盖，稀为镊合状排列；雄蕊5枚，花丝离生；子房上位，稀半下位，由2枚离生或合生心皮组成，1至2室，花柱1枚，柱头顶端常2裂。浆果、核果、蒴果和蓇葖果。

约155属，2 000多种，分布于全世界热带、亚热带地区，少数在温带地区。中国44属，145种，主要分布于长江以南各省区及台湾省等沿海岛屿，少数在北部及西北部地区；鹤山连引入栽培的共6属，6种，1栽培种。

1. 果为蓇葖果。
　2. 花冠喉部无副花冠。
　　3. 花冠漏斗状，冠筒中部以上不膨大 ·····················
　　　···························· 5. 鸡蛋花属 Plumeria
　　3. 花冠高脚碟状，冠筒中部以上膨大 ·····················
　　　···························· 1. 鸡骨常山属 Alstonia
　2. 花冠喉部有副花冠。
　　4. 花冠喉部具5枚阔鳞片状副花冠 ·····················
　　　···························· 4. 夹竹桃属 Nerium
　　4. 花冠喉部有10枚离生舌状或鳞片状的副花冠 ·········
　　　···························· 6. 羊角拗属 Strophanthus
1. 果为核果。
　5. 叶互生 ···························· 2. 海芒果属 Cerbera
　5. 叶对生 ···························· 3. 蕊木属 Kopsia

1. 鸡骨常山属 Alstonia R. Br.

乔木、灌木，具乳汁；枝轮生。叶通常为3～4（～8）片轮生，稀对生；侧脉多数，密生而平行。花白色、黄色或红色，由多朵花组成伞房状的聚伞花序，顶生或近顶生；花萼短，萼

片为双盖覆瓦状排列，内面无腺体；花冠高脚碟状，冠筒圆筒形，中部以上膨大，喉部无副花冠，而被柔毛至近无毛，花冠裂片在花蕾时向左覆盖；雄蕊与柱头离生，内藏，花药长圆形；子房由2枚离生心皮组成，每心皮有胚珠多颗，花柱丝状，柱头棍棒状，顶端2裂；花盘由2枚舌状鳞片组成，与心皮互生。蓇葖2个，离生，叉开或并行；种子扁平，两端被长缘毛。

约60种，分布于热带亚洲、非洲和澳大利亚及太平洋岛屿。中国8种，分布于广东、广西和云南等省区；鹤山栽培1种。

1. 糖胶树
Alstonia scholaris (L.) R. Br.

常绿乔木，高达15 m，有白色乳汁，树冠塔形，轮状分枝，树皮淡黄色至褐黄色，有纵裂条纹。叶3～8枚轮生，少有对生，倒卵状长圆形、倒披针形或匙形，长7～28 cm，宽2～11 cm，先端圆形，基部楔形，全缘，两面光滑，上面常绿，下面浅绿。聚伞花序顶生，花白色，完全花，花冠高脚杯状，花筒中部膨大，裂片5枚，芳香。果实蓇葖果，长线形，长20～57 cm。花期6～11月；果期10月至翌年4月。

鹤山市区有栽培。分布于中国广西南部、云南南部；广东、海南、福建、湖南、台湾有栽培。东南亚、大洋洲也有分布。

树形优美，枝叶常绿，容易繁殖，生长迅速，是高级园林绿化观赏树种。乳汁丰富，可提取口香糖原料，故名"糖胶树"。

2. 海芒果属 Cerbera L.

乔木。有乳状汁液。叶互生，羽状脉，无毛。聚伞花序顶生；总花梗长；花萼5深裂，内面基部无腺体；花冠白色，高脚碟状，花冠筒圆筒状，喉部膨大，红色或黄色，具5片被短柔毛的鳞片，花冠裂片5枚，向左覆盖；雄蕊5枚，着生于花冠筒的喉部，花丝短，花药内藏，卵圆形，与柱头分离；无花盘；子房由2枚离生心皮所组成，每枚心皮有胚珠4颗，花柱丝状，柱头球状，顶端2裂。核果双生或单生，阔卵圆状或球状，外果皮纤维质或木质，内有种子1～2颗；无胚乳，子叶薄或厚肉质，胚根短。

3种，分布于亚洲热带与亚热带地区、非洲和澳大利亚及马达加斯加，以亚洲太平洋沿岸及马达加斯加为多。中国1种，分布于广东、广西、台湾；鹤山栽培1种。

1. 海芒果
Cerbera manghas L.

常绿乔木，高达8 m。树皮灰褐色。树枝轮生，无毛。叶倒卵状长圆形或倒卵状披针形，稀长圆形，长6～37 cm，宽2.3～7.8 cm，无毛；侧脉每边12～30条，近平行横出，在叶缘前连结。花白色，芳香，直径约5 cm；花冠高脚碟状，喉部红色，裂片倒卵状镰刀形。核果单生或双生，球形或阔卵形，长5～7.5 cm，直径4～5.6 cm，外果皮纤维木质，成熟时橙黄色；种子常1颗。花期3～10月；果期7月至翌年4月。

鹤山偶见栽培，鹤城等地有栽培，栽作行道树。分布于中

国广东、广西、海南、台湾。澳大利亚和亚洲其他热带地区也有分布。

树皮、叶和乳汁可提制药物，作催吐、下泻之用。果实有剧毒，含氢氰酸和海芒果碱，误食可致命。花多、美丽而芳香，叶深绿色，树冠美观，可作庭园、公园、道路绿化、湖旁周围栽植观赏，亦是一种较好的海岸防护林树种。

3. 蕊木属 Kopsia Blume

乔木或灌木，有乳状汁液。叶对生，具羽状脉。聚伞花序顶生，有花2～3朵或多朵；总花梗和花梗通常有苞片；花萼5深裂，裂片覆瓦状排列，内面基部无腺体；花冠白色或红色，高脚碟状，花冠筒细长，裂片5，向右覆盖；雄蕊5枚，着生于花冠筒中部以上，花药长圆状披针形或卵形，顶端不伸出冠喉外，基部圆，花丝短；花盘由2枚舌状片组成，与心皮互生；雌蕊由2个离生心皮所组成，每心皮有胚珠2颗，子房上位，花柱细长，柱头增厚。核果双生，倒卵形或椭圆形，内有种子1～2颗；种子长圆形。

本属约20种，分布于越南、老挝、泰国、印度、马来西亚、印度尼西亚和菲律宾。中国产3种，分布于广东、广西和云南；鹤山1种。

1. 蕊木（假乌榄树）
Kopsia arborea Blume
Kopsia lancibracteolata Merr.

乔木，高达15 m。叶革质，卵状长圆形，长8～22 cm，

革质,羽状脉,侧脉密生而平行。伞房状聚伞花序顶生,具总花梗;花萼5裂,裂片披针形,双覆盖瓦状排列,内面基部具腺体;花冠漏斗状,红色、栽培有演变为白色或黄色,花冠筒圆筒形,上部扩大呈钟状,喉部具5枚阔鳞片状副花冠,每片顶端撕裂;花冠裂片5枚,或更多而呈重瓣,斜倒卵形,花蕾时向右覆盖;雄蕊5枚,着生在花冠筒中部以上,花丝短,花药箭头状,附着在柱头周围,基部具耳,顶端渐尖,药隔延长成丝状,被长柔毛;无花盘;子房由2枚离生心皮组成,花柱丝状或中部以上加厚,柱头近球状,基部膜质环状,顶端具尖头;每心皮有胚珠多颗。蓇葖2个,离生,长圆形;种子长圆形,种皮被短柔毛,顶端具种毛。

　　1种,分布于亚洲、非洲北部及欧洲。中国引入栽培有2种,1栽培变种;鹤山栽培1种。

1. 夹竹桃(红花夹竹桃、欧洲夹竹桃、密叶夹竹桃)
Nerium oleander L.
Nerium indicum Mill.

　　灌木或小乔木,株高约5 m,具白色乳汁。三叉状分枝,老枝灰褐色,小枝绿色或紫色。叶3~4枚轮生,枝条下部对生,狭披针形,全缘,长11~15 cm,宽2~2.5 cm。聚伞花序顶生,着花数朵,花冠漏斗形,深红色或粉红色。花期几乎全年。栽培少见结果。

　　鹤山各地常见栽培。原产于亚洲、欧洲和北美洲。中国各地均有栽培。现广植于热带、亚热带地区。

　　花繁叶茂,姿态优美,而且对有毒气体和粉尘具有很强的抵抗力,是园林造景的重要灌木花卉,适用绿带、绿篱、树屏、拱道,但全株有毒。

宽4~8 cm,无毛;侧脉每边10~18条。花序顶生,长约7 cm;苞片、花萼裂片两面被微毛;花冠白色,冠筒喉部被长柔毛,裂片长圆形,无毛;花盘裂片匙形,比心皮长;子房被短柔毛。核果近椭圆形,长约2.5cm,直径约1.5cm,成熟时黑色;内有种子1~2颗。花期4~9月;果期7~12月。

　　产于共和里村、龙口三洞水口村风水林,生于山地林中。分布于广东、海南、广西和云南;越南、泰国、马来西亚、印度尼西亚、菲律宾及澳大利亚也有分布。

4. 夹竹桃属 Nerium L.

　　直立灌木,枝条灰绿色,含水液。叶轮生,稀对生,具柄,

外部乳白带桃红色，内部艳黄色，具芳香。果双生，长圆形，顶端急尖。花期3~9月；果少见。

鹤山常见栽培，产于雅瑶昆东洞田村风水林，生于林缘。原产于南美热带地区，现世界热带、亚热带地区普遍栽培。中国南部有栽培。

树姿优美，花色红艳，清香素雅，适合庭植美化，或作大型盆栽。常见的园艺栽培品种有：

鸡蛋花 Plumeria rubra L. 'Acutifolia'

叶簇生枝顶，长圆状倒披针形或长椭圆形，长20~40 cm，宽7~11 cm，顶端渐尖，基部狭楔形；花冠外面白色，花冠筒外面及裂片外面左边略带淡红色斑纹，花冠内面黄色。

各地常见栽培。

5. 鸡蛋花属 Plumeria L.

小乔木；枝条粗而带肉质，具乳汁，落叶后具有明显的叶痕。叶互生，大形，具长柄，羽状脉。聚伞花序顶生，二至三歧；苞片通常大形，开花前脱落；花萼小，5裂，双盖覆瓦状排列，内面基部无腺体；花冠漏斗状，红色或白色黄心，花冠筒圆筒形，喉部无鳞片，裂片5枚，在花蕾时向左覆盖；雄蕊着生花在冠筒的基部，花丝短，花药长圆形，钝头，内藏，基部圆，与柱头分离；无花盘；子房由2枚离生心皮组成，花柱短，柱头长圆形，顶端2裂；每心皮有胚珠多颗，着生在子房腹缝线的胎座上。蓇葖双生，通常广叉，长圆形，顶端渐尖；种子多数，长圆形，倒生，扁平，顶端具膜质的翅，无种毛；子叶长圆形；胚根短。

约7种，原产于美洲热带地区。现广植于亚洲热带及亚热带地区。中国南部、西南部及东部均有栽培2种。鹤山栽培1种，1栽培种。

1. 红鸡蛋花
Plumeria rubra L.
Plumeria rubra L. var. *acutifolia* (Poiret) L. H. Bailey

落叶小乔木，株高约3~5m。叶互生，簇生于枝顶，阔披针形或长椭圆形，两端尖锐，长14~30 cm，宽6~8 cm。聚伞花序顶生，长22~32 cm，花冠5裂，裂片回旋覆瓦状排列，

6. 羊角拗属 Strophanthus DC.

小乔木或灌木。枝的顶部蔓延。叶对生，羽状脉。聚伞花序顶生；花较大；花萼5深裂，裂片双盖覆瓦状排列，花萼内面基部有腺体；花冠漏斗状，花冠筒圆筒状，上部钟状，花冠裂片5枚，向右覆盖，顶部延长至长带状，向外弯垂，少数种类裂片不延长，冠檐喉部有10枚离生舌状或鳞片状的副花冠，副花冠片顶端渐尖或截形，稀微凹；雄蕊5枚，内藏，花药粘生在柱头上，药隔顶端丝状；无花盘，子房由2枚离生心皮组成，

每枚心皮有胚珠多颗，花柱丝状，柱头棍棒状，顶端全缘或2裂。蓇葖果叉生，长圆形或长椭圆形，木质；种子扁平，顶端有细长的喙，沿喙围生白色绢质种毛。

38种，分布于亚洲、非洲热带地区。中国6种，分布于南部及西南部；鹤山1种。

1. 羊角拗

Strophanthus divaricatus (Lour.) Hook. & Arn.

灌木，高达2m。枝条密被灰白色皮孔，上部枝条蔓延，全株无毛。叶椭圆状长圆形或椭圆形；侧脉常每边6条，斜曲

上升。聚伞花序顶生，着花常3朵；花黄色，花冠漏斗状，冠筒内面被疏短柔毛，花冠裂片卵状披针形，顶端延长成一长尾，长达10cm，下垂，裂片内面基部和冠筒喉部有紫红色的斑纹；副花冠成10片舌状鳞片，伸出花冠外部，其裂片每2枚基部合生，顶端截平或微凹；雄蕊着生于冠檐基部，花丝被短柔毛；子房无毛，柱头棍棒状，顶端2裂。蓇葖果广叉开，木质，椭圆状长圆形；种子扁平，上部渐狭而延长成喙，喙上轮生白色绢质种毛。花期3~7月；果期6月至翌年2月。

鹤山各地常见，产于鹤城昆仑山、共和里村风水林，生于丘陵路旁疏林中或山坡灌丛中。分布于中国广东、广西、福建、云南、贵州。越南、老挝也有分布。

作建筑物基础栽植，供山坡、堤岸地被，或配植山石，庭院栽培。全株有毒，误食致死。

232. 茜草科 Rubiaceae

乔木、灌木、藤本或草本。单叶对生或轮生，常全缘，稀有齿缺；托叶脱落或宿存，稀退化至仅联接对生叶柄间的横线纹，内面常有黏液毛。花序各式，由聚伞花序复合而成，很少单花或少花的聚伞花序；花两性、单性或杂性，常辐射对称；萼常4~5裂，少多裂，稀2裂；花冠管状、漏斗状、高脚碟状或辐状，常4~5裂，稀3裂或8~10裂，裂片镊合状、覆瓦状或旋转状排列；雄蕊与花冠同数且互生，稀2枚；子房常下位，稀上位或半下位；胚珠每室1至多颗。蒴果、浆果或核果，开裂或不开裂，或为分果，有时为分果爿瓣；种子有时有翅或附属物。

约660属，11150种，广泛分布于全世界热带和亚热带地区，少数分布至北温带。中国97属，约701种，其中10属，23种自国外引种，主要分布于东南部、南部和西南部，少数分布于西北部和东北部；鹤山9属，13种。

1. 花多数，组成圆球形头状花序，总花梗顶端膨大成球形 ········
　··· 1. 水团花属 Adina
1. 花序与上述不同，总花梗顶端不膨大。
　2. 花冠裂片镊合状排列。
　　3. 萼檐截平或近截平 ·············3. 鱼骨木属 Canthium
　　3. 萼檐裂片明显，通常4~5片，有时2或6片。
　　　4. 花或花序腋生 ·············7. 粗叶木属 Lasianthus
　　　4. 花序顶生，很少兼有腋生 ·······8. 九节属 Psychotria
　2. 花冠裂片旋转状排列或覆瓦状排列。
　　5. 花冠裂片覆瓦状排列 ·········9. 水锦树属 Wendlandia
　　5. 花冠裂片旋转状排列。
　　　6. 子房每室有1颗胚珠；果实每室或分核中有1颗种子
　　　　··································6. 龙船花属 Ixora
　　　6. 子房每室有1至多数胚珠。
　　　　7. 子房1室 ·················5. 栀子属 Gardenia
　　　　7. 子房2室。
　　　　　8. 胚珠和种子沉没于肉质胎座中 ···············
　　　　　··································2. 茜树属 Aidia
　　　　　8. 胚珠和种子均裸露，不沉没于肉质胎座中 ········
　　　　　·······························4. 狗骨柴属 Diplospora

1. 水团花属 Adina Salisb.

灌木或小乔木。顶芽不明显，由托叶疏松包裹。叶对生；托叶窄三角形，2深裂，常宿存。头状花序顶生或腋生，不分枝，或为二歧聚伞花状分枝，或为圆锥状排列；花5数，近无梗，小苞片线状或线状匙形；花萼管短，宿存；花冠高脚碟状至漏斗状，花冠裂片在芽内镊合状排列，顶端常近覆瓦状；雄蕊着生于花冠管的上部；子房2室，每室胚珠多数；花柱伸出，柱头球形，胚珠悬垂。蒴果，具硬的内果皮，室背及室间4爿开裂，宿萼裂片留附于蒴果的中轴上；种子卵形或三角形，两面扁平，顶端略具翅。

4种，分布于中国、日本、朝鲜、泰国及越南。中国3种，分布于华南、华东地区以及贵州；鹤山1种。

1. 水团花（水杨梅）
Adina pilulifera (Lam.) Franch. ex Drake

常绿灌木或小乔木，高达 5 m。顶芽由托叶疏松包裹。叶对生，厚纸质，椭圆形或椭圆状披针形、倒卵状长圆形，长 4 ~ 12 cm，顶端短尖至渐尖或钝头，基部钝或楔形，两面无

毛或下面被短柔毛；侧脉 6 ~ 12 对，脉腋陷窝内有疏毛；叶柄长 2 ~ 6 mm；托叶 2 裂，早落。头状花序腋生，稀顶生；总花梗长 3 ~ 4.5 cm，中部以下有小苞片 5 片；小苞片线形或线状棒形，无毛；花萼管有毛；花冠白色，狭漏斗状，花冠管被微柔毛；雄蕊 5 枚，花丝短，着生于冠管喉部；子房 2 室，每室胚珠多数，花柱伸出。果序直径 8 ~ 10 mm，小蒴果楔形；种子长圆形，两端有狭翅。花期 6 ~ 7 月。

鹤山各地常见，生于林谷、灌丛或溪涧旁。分布于中国长江以南各省区。日本、越南也有分布。

木材纹理细致，可作农具及雕刻用材。根、花、果、叶入药，有清热解毒、散瘀止痛的功效。

2. 茜树属 **Aidia** Lour.

无刺灌木或乔木，稀藤本。叶对生，具柄；托叶生于叶柄间，常脱落。聚伞花序腋生或与叶对生，或生于无叶节上，很少顶生；有苞片和小苞片；萼管杯状或钟状，顶端稍扩大，5 裂，稀 4 裂；花冠高脚碟状，喉部有毛，花冠 5 裂，稀 4 裂，旋转排列，开放时常外反；雄蕊 5 枚，稀 4 枚，与花冠裂片互生，花丝极短，花药背着，伸出；子房 2 室，每室胚珠数至多颗，花柱细长，2 裂，裂片粘合或分离，伸出。浆果球形；种子数至多颗，常具角。

约 50 余种，分布于非洲热带地区、亚洲南部和东南部至大洋洲。中国 8 种，分布于西南部至东南部，仅 1 种分布至中部；鹤山 3 种。

1. 嫩枝、叶下面和花序被锈色柔毛 ······················
······················ **3. 多毛茜草树 A. pycnantha**
1. 嫩枝、叶下面和花序均无毛或仅局部被毛。
　2. 花序腋生 ····················· **1. 香楠 A. canthioides**
　2. 花序与叶对生或生于无叶的节上 ···············
···································· **2. 茜树 A. cochinchinensis**

1. 香楠
Aidia canthioides (Champ. ex Benth.) Masam.

乔木或灌木，高达 12 m。小枝无毛。叶纸质或薄革质，长圆状披针形、长圆状椭圆形、披针形，长 4 ~ 18.5 cm，顶端渐尖或急尖，基部楔形或稍钝圆，有时稍不等侧，两面无毛；侧脉 3 ~ 7 对；叶柄长 5 ~ 18 mm；托叶早落。聚伞花序腋生，有花数朵至 10 余朵，紧缩成伞形花序状；花梗柔弱，无毛；花

萼外被锈色疏柔毛，顶端5裂，裂片三角形；花冠白色或黄色，高脚碟状，外面无毛，喉部被长柔毛，花冠裂片5枚，长圆形，开放时外反；花丝极短，花药伸出；子房2室，柱头纺锤状，有槽纹。浆果球形，被紧贴的锈色疏毛或无毛；种子6~7颗，压扁，具棱。花期4~6月；果期5月至翌年2月。

产于鹤城昆仑山、雅瑶昆东洞田村风水林、龙口仓下村后山，生于山坡、山谷溪边、丘陵灌丛或林中。分布于中国华南地区，以及台湾、云南。日本、越南也有分布。

2. 茜树（越南山黄皮）
Aidia cochinchinensis Lour.
Randia cochinchinensis (Lour.) Merr.

灌木或乔木，高达15 m。小枝无毛。叶革质或纸质，椭圆状长圆形或椭圆状披针形、狭椭圆形，长5~22 cm，顶端急尖或渐尖，基部楔形，两面无毛，上面光亮，下面脉腋内的小窝孔中常簇生短柔毛；侧脉5~10对；叶柄长5~20 mm；托叶披针形，无毛，脱落。聚伞花序与叶对生或生于无叶的节上，多花；总花梗粗壮；花萼无毛，顶端4裂，稀5裂，裂片三角形；花冠黄色或白色，有时红色，外面无毛，喉部密被淡黄色长柔毛，花冠4裂，稀5裂，裂片长圆形，开放时反折；花药与柱头伸出。浆果球形，紫黑色，顶端有或无环状的萼檐残迹；种子多数。花期3~6月；果期5月至翌年2月。

鹤山各地常见，产于共和里村华伦庙后面风水林、雅瑶昆东洞田村风水林，生于山地或密林中。分布于中国东南部、中部至西南部。越南也有分布。

木材紧密细致，可为小木器加工之用。全株光滑，枝叶翠绿，果期较长，可作庭园园景树、庭荫树和风景林树种。

3. 多毛茜草树（黄毛山黄皮）
Aidia pycnantha (Drake) Tirveng.
Randia acuminatissima Merr.

无刺灌木或乔木，高达12 m。嫩枝、叶下面和花序均被锈色柔毛。叶革质或纸质，对生，长圆形、长圆状披针形或长圆状倒披针形，长8~27.5 cm，顶端渐尖至尾状渐尖，基部楔形，两侧有时稍不对称，上面无毛；侧脉10~14对，与网脉在下面凸起；叶柄长5~15 mm，被柔毛；托叶披针形，被短柔毛。聚伞花序与叶对生，多花；苞片和小苞片线状披针形；花萼被锈色柔毛，萼管杯形，檐部稍扩大，顶端5裂；花冠白色或淡黄色，高脚碟状。喉部密被长柔毛，裂片5枚；花药伸出；子房2室，柱头纺锤形。浆果球形，顶部有环状萼檐残留。花期3~9月；果期4~12月。

鹤山各地常见，产于共和里村华伦庙后面风水林、雅瑶昆东洞田村风水林、龙口仓下村后山，生于旷野、山坡、山谷林中或灌丛中。分布于中国广东、香港、海南、广西、福建、云南。越南也有分布。

四季常绿，花多，可供观赏。

3. 鱼骨木属　Canthium Lam.

灌木或乔木。有刺或无刺。叶对生，具短柄；托叶生于叶柄间，三角形，基部合生。花小，腋生，簇生或排成伞房花序式聚伞花序；萼管短，半球形或倒圆锥形，萼檐截平或 4 ~ 5 裂，常脱落；花冠瓮形、漏斗形或近球形，里面常有 1 环倒生毛，顶端 4 ~ 5 裂，裂片镊合状排列，花后外弯；雄蕊与花冠裂片同数，着生于冠管喉部；花盘环形；子房 2 室，每室有下垂胚珠 1 颗，花柱粗厚，内藏或伸出，柱头 2 裂或全缘。核果近球形，稀孪生；种子长椭圆形、圆柱形或平凸形，种皮膜质。

约 30 种，分布于亚洲及非洲热带、亚热带地区。中国 4 种，1 变种，主要分布于南部和西南部；鹤山 1 种。

1. 鱼骨木
Canthium dicoccum (Gaertn.) Merr.

无刺灌木或乔木，高达 15 m。全株近无毛。小枝初始压扁或四棱形，后变圆柱形，黑褐色。叶革质，卵形、椭圆形至卵状披针形，长 4 ~ 10 cm，顶端长渐尖、钝或急尖，基部楔形，两面光亮，叶面深绿，叶背浅褐色，边缘波状或全缘，微背卷；

侧脉每边 3 ~ 5 条；叶柄扁平，长 8 ~ 15 mm；托叶长 3 ~ 5 mm。聚伞花序有短的总花梗，偶被柔毛；苞片小或缺；花萼顶端截平或 5 浅裂，萼管倒圆锥形；花冠绿白色或浅黄色，喉部具绒毛，顶端 5 裂，稀 4 裂，裂片长圆形，比冠管略短，开发后外反；花丝短；花柱伸出，无毛。核果倒卵形或倒卵状椭圆形，多少近孪生。花期 1 ~ 8 月。

鹤山各地常见，产于共和里村华伦庙后面风水林、龙口桔园风水林，生于山地、路旁或密林中。分布于中国华南地区及云南、西藏。东南亚及中南半岛和印度、斯里兰卡、澳大利亚也有分布。

木材暗红色，坚硬而重，纹理致密，适宜作艺术雕刻用材。株形较美观，可做步行小径等处的行道树或用于园林布景。

4. 狗骨柴属　Diplospora DC.

灌木或小乔木。叶交互对生；托叶具短鞘和稍长的芒。聚伞花序腋生和对生，多花，密集；花小，4 ~ 5 数，两性或单性（杂性异株）；萼管短，萼裂片三角形；花冠高脚碟状，裂片旋转排列；雄蕊着生在花冠喉部，花丝短，花药背着；子房 2 室，每室具 1 至多颗胚珠，花柱 2 裂，短伸出；花盘环状；雌花具退化雄蕊；雄花具退化子房。核果近球形或椭圆球形，常具宿存萼檐；种子每室 1 至多颗，具棱，具线形或稍弯的种脐。

约 20 种，分布于亚洲热带和亚热带地区。中国 3 种，分布于长江流域以南各省区，东至台湾；鹤山 1 种。

1. 狗骨柴（三萼木）
Diplospora dubia (Lindl.) Masam.

灌木或乔木，高达 12 m。叶革质或厚纸质，卵状长圆形、长圆形、椭圆形或披针形，长 4 ~ 20 cm，顶端渐尖或急尖，基部楔形或急尖，全缘而常稍背卷，两面无毛；侧脉 5 ~ 11 对，纤细，在两面稍明显；叶柄长 4 ~ 15 mm；托叶长 5 ~ 8 mm，内面被白色柔毛。花腋生，密集成束或组成聚伞花序；总花梗和花梗均被短柔毛；萼檐稍扩大，顶端 4 裂，被短柔毛；花冠白色或黄色，裂片与冠管近等长，向外反卷；雄蕊 4 枚，花丝与花药近等长；柱头 2 裂。浆果近球形，革质，红色，顶端有萼檐残迹；果柄纤细，被短柔毛；种子 4 ~ 8 颗，暗红色。花期 4 ~ 8 月；果期 5 月至翌年 2 月。

鹤山各地常见，产于鹤城昆仑山、共和里村风水林、龙口桔园风水林等地，生于山地疏林、常绿阔叶林。分布于中国华南、华东地区，以及湖南、四川、云南。日本、越南也有分布。

木材致密坚韧，可作器具及雕刻细工用材。花稠密，黄绿色，果球形，熟时橙红色，宜作园林观赏。

5. 栀子属 Gardenia J. Ellis

灌木，稀乔木，无刺或少刺。叶对生，少3片轮生或与总花梗对生的1片不发育；托叶生于叶柄内，三角形，基部常合生。花大，腋生或顶生，单生或簇生，稀组成伞房状聚伞花序；萼管常卵形或倒圆锥形，萼檐管状或佛焰苞状，顶常5~8裂，裂片宿存，稀脱落；花冠高脚碟状、漏斗状或钟状，裂片5~12枚，旋转排列；雄蕊与花冠裂片同数，生于花冠喉部，花丝短或缺，花药背着，内藏或伸出；花盘环状或圆锥形；子房1室或因胎座沿轴粘连而呈假2室，花柱粗厚，胚珠多数，2列，生于侧膜胎座上。浆果平滑或具纵棱，革质或肉质；种子多数，种皮革质或膜质。

约250种，分布于东半球的热带、亚热带地区。中国5种，产于中部以南各省；鹤山1种。

1. 栀子（栀子花、黄栀子、白蟾花、水黄枝）Gardenia jasminoides J. Ellis

灌木，高达3m。嫩枝常被短毛。叶对生，稀3片轮生，革质，稀纸质，叶形多样，长圆状披针形、倒卵状长圆形或倒卵形，长3~25cm，顶端渐尖或急尖，基部楔形或急尖，两面常无毛；侧脉8~15对，在下面凸起；叶柄长0.2~1cm；托叶膜质。花芳香，多单生于枝顶；花梗长3~5mm；花萼顶端5~8裂，宿存；花冠白色或奶黄色，高脚碟状，喉部被柔毛，顶端5~8裂，裂片倒卵形或倒卵状长圆形；花丝极短，花药线形，伸出；花柱粗厚，柱头伸出。果卵形、近球形或长圆形，黄色或橙红色，顶端的宿存的萼片长达4cm；种子多数。花期3~7月；果期5月至翌年2月。

鹤山各地常见，产于鹤城昆仑山、桃源鹤山市林科所、共和里村华伦庙后面风水林、龙口仓下村后山等地，生于路旁、山地、溪边灌丛或林中。分布于中国华南、华东、西南地区，河北、陕西、甘肃有栽培。南亚、东南亚、美洲北部及太平洋岛屿和日本、朝鲜等地也有分布。

花朵美丽，香气浓郁，为庭园中优良的美化材料。

6. 龙船花属 Ixora L.

常绿灌木或小乔木。叶对生，稀3片轮生；托叶生于叶柄间，基部常合生成鞘状，宿存或脱落。伞房花序或三歧聚伞花序，常有苞片或小苞片；萼管卵圆形，萼檐4裂，稀5裂，宿存；花冠高脚碟状，喉部无毛或有髯毛，顶端4裂，稀5裂，裂片短于冠管，花蕾时旋转排列；雄蕊与花冠裂片同数，生于冠管喉部，花药背着，凸出或半凸出冠管外；花盘肉质，肿胀；子房2室，每室胚珠1颗，花柱线形，柱头2裂，外弯。核果球形或压扁状，有2纵槽，有2小核，平凸或腹面下凹；种子与小核同形，种皮膜质。

约300～400种，多分布于亚洲热带地区和非洲、大洋洲，热带美洲较少。中国18种，分布于西南部和东南部；鹤山1种。

1. 龙船花（仙丹花，山丹）
Ixora chinensis Lam.

灌木，高达2 m。无毛。小枝初始深褐色，老时灰色，有线条。叶对生，稀4片近轮生，披针形、长圆状披针形至长圆状倒披针形，长6～13 cm，顶端钝或圆形，基部急尖或圆形；侧脉每边7～8条，纤细而明显；叶柄极短或无；托叶基部合生成鞘状。花序顶生，多花；总花梗短，与分枝均为红色，基部常有2片小苞片承托；苞片或小苞片小，生于花托基部的成对；萼裂片4枚；花冠红色或红黄色，顶端4裂，裂片倒卵形或近圆形；花丝极短，花药基部2裂；花柱伸出冠管外，柱头2枚。果近球形，对生，中间有1沟，熟时红色；种子上面凸起，下面凹下。花期5～7月。

鹤山各地常见，有野生、有栽培，产于共和里村风水林、龙口仓下村后山。生于山坡灌丛中或旷地。分布于中国广东、广西、福建。东南亚也有分布；热带地区广泛栽培。

药用及观赏。

7. 粗叶木属 Lasianthus Jack

灌木。常有臭气。叶对生；侧脉弧状，小脉横行；托叶生于叶柄间，宿存或脱落。花小，数朵或多朵簇生于叶腋，或组

成腋生、有总花梗的聚伞花序或头状花序；通常有苞片及小苞片；萼管小，花萼 3 ~ 7 裂，有时不明显；花冠漏斗状或高脚碟状，喉部被长柔毛，裂片 3 ~ 7 枚，镊合状排列；雄蕊 5 枚，生于冠管上部或喉部，花丝短，花药内藏或伸出；子房常 3 ~ 9 室，每室有 1 颗胚珠，花柱短或长，柱头 3 ~ 9 枚。核果小，外果皮肉质，熟时蓝色，有 3 ~ 9 个分核；种子 3 ~ 9 颗，种皮膜质。

约 184 种，分布于亚洲热带和亚热带地区及大洋洲、非洲。中国 33 种，分布于长江流域及其以南各省区，西至西藏东南部，东至台湾；鹤山 3 种。

1. 叶基部偏斜，心形 ⋯⋯⋯⋯⋯⋯⋯⋯ 1. 斜基粗叶木 **L. attenuatus**
1. 叶基部不偏斜，阔楔形或钝。
  2. 叶较大，长 12 ~ 25 cm；花萼裂片 4 枚，裂片下弯，边缘内折⋯⋯⋯⋯⋯⋯⋯⋯⋯⋯⋯ 2. 粗叶木 **L. chinensis**
  2. 叶较小，长 5 ~ 12 cm；花萼 4 或 5 裂，萼齿很小⋯⋯⋯⋯⋯⋯⋯⋯⋯⋯⋯⋯⋯ 3. 罗浮粗叶木 **L. fordii**

1. 斜基粗叶木
Lasianthus attenuatus Jack
Lasianthus wallichii (Wight & Arn.) Wight

灌木，高达 3 m。除叶上面和花冠外，全株密被长硬毛或长柔毛。叶纸质或近革质，椭圆状卵形、长圆状卵形，稀披针形或长圆状披针形，长 5 ~ 13 cm，顶端骤然渐尖，基部心形，偏斜，两侧明显不对称或稍不对称；侧脉 6 ~ 8 对，在叶下面凸起；叶柄极短或无；托叶线状披针形，长约 6 mm，宿存。花无梗，数朵簇生于叶腋；苞片和小苞片多数，钻状披针形或线形；萼管近杯状，花萼 5 裂，裂片与萼管近等长或稍长；花冠白色，近漏斗形，内外均被长柔毛，裂片 5 枚，近卵形，内面密被毛；雄蕊 5 枚，生于冠管喉部，内藏；子房 5 室。核果近球形，熟时蓝色，被硬毛。花期秋季。

产于宅梧泗云管理区元坑村风水林，生于山地、林缘或灌丛中。分布于中国华南地区，以及台湾、云南。亚洲热带地区广泛分布。

2. 粗叶木（白果鸡屎树）
Lasianthus chinensis (Champ. ex Benth.) Benth.

灌木或小乔木，高达 8 m。枝与小枝被褐色短柔毛。叶薄革质或厚纸质，长圆形、长圆状披针形或椭圆形，长 12 ~ 25 cm，顶端急尖，基部阔楔形或钝，叶下面脉上被黄色短柔毛；中脉粗大，在背面凸起，侧脉 9 ~ 14 对；叶柄与托叶均被黄色绒毛。花无梗，3 ~ 5 朵簇生于叶腋；无苞片；萼管卵圆形或近阔钟形，密被绒毛，花萼 4 裂，裂片下弯，边缘内折；花冠白色或带紫色，近管状，被绒毛，喉部密被长柔毛，裂片 5 或 6 枚，顶端内弯，有一长的刺状喙；雄蕊 5 或 6 枚，生于冠管喉部；子房常 6 室。核果近卵球形，熟时蓝色或蓝黑色。花期 5 月；果期 9 ~ 10 月。

产于共和里村华伦庙后面风水林，生于林中湿润处或山谷。分布于中国华南地区，以及福建、台湾、云南。越南、泰国及马来半岛也有分布。

3. 罗浮粗叶木
Lasianthus fordii Hance

　　灌木，高 1 ~ 2 m；小枝纤细，微有棱，无毛。叶具等叶性，纸质，长圆状披针形或长圆状卵形，有时近长圆形，长 5 ~ 12 cm，宽 2 ~ 4 cm，顶端渐尖或尾状渐尖，基部楔形，边全缘或浅波状，两面无毛或下面中脉和侧脉上疏生硬毛；侧脉每边 4 ~ 5 条，很少 6 条，小脉纤细，近平行；叶柄被硬毛；托叶小，近三角形，有时早落。花近无梗，数朵至多朵簇生于叶腋，苞片极小或无；萼管倒圆锥状，通常近无毛，萼齿 4 或 5 枚，很小；花冠白色，管形或微带漏斗形，裂片 4 ~ 5 枚，盛开时反折，长三角状披针形。核果近球形，径约 6 mm，成熟时蓝色或蓝黑色，无毛，有 4 ~ 5 分核。花期春季；果期秋季。

　　鹤山各地常见，产于鹤城里村华伦庙后面风水林、宅梧泗云管理区元坑村风水林，生于林缘或疏林。分布于中国广东、香港、海南、广西、福建、台湾、云南。柬埔寨、印度尼西亚、日本、巴布亚新几内亚、菲律宾、泰国、越南也有分布。

8. 九节属　Psychotria L.

　　直立灌木或小乔木，稀为藤本。叶对生，稀 3 ~ 4 片轮生；托叶生于叶柄内，顶端全缘或 2 裂，常合生。花小，两性，稀杂性异株，组成伞房花序式或圆锥花序式的聚伞花序顶生，稀为腋生的花束或头状花序；苞片有或无；萼管短，萼裂片 4 ~ 6 枚，脱落或宿存；花冠漏斗状、管状或近钟状，冠管直，喉部无毛或被毛，裂片 5 枚，稀 4 或 6 枚，镊合状排列；雄蕊与花冠裂片同数，生于花冠喉部或口部，花药近基部背着，内藏或伸出；花盘各式；子房 2 室，每室胚珠 1 颗，花柱无毛或被毛，柱头 2 裂。浆果或核果，有时孪生，有小核 2 个或分裂为 2 分果爿；种子 2 颗，种皮薄。

　　800 ~ 1500 种，广泛分布于全世界的热带或亚热带地区，美洲尤盛。中国 18 种，分布于西南部至东部；鹤山 4 种。

1. 九节（山大刀）
Psychotria asiatica L.
Psychotria rubra (Lour.) Poir.

　　灌木或小乔木，高达 5 m。叶对生，纸质或革质，长圆形至倒披针状长圆形，稀长圆状倒卵形，有时稍歪斜，长 5 ~ 23 cm，顶端渐尖或急尖，基部楔形，全缘；侧脉 5 ~ 15 对，在下面凸起；叶柄长 0.7 ~ 5 cm，无毛或稀被短柔毛；托叶膜质，短鞘状，顶端不裂脱落。聚伞花序顶生，多花；总花梗极短，常成伞房状或圆锥状；花萼杯状，顶端近截平或不明显的 5 齿裂；花冠白色，喉部被白色长柔毛，裂片三角形，与冠管近等长，开放时反折；雄蕊与花冠裂片互生，花药长圆形，伸出；柱头 2 裂，伸出或内藏。核果红色，有纵棱；小核背面凸起，具纵棱，腹面平而光滑。花、果期全年。

　　鹤山各地常见，产于共和里村华伦庙后面风水林、龙口桔园风水林，生于山地、丘陵、山谷溪边的灌丛或林中。分布于中国华南、华东地区，以及湖南、云南、贵州。日本、东南亚及印度也有分布。

药用。花色素雅，浆果熟时红色，有纵棱，形态别致。几乎全年均可观花赏果。

9. 水锦树属 Wendlandia Bartl. ex DC.

灌木或乔木。单叶对生，很少3枚轮生，具柄或近无柄；托叶生叶柄间，三角形或近三角形，顶端尖或上部扩大常呈圆形而反折，脱落或宿存。花小，聚伞花序排列成顶生、稠密、多花的圆锥花序式，有苞片和小苞片；萼管通常为近球形、卵形或陀螺形，萼檐5裂，裂片宿存；花冠管状、高脚碟状或漏斗状，冠管喉部无毛、被柔毛或硬毛，顶部5裂，罕为4裂，裂片扩展或外反，覆瓦状排列；雄蕊5(~ 4)，着生在花冠裂片间，伸出或稍内藏；花盘环状；子房2(~ 3)室，每室有胚珠多数，花柱纤细，柱头2裂、很少不裂而呈棒槌状。蒴果小，球形，脆壳质，室背开裂，罕室间开裂为2果爿；种子扁，种皮膜质，有网纹，有时有狭翅。

约90种，绝大多数分布在亚洲的热带和亚热带地区，仅极少数分布在大洋洲。中国有31种，主要分布在广东、海南、广西、台湾、贵州和云南，极少数分布于湖北、四川和西藏；鹤山1种。

1. 水锦树
Wendlandia uvariifolia Hance

灌木或乔木。叶纸质，宽椭圆形、卵形或长圆状披针形，长7 ~ 26 cm；叶柄长0.5 ~ 3.5 cm。圆锥状聚伞花序顶生，被灰褐色硬毛，多花；花小，花冠白色，漏斗状，裂片外反。

蒴果小，球形，被短柔毛。花期1 ~ 5月；果期4 ~ 10月。

鹤山各地常见，产于共和里村华伦庙后面风水林、龙口莲塘村风水林，生于路旁、林缘。分布于中国广东、海南、广西、台湾、贵州和云南。越南也有分布。

233. 忍冬科 Caprifoliaceae

灌木或藤本，有时为小乔木，稀为草本。茎木质松软，常有发达的髓部。叶对生，稀轮生，单叶，全缘、具齿或有时羽状或掌状分裂，有时为单数羽状复叶。聚伞或轮伞花序，或由聚伞花序组成伞房式或圆锥式复花序，有时聚伞花序中央花退化仅有2朵，排成总状或穗状花序，稀单生；花两性，稀杂性；苞片、小苞和花萼宿存或脱落；花冠合瓣，裂片3 ~ 5枚，覆瓦状或稀镊合状排列；雄蕊5枚或4枚而2强，内藏或凸出花冠筒外；子房下位，2 ~ 10室，中轴胎座，胚珠每室1至多颗，部分子房不发育。浆果、核果或蒴果，具种子1至多颗。

5属，约207种，主要分布于北温带和热带高海拔山地，以东亚和北美东部种类最多。中国5属，66种，主要分布于华中和西南各省区；鹤山1属，2种。

1. 荚蒾属 Viburnum L.

灌木或小乔木，常绿或落叶，常被簇状毛。冬芽裸露或有鳞片。单叶对生，稀3片轮生，全缘或具齿，稀掌状分裂，具柄；托叶小或无。花小，两性，整齐；花序由聚伞合成顶生或侧生的伞形式、圆锥式或伞房式，稀紧缩成簇状，有时具白色大型不孕边花或全部有大型不孕花组成；苞片及小苞片小而早落；萼齿5个，宿存；花冠白色，稀淡红色，辐状、钟状、漏斗状或高脚碟状，裂片5枚，花蕾时覆瓦状排列；雄蕊5枚，着生于花冠筒内，与花冠裂片互生；子房1室，柱头头状或浅2 ~ 3裂，胚珠1颗。核果卵圆形或圆形，扁平，稀圆形，骨质，内含种子1颗。

约200种，分布于温带或亚热带地区，亚洲和南美州种类最多。中国73种，广泛分布于全国各省区，以西南部种类最多；鹤山2种。

1. 圆锥花序；果核常浑圆或稍扁，仅具1条上宽下窄的深腹沟 ······
 ······ **1. 珊瑚树 V. odoratissimum**

1. 复伞形状聚伞花序；果核通常压扁，常有1至数条背沟和腹沟，或有时腹面深凹，背面凸起如杓状 ······
 ······ **2. 常绿荚蒾 V. sempervirens**

1. 珊瑚树
Viburnum odoratissimum Ker Gawl.

常绿灌木或小乔木，高达 15 m。枝具凸起的小瘤状皮孔。冬芽有 1 ~ 2 对鳞片。叶革质，椭圆形至矩圆形或矩圆状倒卵形至倒卵形，长 7 ~ 20 cm，顶端短尖至渐尖而钝头，基部宽楔形，稀圆形，两面无毛或脉上散生簇状微毛，下面有时散生腺点，脉腋常有簇状毛和趾蹼状小孔；侧脉 5 ~ 6 对；叶柄长 1 ~ 3 cm。圆锥花序顶生或生于侧生短枝，长 3.5 ~ 13.5 cm；总花梗长达 10 cm，有淡黄色瘤状凸起；花芳香，生于第二至第三级辐射枝上；花冠白色，后变黄色，稀微红，辐状；雄蕊凸出花冠；花柱不高出萼齿。果卵形，先红后变黑；核有 1 条腹沟。花期 4 ~ 5 月；果期 7 ~ 9 月。

产于龙口莲塘村、宅梧泗云管理区元坑村风水林，生于山谷密林、疏林中或灌丛中。分布于中国广东、海南、广西、湖南、福建、台湾、浙江、河南、河北、贵州、云南。印度及东南亚也有分布。

木材可作细工用料。也可入药，治跌打肿痛和骨折。树形美观，可作庭园观赏，为中国优良的南方乡土树种。

2. 常绿荚蒾（坚荚树）
Viburnum sempervirens K. Koch.

常绿灌木，高达 4 m。当年小枝四棱形，散生簇状短糙毛或近无毛。叶革质，椭圆形至椭圆状卵形，稀宽卵形，有时矩圆形或倒披针形，长 4 ~ 16 cm，顶端尖或短渐尖，基部渐狭形至钝，稀近圆形，边全缘或上部具少数浅齿，上面有光泽，下面有褐色腺点；侧脉 3 ~ 5 对；叶柄长 5 ~ 15 mm。复伞形聚伞花序顶生，直径 3 ~ 5 cm，有红褐色腺点；总花梗长不到

1. 基及树（福建茶）
Carmona microphylla (Lam.) G. Don

1 cm 或近无；花生于第三至第四级辐射枝上；花冠白色，辐状，裂片与筒近等长；雄蕊稍凸出花冠；花柱稍高出萼齿。果卵圆形，红色；核扁圆形，腹面深凹陷，背面凸起。花期 5 月；果期 10 ~ 12 月。

鹤山各地常见，产于共和里村华伦庙后面风水林，生于山地、路旁或密林中。分布于中国广东、海南、广西、江西、湖南、福建、安徽、浙江、贵州、四川、云南。

果熟时红色，可供观赏。

249. 紫草科 Boraginaceae

草本，稀灌木或小乔木。常被刚毛、硬毛或糙伏毛。单叶，互生，稀对生，全缘或有锯齿；无托叶。聚伞花序或镰状聚伞花序，极少花单生；花两性，辐射对称，稀左右对称；花萼(3 ~ 4)5 枚，常宿存；花冠筒状、钟状、漏斗状或高脚碟状，冠檐 4 ~ 5 裂，裂片覆瓦状排列，稀旋转状，喉部或筒部常具 5 个梯形或半月形附属物；雄蕊 5 枚，常生于花冠筒部，通常轮状排列；花药 2 室，纵裂；蜜腺在花冠筒内基部环状排列，或生于花盘上；雌蕊 2 枚心皮，基平、塔形或锥形；子房 2 室，每室 2 颗胚珠。核果具 1 ~ 4 颗种子，或瓣裂成 2 ~ 4 个小坚果，常具疣状、碗状或盘状凸起；种子直生或斜生，种皮膜质；无胚乳。

约 156 属，2 500 种，分布于世界的温带和热带地区，地中海地区为其分布中心。中国 47 属，294 种，遍布全国，但以西南部最为丰富；鹤山栽培 1 属，1 种。

1. 基及树属 Carmona Cav.

灌木或小乔木。叶小形，具短柄，两面均粗糙，上面多有白色小斑点，叶缘具粗齿，通常在当年生枝条上互生，在短枝上簇生。花生叶腋，通常 2 ~ 6 朵集为疏松团伞花序；花萼 5 裂，裂片开展；花冠白色，具短筒及平展的裂片，喉部无附属物；雄蕊 5 枚，花丝细长，花药伸出；花柱生子房顶端，2 裂几达基部，2 分枝细长而延伸，约与花冠等长，柱头 2，小形，近头状。核果红色或黄色，先端有宿存的喙状花柱，内果皮骨质，近球形，成熟时完整，不分裂，具 4 颗种子。

仅 1 种，分布于中国、印度尼西亚、日本、澳大利亚。鹤山栽培 1 种。

常绿灌木，高 1 ~ 3 m，多分枝，具褐色树皮。叶革质，倒卵形或匙形，长 1.5 ~ 3.5 cm，先端圆形或截形，具粗圆齿，上面有短硬毛或斑点，下面近无毛。团伞花序开展，宽 5 ~ 15 mm；花冠钟状，白色或稍带红色，长 4 ~ 6 mm，裂片长圆形。核果直径 3 ~ 4 mm，内果皮圆球形，具网纹，直径 2 ~ 3 mm，先端有短喙。

鹤山市区常见栽培。分布于中国广东、海南、福建、台湾。印度尼西亚、日本、澳大利亚也有分布。

四季常青，婀娜婆娑，叶细发亮，造型容易，常用来做树桩盆景，或栽于道路两旁、门前、墙脚或花坛沿边作为绿篱。

250. 茄科 Solanaceae

一年生至多年生草本、半灌木、灌木或小乔木，直立、匍匐或攀缘，罕缠绕。有时具皮刺，稀具棘刺。单叶全缘、不分裂或分裂，有时为羽状复叶，互生或在开花枝上大小不等的二叶双生；无托叶。花单生、簇生或为各式聚伞花序，稀为总状花序，两性，稀杂性，辐射对称或稍两侧对称；花萼顶部 5 裂，稀截平，裂片镊合状或覆瓦状排列，宿存；花冠合瓣，常 5 裂，

镊合状或覆瓦状排列；雄蕊着生于花冠管上，与花冠裂片同数，互生，花丝丝状或钻形，花药基着或背着；花柱单一，柱头2裂。浆果或蒴果；种子圆盘形或肾形，种皮常有凹点。

约95属，2 300种，广泛分布于全世界温带及热带地区，热带美洲西部种类最为丰富。中国20属，101种，全国普遍分布，但以南部亚热带及热带地区种类较多；鹤山1属，1种。

1. 茄属 Solanum L.

草本、灌木或小乔木，稀藤本。有或无刺，无毛或被单毛、分枝毛及星状毛。单叶互生或假双生，全缘或分裂，稀为复叶。花通常数至多朵排成各式聚伞花序，两性，罕单性，全部能育或仅花序最下部1～2朵能育；花萼4～5裂，果时显著增大或稍增大；花冠辐射对称，辐状、星状或漏斗状，多白色，少红色或黄色，5（～4）浅裂或深裂，稀几乎不裂；雄蕊5或4枚，着生于冠管近基部，花丝等长或1枚较短；无花盘；子房2室；胚珠多数；花柱单一，柱头不裂或有时2浅裂。浆果球形至椭圆形；种子扁平，表面具网状凹穴，胚弯曲。

约1 200种，分布于全世界热带及亚热带，主要产于美洲。中国41种，约有一半为引种栽培；鹤山1种。

1. 水茄
Solanum torvum Sw.

灌木，高1～3 m。小枝、叶及花序均被淡褐色星状毛，小枝疏生基部宽扁的淡黄色皮刺，刺长3～10 mm。叶单生

或双生，卵形或椭圆形，长6～18 cm，先端尖，基部心脏形或楔形，两侧不对称，边缘3～4裂或作波状；侧脉每边3～5条，叶脉通常无刺或有时具刺。二至多歧伞房状聚伞花序腋外生；总花梗长1～1.5 cm，具细刺或无；萼杯状；花冠白色，冠檐星形；花丝长约1 mm，花药钻形，长7 mm；不育花花柱短于花药，能育花花柱长于花药，柱头截形。浆果球形，直径约1～1.5 cm，熟时黄色；种子盘状。几乎全年开花结果。

鹤山各地常见，产于宅梧泗云管理区元坑村、龙口仓下村后山，生于路旁。分布于中国华南，以及福建、贵州、云南、西藏。广泛分布于热带地区。

为良好的观花、观果花卉，盆栽供观赏。根作药用有散瘀消肿的功效，外用可治跌瘀疼痛、腰肌劳损等。

257. 紫葳科 Bignoniaceae

乔木、灌木或木质藤本，稀为草本；常具有各式卷须及气生根。叶对生、互生或轮生，单叶或羽叶复叶，稀掌状复叶；顶生小叶或叶轴有时呈卷须状；无托叶或具叶状假托叶；叶柄基部或脉腋处常有腺体。花两性，左右对称，通常大而美丽，组成顶生、腋生的聚伞花序、圆锥花序或总状花序或总状式簇生；苞片及小苞片存在或早落；花萼钟状、筒状，平截，或具2～5齿，或具钻状腺齿；花冠合瓣，钟状或漏斗状，常二唇形，5裂，裂片覆瓦状或镊合状排列；能育雄蕊通常4枚，花盘存在，环状，肉质，子房上位，2室稀1室，或因隔膜发达而成4室；中轴胎座或侧膜胎座；胚珠多数，叠生；花柱丝状，柱头2唇形。蒴果，室间或室背开裂，形状各异，光滑或具刺。种子通常具翅或两端有束毛，薄膜质，极多数，无胚乳。

约116～120属，650～750种，广泛分布于热带、亚热带地区，少数种类延伸到温带，但欧洲和新西兰不产。中国12属，35种，南北均产，但大部分种类集中于南方各省区；引进栽培的有16属，19种。鹤山栽培1属，1种。

1. 吊灯树属 Kigelia DC.

乔木。叶对生，奇数一回羽状复叶。圆锥花序，疏散，下垂，具长柄。花萼钟状，微2唇形，肉质，萼齿5枚，不等大；花冠钟状漏斗形，巨大，花冠裂片5，开展，二唇形；雄蕊4枚，2强。花盘环状；子房1室，胚珠多数。果长圆柱形，腊肠状，肿胀，坚硬，不开裂，悬挂于小枝之顶，具长柄；种子无翅，坚陷入木质果肉之中。

约3～10种，产于非洲；现在热带，作为观赏树种栽培。中国广东、云南南部栽培1种；鹤山栽培1种。

1. 吊瓜树（吊灯树、炮弹树、羽叶垂花树）
Kigelia africana (Jacq.) Benth.
Kigelia pinnata (Jacq.) DC.

半常绿乔木，高达10 m，树冠广展，雄伟壮观。一回奇数羽状复叶，叶交互对生或轮生，叶轴长7.5～15 cm；小叶7～9片，无柄，长圆形或倒卵形，顶端急尖，基部楔形，全缘。大型圆锥花序，花梗悬下垂；花萼钟状，革质，长4.5～5 cm，直径约2 cm，3～5裂齿不等大；花冠桔黄色或褐红色，裂片卵圆形，上唇2片较小，下唇3片较大，开展，花冠筒外面具凸起纵肋；雄蕊4枚，2强，外露，花药个字形着生，药室2，纵裂；花盘环状；柱头2裂，子房1室，胚珠多数。果下垂

圆柱形,肥硕,不开裂;种子多数,镶于木质的果肉内。夏秋开花。

鹤山偶见栽培,桃源鹤山市林科所、鹤城、市区等地。原产于热带非洲、马达加斯加。中国广东、海南、福建、台湾、

云南有栽培。

果肉可食。树皮入药可治皮肤病。为优美园林树种,供观赏。

263. 马鞭草科 Verbenaceae

灌木或乔木,稀为藤本。叶多对生,单叶或掌状复叶,无托叶。花序顶生或腋生,多为聚伞、总状、穗状、伞房状聚伞或圆锥花序;花两性,多左右对称;花萼宿存,杯状、钟状或管状,果熟后增大或不增大,顶端有 4 ~ 5 个齿或截头状;花冠管圆柱形,顶部二唇形或不相等的 4 ~ 5 裂,裂片常外展,全缘或下唇中间裂片边缘流苏状;雄蕊 4 枚,着生于花冠上,花丝分离,花药常 2 室;花盘通常不显著;花柱顶生,子房上位,多为 2 枚心皮。核果、蒴果或浆果状核果;种子常无胚乳,胚直立。

约 91 属,2 000 余种,主要分布在热带和亚热带地区,少数延至温带。中国 20 属,182 种;鹤山连引入栽培的共 5 属,7 种,1 变种。

1. 掌状复叶 ································ 5. 牡荆属 Vitex
1. 单叶。
   2. 有强烈气味 ···················· 3. 马缨丹属 Lantana
   2. 无强烈气味。
      3. 花序由二歧状聚伞花序组成顶生圆锥花序 ···········
      ························· 4. 柚木属 Tectona
      3. 聚伞花序或组成伞房状或圆锥状花序。
         4. 花冠顶端 4 裂 ·········· 1. 紫珠属 Callicarpa
         4. 花冠顶端 5 裂 ······· 2. 大青属 Clerodendrum

1. 紫珠属 Callicarpa L.

多为直立灌木。小枝圆筒形或四棱形,被分枝毛、星状毛、单毛或钩毛。叶对生,偶 3 叶轮生,有柄或近无柄,边缘有锯齿,通常被毛和腺点,无托叶。聚伞花序腋生;苞片细小,花小,整齐;

花萼杯状或钟状，顶端 4 裂至截头状，宿存；花冠紫色、红色或白色，顶端 4 裂；雄蕊 4 枚，着生于花冠管基部；子房上位，由 2 枚心皮组成，4 室，每室 1 颗胚珠，花柱通常长于雄蕊，柱头膨大，不裂或不明显的 2 裂。果实为核果或浆果状，熟时紫色、红色或白色；种子 1 颗，长圆形。

约 140 余种，主要分布于亚洲热带和亚热带和大洋洲，少数种分布于美洲，极少数可延伸到亚洲和北美洲的温带地区。中国约 48 种，主产于长江以南，少数可延伸到华北至东北和西北的边缘；鹤山 1 种。

1. 枇杷叶紫珠（裂萼紫珠）
Callicarpa kochiana Makino

灌木，高 1 ~ 4 m。小枝、叶柄、叶背与花序密生黄褐色分枝绒毛。叶片长椭圆形、卵状椭圆形或长椭圆状披针形，长 12 ~ 22 cm，宽 4 ~ 8 cm，顶端渐尖或锐尖，基部楔形，边缘有锯齿，表面无毛或疏被毛，背面密生黄褐色星状毛和分枝绒毛，两面被不明显的黄色腺点。聚伞花序宽 3 ~ 6 cm，3 ~ 5 次分枝；花萼管状，被绒毛，萼齿锐尖；花冠淡红色或紫红色，裂片密被绒毛，雄蕊伸出花冠管外，花药卵圆形；花柱长于雄蕊，柱头膨大。果实圆球形，几乎全部包藏于宿存的花萼内。花期 7 ~ 8 月；果期 9 ~ 12 月。

鹤山各地常见，产于宅梧泗云管理区元坑村风水林。生于山坡或谷地溪旁林中和灌丛中。分布于中国广东、海南、湖南、江西、福建、台湾、浙江、河南。日本、越南也有分布。

可供观赏。

2. 大青属 Clerodendrum L.

落叶或半常绿，多为灌木或小乔木。冬芽圆锥形；单叶对生，稀 3 ~ 5 叶轮生。聚伞花序或组成伞房状或圆锥状花序；苞片宿存或早落；花萼钟状、杯状，稀筒状，顶端有 5 齿或近平截，花后增大，宿存。花冠高脚碟形或漏斗形，顶端常 5 裂。雄蕊 4 枚，着生于花冠筒上部；子房 4 室，每室 1 颗胚珠，通常 1 ~ 3 室内胚珠不发育，花柱条形，长或短于雄蕊，柱头 2 裂。浆果状核果，

成熟后分裂为 4 个小坚果或因发育不全为 1 ~ 3 个分核。种子长圆形，无胚乳。

约 400 种，分布于热带和亚热带，少数至温带。中国 34 种；鹤山 3 种。

1. 聚伞花序密集成头状 ······ 1. 灰毛大青 **C. canescens**
1. 聚伞花序不集成头状。
　2. 花有桔香味；花萼杯状 ······ 2. 大青 **C. cyrtophyllum**
　2. 花无桔香味；花萼紫红色且膨大似灯笼 ······
　　　　　　　　　　　　　　 3. 白花灯笼 **C. fortunatum**

1. 灰毛大青（毛赪桐）
Clerodendrum canescens Wall. ex Walp.

灌木，高 1 ~ 3.5 m。小枝略四棱形，具不明显的纵沟，全体密被平展或倒向灰褐色长柔毛，髓疏松，干后不中空。叶片多为心形或阔卵形，长 6 ~ 18 cm，宽 4 ~ 15 cm，两面均有柔毛，背面更显著。聚伞花序密集成头状，常 2 ~ 5 枝生于枝顶，花序梗较粗壮；苞片叶状，具短柄或近无柄；花萼由绿变红，钟状，具五棱角和少数腺点；花冠白色或淡红色，外有腺毛或柔毛，花冠管纤细，雄蕊 4 枚，与花柱均伸出花冠外。核果近球形，熟时深蓝色或黑色，藏于红色增大的宿萼内。花、果期 4 ~ 10 月。

鹤山偶见，产于鹤山市林科所，生于山坡路边或疏林中。分布于中国广东、广西、湖南、江西、福建、台湾、浙江、四川、贵州、云南。印度和越南也有分布。

全株入药，可退热止痛。花美丽可爱，可作为观花植物丛植观赏。

越南和马来西亚也有分布。

根、叶入药，可清热解毒、凉血利尿。

2. 大青（路边青）
Clerodendrum cyrtophyllum Turcz.

灌木或小乔木，高 1 ~ 10 m。幼枝被短柔毛，枝黄褐色，髓坚实，冬芽圆锥状。叶片纸质，椭圆形、卵状椭圆形、长圆形或长圆状披针形，长 6 ~ 20 cm，宽 3 ~ 9 cm，常全缘，背面常有腺点。伞房状聚伞花序，生于枝顶或叶腋；花小，有桔香味；花萼杯状，顶端 5 裂，裂片三角状卵形；花冠白色，外被疏生细毛和腺点；花冠管细长，长约 1 cm，顶端 5 裂，裂片卵形；雄蕊 4 枚，花丝长约 1.6 cm，与花柱同伸出花冠管外；子房 4 室，每室 1 颗胚珠。果实球形或倒卵形，熟时蓝紫色，为红色的宿萼所托。花、果期 6 月至翌年 2 月。

鹤山各地常见，产于共和里村华伦庙后面风水林，生于山地、路旁或密林中。分布于中国华东、中南、西南地区。朝鲜、

3. 白花灯笼（鬼灯笼）
Clerodendrum fortunatum L.

灌木，高可达 2.5 m。嫩枝密被黄褐色短柔毛，小枝暗棕褐色，髓疏松，干后不中空。叶纸质，长椭圆形或倒卵状披针形，长 5 ~ 17.5 cm，宽 1.5 ~ 5 cm，全缘或波状，表面被疏生短柔毛，背面密生细小黄色小腺点。聚伞花序腋生，1 ~ 3 次分枝，花 3 ~ 9 朵；花序梗长 1 ~ 4 cm，密被棕褐色短柔毛；苞片线形，密被棕褐色短柔毛；花萼红紫色，具 5 棱，膨大似灯笼；花冠淡红色或白色稍带紫色。核果近球形，熟时深蓝绿色，藏于宿萼内。花、果期 6 ~ 11 月。

产于鹤城昆仑山、龙口仓下村后山，生于丘陵、山坡、路边、村旁和旷野。分布于中国广东、广西、江西、福建。菲律宾、越南也有分布。

根或全株入药，可清热解毒、止咳镇痛。

3. 马缨丹属 Lantana L.

直立或半藤状灌木。有强烈气味。茎四方形，有或无皮刺与短柔毛。单叶对生，有柄，边缘有圆或钝齿，表面多皱。花密集成头状，顶生或腋生；苞片基部宽展，小苞片极小；花萼小，膜质；花冠 4 ~ 5 浅裂，裂片钝或微凹，几近相等而平展；花冠管细长向上略宽展；雄蕊 4 枚，着生于花冠管中部，内藏，花药卵形，药室平行；子房 2 室，每室有 1 颗胚珠，花柱短，不外露，柱头偏斜，盾形头状。果熟后，常为 2 个骨质分核。

约 150 种，主产于美洲热带亚热带地区。中国 1 种；鹤山 1 种。

1. 马缨丹（如意草）
Lantana camara L.

直立或蔓性灌木，高 1 ~ 2 m，有时可达 4 m。茎枝均呈四方形，有短柔毛，常有短而倒钩状刺。单叶对生，有柄，边缘有圆或钝齿，表面多皱，叶揉烂后有强烈气味；叶片卵形至卵状长圆形，长 3 ~ 8.5 cm，宽 1.5 ~ 5 cm，表面有粗糙的皱纹和短柔毛。花密集成头状，顶生或腋生，总花梗粗壮；苞片披针形，常为花萼的 1 ~ 3 倍，外部有粗毛；花萼管状，膜质，顶端有极短的齿；花冠 4 ~ 5 浅裂，略呈二唇形，花冠黄色或橙黄色，后转深红色，花冠管两面有细毛，子房无毛。果圆球形，熟时紫黑。全年开花。

鹤山各地常见，逸为野生，生于路旁或旷野。分布于中国华南、及福建、台湾。原产于美洲热带、亚热带地区。

根、叶、花入药，可清热解毒、散结止痛。庭园观赏，适应性强，可栽于墙旁、陡坡，以打破枯燥、单调之感。但不宜过多，以免威胁其它种。

4. 柚木属 Tectona L. f.

落叶乔木；小枝被星状柔毛。叶大，对生或轮生，全缘，有叶柄。花序由二歧状聚伞花序组成顶生圆锥花序；苞片小，狭窄，早落；花萼钟状，5 ~ 6 齿裂，果时增大呈卵圆形或坛状，完全包围果实；花冠管短，顶端 5 ~ 6 裂，裂片向外反卷；雄蕊 5 ~ 6 枚，着生在花冠管上部，伸出花冠外，花药纵裂；花柱线形，柱头顶端 2 浅裂；子房 4 室，每室有 1 胚珠。核果包藏于宿存增大的花萼内，外果皮薄，内果皮骨质；种子长圆形。

约 3 种，分布于印度、缅甸、马来西亚及菲律宾；中国引入栽培 1 种，产于云南、广西、广东、福建；鹤山栽培 1 种。

1. 柚木
Tectona grandis L. f.

常绿乔木，株高可达 40 m；小枝淡灰色或灰褐色，四棱形，被灰褐色星状绒毛。叶对生，厚纸质，卵形或椭圆形，全缘；嫩叶用手搓有红色素。圆锥花序顶生；花有香气；花冠白色。核果球形，外果皮茶褐色。花期 8 月；果期 10 月。

桃源鹤山市林科所有栽培。原产于印度、缅甸、马来西亚和印度尼西亚（苏门答腊、爪哇）。中国广东、广西、福建、台湾、云南等地普遍引种。

材用。树高叶大，树干通直，绿荫效果好，为优良庭园绿荫树、行道树树种。

5. 牡荆属　Vitex L.

乔木或灌木。小枝通常四棱形，无毛或有微柔毛。叶对生，有柄，掌状复叶，小叶 3 ~ 8 片，稀单叶，小叶片全缘或有锯齿，浅裂至深裂。聚伞花序组成近穗状、圆锥状、伞房状花序，顶生或腋生；苞片小；花萼钟状，顶端近截平或有 5 齿，外面常有微柔毛和黄色腺点，宿存；花冠淡黄、淡蓝紫、浅蓝或白色，二唇形，上 2 下 3，略长于萼；雄蕊 4 枚，2 长 2 短或近等长，内藏或伸出花冠外；子房近圆形或微卵形，2 ~ 4 室，每室有胚珠 1 ~ 2 颗，花柱丝状，柱头 2 裂。果实球形、卵形至倒卵形；种子无胚乳，子叶常肉质。

约 250 种，主要分布于热带和温带地区。中国 14 种，3 变型，主要分布于长江以南；鹤山 1 种，1 变种。

1. 花冠淡紫色；小叶具粗锯齿 ·················
······················· 1. 牡荆 **V. negundo** var. **cannabifolia**
1. 花冠淡黄色；小叶常全缘 ·············· 2. 山牡荆 **V. quinata**

1. 牡荆
Vitex negundo L. var. **cannabifolia** (Siebold et Zucc.) Hand.-Mazz.

落叶灌木或小乔木。小枝四棱形，密生灰白色绒毛。叶对生，掌状复叶，小叶 5 片，少有 3 片；小叶片披针形或椭圆状披针形，具粗锯齿，常被柔毛。聚伞花序排成圆锥花序顶生，长 10 ~ 20 cm；花冠淡紫色。果实近球形，黑色。花期 6 ~ 7 月；果期 8 ~ 11 月。

鹤山各地常见，生于路旁灌木丛、丘陵山地林中。分布于中国广东、广西、湖南、贵州、四川、云南、河南、河北。日本、尼泊尔及东南亚也有分布。

茎叶治久痢；种子为镇静、镇痛药；根可驱蛲虫。

2. 山牡荆（莺歌）
Vitex quinata (Lour.) F. N. Williams

常绿乔木，高 4 ~ 12 m。树皮灰褐色至深褐色。小枝四棱形，有微柔毛和腺点。掌状复叶，对生，3 ~ 5 片小叶，倒卵形至倒卵状椭圆形，常全缘，表面常有灰白色小窝点，背面有金黄色腺点。聚伞花序对生于主轴上，排成圆锥状，顶生，密被棕

坑村风水林、宅梧东门村风水林，生于山坡林中。分布于中国华南、华东，以及湖南、贵州、云南、西藏。东南亚及日本、印度也有分布。

可作门、窗等用材。适宜栽培作为园景树。

314. 棕榈科 Palmae

灌木、藤本或乔木。茎通常不分枝，单生或丛生，表面平滑或粗糙，或有刺。叶互生，羽状或掌状分裂，稀为全缘或近全缘；叶柄基部通常扩大成具纤维的鞘。花小，单性或两性，雌雄同株或异株，有时杂性，组成佛焰花序（或肉穗花序）；花萼和花瓣各3枚，覆瓦状或镊合状排列；雄蕊通常6枚，2轮排列，稀多数或更少，花药2室，纵裂；子房通常上位，1～3室，或3枚心皮离生或于基部合生，每室或每心皮内有1颗胚珠，柱头3枚，通常无柄。果实为核果或硬浆果，果品光滑或有毛有刺。种子通常1颗，与内果皮分离或粘合。

约183属，2 450种，分布于亚洲、非洲、美洲、马达加斯加及太平洋的热带、亚热带地区。中国18属，77种，其中引入栽培2属4种，产于西南至东南部各省区；鹤山连引入栽培的共9属，10种。

1. 藤本或藤状灌木 ·· 2. 省藤属 Calamus
1. 直立灌木或乔木。
  2. 花在小穗轴上单生或多朵成组着生，但每组非中间雌花和两侧雄花；叶的羽片常内向折叠，先端不分裂。
    3. 叶掌状分裂，扇形或几圆形；羽片不退化为刺状 ············
    ···································· 5. 蒲葵属 Livistona
    3. 叶为羽状复叶，基部的羽片常呈刺状 ············
    ···································· 6. 刺葵属 Phoenix
  2. 花在小穗轴上常3朵1组，每组中间雌花和两侧雄花，或退化为1朵雌花与1朵雄花并生；叶的羽片常外向折叠，若内向折叠则叶的裂片先端啮蚀状。
    4. 叶为二回羽状分裂 ············ 3. 鱼尾葵属 Caryota
    4. 叶为一回羽状分裂。
      5. 花序总苞片近木质；子房3室，每室胚珠均发育；果无浅裂纹，中果皮肉质，内果皮木质
      ···································· 8. 金山葵属 Syagrus
      5. 花序总苞片非木质；子房3室，通常1室发育，稀2～3室发育，后者果有浅裂纹；内果皮常薄。
        6. 雌花花瓣基部合生；退化雄蕊合生呈杯状；果具1颗种子 ···································· 7. 王棕属 Roystonea
      6. 雌花花瓣离生；退化雄蕊齿状；果具1～3颗种子。
        7. 雄花长圆形，圆形者则花序基部仅有1枚总苞片
        ··········· 1. 假槟榔属 Archontophoenix
        7. 雄花通常圆形或近圆形；花序基部具1枚总苞片和数枚苞片。
          8. 叶的羽片顶端啮蚀状；雄蕊多数；子房1室 ·······
          ···································· 9. 二枝棕属 Wodyetia
          8. 叶的羽片顶端非啮蚀状；雄蕊6枚；子房通常3室 ············ 4. 散尾葵属 Chrysalidocarpus

黄色灰柔毛；花萼钟状，外面密生棕黄色柔毛和腺点，花冠淡黄色，二唇形；雄蕊4枚，伸出花冠外，花丝基部变宽而无柔毛。核果球形或倒卵形，熟后黑色。花期5～7月；果期8～9月。

鹤山各地常见，产于共和里村风水林、宅梧泗云管理区元

1. 假槟榔属 Archontophoenix H. A. Wendl. & Drude

　　乔木状，单生，茎高而细，无刺，具明显环状叶痕。叶生于茎顶，整齐的羽状全裂；裂片线状披针形，先端渐尖或具2齿；中脉明显，横小脉不明显；叶轴很长，上面扁平，侧面具沟槽，被鳞片和褐色小斑点；叶柄短，上面具沟槽，叶鞘管状，常常在基部稍膨大。花雌雄同株，多次开花结实。花序生于叶下，具短花序梗，三回分枝，下垂，无毛；花序梗的佛焰苞管状，压扁，早落；花序轴上的佛焰苞短，具波缘或突出锐利的齿；小穗轴上的小佛焰苞基部杯状，小穗轴下部的花3朵聚生，上部的为雄花，单生或成对着生。雄花不对称，萼片3枚，离生，覆瓦状排列；花瓣3枚，离生，约5倍长于萼片，狭卵形；雄蕊9～24枚。果实球形至椭圆形，淡红色至红色。种子椭圆形至球形，种脐在基部，延长，种脊分枝网结，胚乳嚼烂状。

　　约14种，原产于澳大利亚东部。中国常见栽培1种，华南及福建、云南常见栽培；鹤山栽培1种。

1. 假槟榔
Archontophoenix alexandrae (F. Muell.) H. Wendl. & Drude

　　树高可达18 m以上，茎干有环纹，单生，挺直；叶片为羽状复叶，长1～2 m，簇生顶部，小叶细长，长达45 cm，叶背有灰白色秕糠；叶柄基部绕茎一圈，脱落后形成一圈节痕。穗状圆锥形花序下垂，乳黄色，多分枝，花序轴略具棱和弯曲，具2个鞘状佛焰苞，长45 cm；花雌雄同株，白色；雄花萼片3枚，三角状圆形；花瓣3枚，斜卵状长圆形，雄蕊通常9～10；雌花萼片和花瓣各3枚，圆形。果实卵球形，红色，长1.2～1.4 cm。种子卵球形，长约8 mm，直径约7 mm，胚乳嚼烂状，胚基生。花期4月，果期4～7月。

　　鹤山市区常见栽培。原产于澳大利亚。中国广东、海南、广西、福建、台湾、云南等热带亚热带地区有栽培。

　　树形优美的绿化树种。

2. 省藤属 Calamus L.

　　攀缘藤本或直立灌木。叶羽状全裂，裂片对生、互生或数片成束着生，基部外向褶叠；叶鞘、叶柄、叶轴常具刺；托叶鞘宿存或凋落。肉穗花序自叶鞘上抽出，具1～3回分枝，初生佛焰苞为长管状或鞘状，次生佛焰苞和小佛焰苞短管状或漏斗状，有刺或无刺，革质或膜质；花单性，雌雄异株；雄花花萼管状或杯状，3裂，花冠3片，雄蕊6枚；雌花花萼管状，3裂，花冠通常长于花萼，3裂，花萼与花冠（两者统称花被）宿

存，退化雄蕊 6 枚，花丝下部形成一杯状体，子房被鳞片，3 室，每室有胚珠 1 颗，花柱短或无，柱头 3 枚。果实球形，外果皮薄壳质，被以紧贴的覆瓦状排列的鳞片；种子 1 颗。

约 385 种，广泛分布于亚洲热带和亚热带地区，少数分布于大洋洲和非洲及太平洋岛屿。中国 28 种，分布于东南部、南部至西部各省区，主要分布于广东、海南及云南；鹤山 1 种。

1. 杖藤（华南省藤）
Calamus rhabdocladus Burret

本质攀缘藤本。茎连叶鞘粗 4 ~ 5 cm。叶羽状全裂，顶端无纤鞭，长 2 ~ 3 m；裂片 30 ~ 40 对，两列，整齐，等距离单生，或有时 3 ~ 10 片成束聚生，束间有间隔。老株叶或茎上部的叶往往无间隔，线形，长 20 ~ 45 cm，边缘及脉上均有稀疏、褐色针状刺毛；叶轴和叶柄被黄棕色或灰褐色鳞秕，背面具长或短的锐刺；茎生叶或上部叶的叶鞘具狭长扁刺和纤鞭，但无托叶鞘，基生叶叶鞘上的刺稀少。肉穗花序纤鞭状，雄花序的部分花序具二回羽状分枝，小穗状花序多而稠密，雄花花萼管状，3 齿裂，花瓣长圆形；雌花序的部分花序仅有 1 回羽状分枝，小穗状花序较长。果椭圆形或卵形，有鳞片；种子卵形。花期 4 ~ 5 月；果期翌年 3 ~ 6 月。

鹤山偶见，产于雅瑶昆东洞田村风水林，生于山地林中。分布于中国华南，及福建、贵州、云南。老挝、越南也有分布。

藤茎质地中等，坚硬，适宜作藤器的骨架，也可作手杖。

3. 鱼尾葵属 Caryota L.

植株矮小至乔木状。茎单生或丛生，裸露或被叶鞘，具环状叶痕。叶大，聚生于茎顶，二回羽状全裂，芽时内向折叠；羽片菱形、楔形或披针形，先端极偏斜而有不规则的齿缺，状如鱼尾；叶柄基部膨大，叶鞘纤维质。佛焰苞 3 ~ 5 个，管状；花序生于叶腋间，有长而下垂的分枝花序，罕不分枝；花单性，雌雄同株，通常 3 朵聚生，中间 1 朵较小的为雌花；雄花萼片 3 枚，离生，覆瓦状排列，花瓣 3 枚，镊合状排列，雄蕊 9 至多数，花丝短，花药线形；雌花花萼 3 枚，覆瓦状排列，花瓣 3 枚，镊合状排列，退化雄蕊 0 ~ 6 枚；子房 3 室，柱头 2 ~ 3 裂。果实近球形，有种子 1 ~ 2 颗；种子直立。

13 种，分布于亚洲南部与东南部至太平洋岛屿。中国 4 种，产于南部至西南部；鹤山栽培 1 种。

1. 鱼尾葵（单杆鱼尾葵）
Caryota maxima Blume enx Martius
Caryota ochlandra Hance

乔木状，高 10 ～ 15（～ 20）m，单生。茎绿色，被白色的毡状绒毛，具环状叶痕。叶大，裂片暗绿色，每边 18 ～ 20 片，悬垂，质厚而硬，顶端 1 片扇形，有不规则的齿缺，侧面的菱形而似鱼尾，长 15 ～ 30 cm。内缘有粗齿部分超过全长之半，外缘延伸成长尾尖。佛焰苞与花序无糠秕状的鳞秕；花序长 3 ～ 3.5(～ 5)m，具多数穗状的分枝花序；雄花萼片宽圆形，边缘具啮蚀状小钝齿，花瓣黄色，雄蕊（31 ～）50 ～ 111 枚，花药线形，黄色，花丝近白色；雌花花萼长约 3 mm，退化雄蕊 3 枚，钻状，子房近卵状三棱形，柱头 2 裂。果实球形，红色，直径 1.5 ～ 2 cm；种子 1 ～ 2 颗。花期 5 ～ 7 月；果期 8 ～ 11 月。

鹤山偶见栽培，见于桃源鹤山市林科所、鹤城、市区等地。分布于中国广东、海南、广西、云南。亚热带地区有分布。

茎髓含淀粉，可作桄榔粉的代用品。树形优美，可作庭园绿化树种。

4. 散尾葵属 Chrysalidocarpus H. Wendl.

单生或丛生灌木，茎具环状叶痕，有时在茎节上产生气生枝。叶羽状全裂，羽片多数，线形或披针形，外向折叠，横小脉不明显；叶柄上面具沟槽，背面圆，常被鳞片或蜡；叶轴上面具棱角；叶鞘初时管状，后于叶柄对面劈裂，常常被各式鳞片和蜡。花序生于叶间或叶鞘下，分枝可达 3 ～ 4 级，花雌雄同株，多次开花结实。花在小穗轴的近基部为每 3 朵聚生，近顶端则为单生或成对着生的雄花。雄花花萼和花瓣各 3 枚，离生，雄蕊 6 枚，花丝离生，钻状，退化子房圆锥状，三棱，顶端多少 3 裂；雌花花萼和花瓣各 3 片，离生；子房球状卵形，柱头 3；退化雄蕊 6 枚，齿状。果实略为陀螺形或长圆形，近基部具柱头残留物，外果皮光滑，中果皮具网状纤维。种子胚乳均匀，胚侧生或近基生。

约 20 种，主产于马达加斯加。中国常见栽培 1 种。鹤山栽培 1 种。

1. 散尾葵
Chrysalidocarpus lutescens H. Wendl.

丛生常绿灌木；高 2 ～ 6 m，茎粗 4 ～ 5 cm，有冠茎，基部略膨大。叶羽状全裂，平展而稍下弯；羽片 40 ～ 60 对，2 列，黄绿色，表面有蜡质白粉披针形，长 35 ～ 50 cm，宽 1.2 ～ 2 cm，先端长尾状渐尖并具不等长的短 2 裂，顶端的羽片渐短；叶柄及

叶轴光滑，黄绿色。花序生于叶鞘之下，呈圆锥花序式，长约0.8 m，具2～3次分枝，分枝花序长20～30 m；花小，卵球形，金黄色，螺旋状着生于小穗轴上。果实近陀螺形或倒卵形，长1.5～1.8 cm，直径约1 cm，鲜时土黄色，干时紫黑色。花期5～6月；果期8～9月。

鹤山市区有栽培。原产于马达加斯加。中国南方有栽培。

优良的观赏树种，宜在公园、庭园或绿地丛植作风景树。

5. 蒲葵属 Livistona R. Br.

乔木状，直立，单生，有环状叶痕。叶大，阔肾状扇形或几圆形，扇状折叠，辐射状（或掌状）分裂成许多具单折或单肋脉的裂片，裂片先端具2浅裂或2深裂；叶鞘具网状纤维；叶柄长，两侧无刺或多少具刺或齿，顶端的上面有明显的戟突，背面略延伸为细长的叶轴。花序生于叶腋，具有几个管状佛焰苞，多分枝，结果时下垂；花小，两性，单生或簇生，花萼深3裂或几为3萼片；花冠分裂几达基部，裂片3枚；雄蕊6枚，花丝下部合生成一肉质环，顶部短钻状，离生，花药直立，背着；子房由3个离生心皮组成，顶部合生成一共同的花柱，柱头点状或微3裂，胚珠基着，倒生。果实通常由1个心皮形成，球形、卵球形或椭圆形，柱头残留于顶部，果皮平滑。种子椭圆形或球形或卵球形，腹面有凹穴，胚乳均匀，胚侧生。

33种，分布于中国、日本、菲律宾，印度至澳大利亚、新几内亚、太平洋岛屿及非洲东北部。中国3种，分布于西南部至东南部。其中蒲葵在南方广泛栽培。鹤山栽培1种。

1. 蒲葵（扇叶葵、葵树）
Livistona chinensis (Jacq.) R. Br. ex Mart.

常绿乔木，株高约20 m。单干直立，干棕灰色，有环纹和纵裂纹。叶大，扇形，有折叠，裂片约27枚，先端下垂，端尖2裂。肉穗花序腋生，花小，黄绿色，无柄。核果椭圆形，黑紫色。花期3～4月；果熟期10～12月。

鹤山偶见栽培。分布于中国广东、海南、台湾。日本南部也有分布。

叶可制作蒲扇，种子入药。树冠如伞，四季常青，株形优美，为热带地区重要的绿化树种，可列植作行道树或群植于绿地作风景树，公园、庭园普遍栽培。

6. 刺葵属 Phoenix L.

灌木或乔木状。茎通常被有老叶柄的基部或脱落的叶痕。叶羽状全裂，羽片狭披针形或线形，芽时内折，基部的退化成刺状。花序生于叶间，直立或结果时下垂；佛焰苞鞘状，革质；花单性，雌雄异株；花小，黄色，革质；雄花花萼杯状，顶端具 3 个齿，花瓣 3 枚，雄蕊 6 或 3 (9)，花丝极短或几无；雌花球形，花萼与雄花的相似，花后增大，花瓣 3 枚，退化雄蕊 6 枚，心皮 3 枚，离生，每室具 1 颗直立胚珠，通常 1 颗成熟，无花柱。果实长圆形或近球形，外果皮肉质，内果皮薄膜质，种子 1 颗，腹面具纵沟。

约 14 种，分布于亚洲与非洲的热带及亚热带地区。中国 3 种，其中引种 1 种，分布于华南、西南；鹤山栽培 2 种。

1. 乔木，高 14 ~ 20 m ·············· 1. 加拿利海枣 P. canariensis
1. 灌木，高 3 ~ 4 m ·············· 2. 软叶刺葵 P. roebelenii

1. 加拿利海枣（长叶刺葵）
Phoenix canariensis Hort. ex Chabaud

常绿乔木，单干，圆柱形，老叶柄基部包被树干，高 14 ~ 20 m。羽状复叶密生，长 5 ~ 6 m，羽片多，叶色亮绿。花单性，雌雄异株；穗状花序具分支，生于叶腋；花小，黄褐色。果实长椭圆形，熟时黄色至淡红色。花期 5 ~ 6 月；果期 8 ~ 9 月。

鹤山有栽培，鹤山市住宅小区有见栽培。原产于加拿利群岛及附近地区，在热带地区广为栽培。

树干粗壮，高大雄伟，羽叶密而伸展，形成密集的羽叶树冠，为优美的热带风光树，非常适宜作行道树，特别在海滨大道栽植，景观尤显壮丽，也可群植于绿地。

2. 软叶刺葵（美丽针葵、江边刺葵）
Phoenix roebelenii O'Brien

常绿灌木，高可达 3 ~ 4 m，宿存老叶基螺旋状排列成三角锥状。叶羽状，柔软而弯垂，浅绿色至亮绿色，羽片整齐地排列成一平面。雌雄异株；花序腋生，淡黄色，有香味。果长椭圆形，熟时紫黑色。花期 5 ~ 8 月；果期 8 ~ 9 月。

鹤山市区公园、住宅小区常见栽培。原产于缅甸、老挝、泰国、越南。热带地区广为栽培。

姿态纤细优美，叶甚柔软，常作行道树、园景树，或盆栽作室内摆设。

7. 王棕属 Roystonea O. F. Cook

茎直立，乔木状，高达 10 ~ 40 m。叶羽状全裂，呈二列或数列，羽片多数狭长，先端削尖，中脉突起，中脉背面常被鳞片；叶鞘形成一个大的"冠茎"。花雌雄同株，多次开花结实；花序着生于叶下冠茎叶鞘的基部，多分枝，花序梗短，具 2 个大的佛焰苞；花着生于直的或波状弯曲的小穗轴上，花 3 朵聚生，顶部则着生成对或单生的雄花；雄花萼片 3 枚，分离，三角形，很短；花瓣 3 枚，分离，卵状椭圆形或卵形，远长于萼片；雄蕊 6 ~ 12 枚；退化雌蕊短，近球形或 3 裂；雌花近圆锥形至短卵形，萼片 3 枚，分离，短，圆形；花瓣 3 枚，卵形，近基部合生；退化雄蕊 6 枚，合生成环状；子房近球形，1 室，1 胚珠。果实倒卵形至长圆状椭圆形或近球形，宿存柱头在近基部。种子椭圆形，胚乳均匀，胚近基生。

约 17 种，产于中美洲、西印度群岛及南美洲。中国南部诸省区及台湾常见引进栽培的有 2 种；鹤山栽培 1 种。

1. 大王椰子
Roystonea regia (Kunth) O.F. Cook

常绿乔木，树干挺直，高 10 ~ 20 m，中下部常膨大，灰褐色，光滑有环纹。羽状复叶聚生干顶，叶鞘延长，覆瓦状排列，羽片多，软而狭长，排列为 2 列。花单性，雌雄同株，花期 4 ~ 6 月。果实近球形至倒卵形，长约 1 ~ 1.5 cm，直径约 1 cm，熟时暗红色至淡紫色；种子卵球形，棕黄色。花期 3 ~ 4 月；果期 10 月。

鹤山市区公园、住宅小区常见栽培。原产于美国、古巴。中国南亚热带地区有栽培。

树姿高大雄伟，树干通直，为世界著名的热带风光树种，具极高的观赏价值，宜列植作行道树，或群植作绿地风景树。

8. 金山葵属 Syagrus Mart.

植株矮小或高大，单生或丛生，茎具叶痕。叶羽状，叶鞘分解成交织的纤维；叶柄上面具槽或平坦，背面圆或具棱，边缘光滑或具早落的短纤维；羽片具单折，外向折叠，线形，具浅 2 裂。花序单生于叶腋，通常一回分枝，远短于叶；花序梗上的大佛焰苞宿存，管状，木质，花蕾时包着整个花序；花序轴通常短于花序梗；小穗轴螺旋状排列，为短三角形的苞片包着，常常之字形曲折，近基部每 3 朵花聚生，向顶部为成对或单生的雄花；雄花通常不对称，萼片 3 枚，离生，覆瓦状排列或稍合生；花瓣 3 枚，离生，镊合状排列，远长于萼片；雄蕊 6 枚；雌花的萼片 3 枚，离生，覆瓦状排列；花瓣 3 枚，离生，基部为覆瓦状排列；雌蕊柱状至圆锥状或卵形，3 室，3 胚珠。果实小或大，种子 1 颗，罕为 2，球形、卵球形或椭圆形，花被片宿存，中果皮肉质或干燥，具纵向纤维，内果皮厚，木质。

约 32 种，主产于南美洲，从委内瑞拉向南至阿根廷，其中巴西种类最多，1 种产于小安的列斯群岛。中国南方常见栽培 1 种；鹤山栽培 1 种。

1. 皇后葵
Syagrus romanzoffiana (Cham.) Glassm.

茎单生，高 16 ～ 18 m，径粗 35 ～ 60 cm，光滑，有环纹，偶吊挂枯叶。叶羽状细裂，每侧有多达 100 枚以上裂片；裂片线状，狭窄，长达 1 m，宽 3 cm，1 ～ 5 片聚生于叶轴两侧，从不同角度伸出，披散，柔软，中部下垂；叶柄两侧剪裂，有纤维，基部扩大并有棱脊。雌雄同株；花序腋生，分枝多；花梗长，悬垂；佛焰苞厚木质，舟形硬槽状。果卵形至长卵形，有短尖，中果皮肉质，熟时橙黄色。花期 2 月；果期 11 月至翌年 3 月。

鹤山偶见栽培。原产巴西中部和南部。

优良的园林植物，可作行道树和园景树。

9. 二枝棕属 Wodyetia A. Irvine

植株矮小或高大，单生，茎中部稍膨大，茎具叶痕。叶羽状全缘，似狐尾；羽片长线形，外向折叠，先端齿蚀状，顶端羽片单片或 2 片合生；叶柄粗短，叶鞘管状。花序生于冠茎下，多分枝；花单性，雌雄同株，每 3 朵花聚生，中间为雌花，两侧为雄花；雄花的雄蕊 60 ～ 70 枚；雌花的子房具 3 心皮。果椭圆形或卵球形，熟时橙红色；种子 1 颗。

仅 1 种，原产于澳大利亚。中国南方有栽培；鹤山亦有栽培。

1. 二枝棕（狐尾棕）
Wodyetia bifurcata A. Irvine

植株高大通直,高 10 ~ 20 m,茎干单生,茎部光滑,有叶痕,略似酒瓶状,高可达 10 ~ 15 m。叶色亮绿,簇生茎顶,羽状全裂,长 2 ~ 3 m;小叶披针形,轮生于叶轴上,形似狐尾。雌雄同株,花序生于冠茎下,绿色;果实椭圆形,成熟时红色,长 6 ~ 8 cm,相当醒目诱人。花期 5 ~ 7 月;果期 8 ~ 9 月。

鹤山市区有栽培。原产于澳大利亚。中国长江以南有栽培。优良的园林植物。

315. 露兜树科 Pandanaceae

常绿乔木,灌木或攀缘藤本,稀为草本。茎多呈假二叉式分枝,常具气根。叶狭长,硬革质,3 ~ 4 列或螺旋状排列,聚生于枝顶;叶缘和背面中脉上有锐刺;叶脉平行;叶基具叶鞘,脱落后枝上留有环痕。花单性,雌雄异株;花序腋生或顶生,分枝或否,呈穗状、头状或圆锥状,常为数个叶状佛焰苞所包围。佛焰苞和花序多具香气;花被缺或呈合生鳞片状;雄花具 1 至多枚雄蕊,花丝常上部分离而下部合生成束,每一雄蕊束被认为代表一朵花,花药 2 室,纵裂;花柱极短或无,柱头形态多样;子房上位,1 室,每室胚珠 1 至多颗。果为聚花果;种子极小。

3 属,约 800 种,广泛分布于亚洲、非洲和大洋洲热带地区,少数生长在暖温带。中国 2 属,7 种,其中引入栽培 1 种,分布于华南、华东、西南地区;鹤山 1 属,1 种。

1. 露兜树属 Pandanus Parkins

常绿乔木或灌木。直立,分枝或不分枝;茎常具气根,少数为地上茎极短的草本。叶常聚生于枝顶;叶片革质,狭长呈带状,边缘及背面沿中脉具锐刺,无柄,具鞘。花序穗状、头状或圆锥状,具佛焰苞;花单性,雌雄异株,无花被;雄花多数,每朵花雄蕊多枚;雌花无退化雄蕊,心皮 1 至多数,有时以不定数的联合而成束;子房上位,1 至多室,每室胚珠 1 颗,着生于近基底胎座上。果实为聚花果,由多数木质有棱角的核果或核果束组成;宿存柱头头状,齿状或马蹄状等。

约 600 种,分布于旧世界热带地区。中国 6 种,其中引入栽培 1 种,产于华南、华东、西南地区;鹤山 1 种。

1. 分叉露兜
Pandanus urophullus Hance
Pandanus furcatus Roxb.

常绿灌木或小乔木，高 2 ~ 12 m。常于茎端二歧分枝，具粗壮气根。叶聚生于茎端；叶片革质，带状，长 1 ~ 4 m，边缘、背面沿中脉具利刺，中脉两边各有 1 条明显凸出的侧脉。雌雄异株；雄花序由若干穗状花序组成，穗状花序金黄色，圆柱状，雄花多数，雄蕊常 3 ~ 5 枚簇生于花丝束顶端，花药线形；雌花序头状，具多数佛焰苞，雌花心皮通常 1 枚，稀为 2 枚，柱头刺状。聚花果椭圆形，红棕色，外果皮肉质，核果或核果束骨质，顶端凸出部分呈金字塔形，1 ~ 2 室，宿存柱头呈二歧刺状。花、果期 8 ~ 11 月。

鹤山偶见，生于阔叶林中。分布于中国广东、广西、云南、西藏。印度（锡金邦）、越南也有分布。

叶可编席，制簑衣。根供药用，可治某些炎症。

332A. 竹亚科 Bambusoideae

植物体木质化，乔木或灌木状。地下茎发达，木质化。叶二型，茎生叶单生于节上（称为箨），具箨鞘和无明显中脉的箨片，无柄，营养叶 2 行排列，互生于枝的中末级节上。叶片中脉显著，叶柄基部具关节。花常无柄，组成小穗，再由它们组合成各种复合花序。花期不固定，相隔较长。

约 88 属，1 400 种，分布于亚洲、南美洲、非洲及太平洋诸岛和澳大利亚北部。中国 34 属，534 种，分布于全国各地；鹤山连引入栽培的共 3 属，5 种，1 栽培种。

1. 竿丛生 ·························· 1. 箣竹属 Bambusa
1. 竿散生。
  2. 竿箨早落 ··············· 2. 刚竹属 Phyllostachys
  2. 竿箨宿存或迟落 ··········· 3. 矢竹属 Pseudosasa

1. 箣竹属 Bambusa Schreb.

灌木或乔木状。根状茎粗短。竿丛生，通常直立，稀为攀缘状；数至多枚分枝簇生于秆节上，初生枝较粗壮而长，下部分枝上的小枝有时缩短为硬刺或软刺。竿箨早落或迟落，极少为近宿存；箨鞘通常具 2 枚发育良好的箨耳，少数无箨耳；箨片通常直立，或有外展以至向外反折的。花序续次发生。假小穗数至多个簇生或单生于花枝各节；小穗轴于各孕性外稃基部具关节，其节段显著较长；小穗含 2 至多花；颖 1 ~ 3 枚，或缺失；外稃宽而具多脉；内稃具 2 脊，边缘内卷；鳞被 2 或 3 枚；雄蕊 6 枚，花丝通常分离；子房通常具柄，柱头通常 3 枚，羽毛状。颖果通常圆柱状，顶部被毛。

约 100 余种，分布于热带、亚热带地区；全球热带地区有栽培，中国 80 余种，主产于西南部至东南部；鹤山 2 种，1 栽培种。

1. 竿下部各节间极其缩短，形如算盘珠状 ············
    ········ 3. 大佛肚竹 Bambusa vulgaris 'Wamin'
1. 竿各节间较长。
  2. 节间幼时无毛；小穗含小花 4 ~ 5 朵 ············
    ··························· 1. 粉箪竹 B. chungii
  2. 节间幼时贴生刺毛；小穗含小花 5 ~ 8 朵 ·········
    ··························· 2. 青皮竹 B. textilis

1. 粉箪竹
Bambusa chungii McClure

1. 粉箪竹

竿直立，顶端稍弯曲，高 5 ~ 18 m；节间幼时被白色蜡粉，无毛；竿环平坦。箨壳早落，箨片淡黄绿色。竿的分枝习性高，枝被蜡粉；叶鞘无毛；叶片质地较厚，披针形，上表面沿中脉基部渐粗糙。花枝极细长，无叶；每节仅生 1 ~ 2 枚假小穗，含 4 ~ 5 朵花，内稃与外稃近等长，子房先端被粗硬毛，花柱长 1 ~ 2 mm，柱头 3 或 2，呈疏稀羽毛状。未成熟果实的果皮在上部变硬，干后呈三角形，成熟颖果呈卵形，长 8 ~ 9 mm，深棕色，腹面有沟槽。

鹤山偶见，产于鹤城、共和里村华伦庙后面风水林，生于路旁、林缘。分布广东、广西、福建、湖南、云南。

竿梢部略弯曲，竿节间长，粉白色，分枝密，叶窄长较大，翠绿色，微风吹过，丛态优美，姿态叠陈，引人注目。水边、村旁、庭园绿地最宜选用。

2. 青皮竹
Bambusa textilis McClure

竿丛生。竿高 8 ~ 10 m，直径 3 ~ 5 cm；节间长 40 ~ 70 cm，幼时被白蜡粉，并贴生刺毛；节处平坦，无毛。竿箨背面近基部贴生刺毛；箨耳较小，不相等，边缘具细弱波曲状繸毛；箨舌边缘齿裂，被短纤毛；箨片直立，卵状狭三角形。叶鞘无毛，背部具脊；叶耳发达，镰刀形，边缘具繸毛；叶舌无毛；叶片线状披针形至狭披针形，长 9 ~ 17 cm，宽 1 ~ 2 cm。假小穗单生或数枚乃至多枚簇生于花枝各节，暗紫色，线状披针形；小穗含小花 5 ~ 8 朵。

鹤山偶见，见于沙坪、址山龙口等地。分布于中国广东、广西、安徽，我国西南、华中、华北各地有栽培。

枝叶浓密翠绿，竹姿刚劲优美，适宜庭园观赏。

3. 大佛肚竹
Bambusa vulgaris Schrader ex J. C. Wendland 'Wamin'

竿丛生，常暗绿色，竿稍疏离，高 7 ~ 15 m，直径 6 ~ 10 cm，竿下部各节间极其缩短，形如算盘珠状，形态奇特，颇为美观，竹株生长粗壮密集。竿箨背面密生暗棕色刺毛；箨耳长圆形或肾形，斜升，宽 8 ~ 10 mm；箨舌高 3 ~ 4 mm，边缘细齿裂；箨片直立或外展，宽三角形至三角形。叶鞘初时疏生棕色糙硬毛；叶耳宽镰刀形；叶舌高 1 mm 或更低；叶片窄披针形，长 16 ~ 35 cm，宽 1.3 ~ 3.5 cm。假小穗以数枚簇生于花枝各节；小穗稍扁，狭披针形至线状披针形，含小花 5 ~ 10 枚，基部托以数片具芽苞片。

鹤山偶见栽培见于市区公园、住宅小区等地。亚洲热带地区有栽培。

为观赏珍品，竹姿刚劲健美，可用于造景和庭园观赏。适于在大型建筑物进口处栽植，显得大方清雅，或在大型公共建筑物前庭栽植都很气派。

2. 刚竹属 **Phyllostachys** Siebold et Zucc.

乔木至灌木状。具细长型根状茎；竿散生，直立；节间圆筒形，常中空，在分枝一侧扁平或有沟槽，每节通常具2分枝。竿箨早落；箨耳发育或缺；箨片狭长。叶片披针形或狭披针形，具小横脉。花序续次发生；假小穗簇生于花枝各节，其基部托以覆瓦状排列的佛焰苞片，苞片顶端常具退化叶片；小穗含小花2～6朵，每一或二个小穗则包藏于叶状苞片内；小穗轴具关节；颖1～3枚或有时缺；外稃纸质或近皮质，顶端锐尖；内稃具2脊，顶端具2尖头；鳞被3枚，顶端呈流苏状；雄蕊3枚，花丝分离而细长；子房具柄，柱头3枚，羽毛状。颖果，有时果皮增厚而颇坚硬。

约51种，分布于中国、印度、日本、缅甸。中国51种，分布于黄河流域以南各省区；鹤山1种。

1. 毛竹（江南竹、楠竹）
Phyllostachys edulis (Carrière) J. Houzeau
Phyllostachys heterocycla var. *pubescens* (Mazel) Ohwi

高大乔木状，竿高可达20 m，直径达10～12 cm。尾梢俯垂；节间长15～30 cm，初时被绒毛或白粉，后变无毛；竿环平，箨痕显著隆起，常于解箨后生1圈褐色绒毛。竿箨早落；箨鞘背面黄褐色至紫褐色，密被棕色刺毛和深褐色斑点或斑块，并密被白粉，边缘密生纤毛；箨耳显著，镰刀形，暗淡紫色或褐色，边缘有粗长而卷曲的刚毛；箨舌高2 mm，呈弧拱形，边缘细裂，具粗长的黑色刚毛；箨片披针形或近带状，外翻。叶鞘淡黄色，无毛；叶耳缺；鞘口刚毛缺或仅2～3条；叶舌

低矮；叶片披针形，长4～11 cm，宽5～14 mm，除下面基部外均无毛。花枝单生，不具叶；苞片覆瓦状排列；假小穗长约2.5 cm；颖1枚，苞片状；外稃长22～24 mm，顶端锐尖；内稃长20～22 mm，具2脊；子房纺锤形，柱头3枚，羽毛状。笋期3～5月。

鹤山有栽培，并有逸为野生。分布于中国秦岭、汉水流域至长江流域以南及台湾，黄河流域也有多处栽培。朝鲜、日本、菲律宾、越南及南美洲有栽培。

竹笋在春天出土者为"春笋"，可食；于秋冬在土中生长者为"冬笋"，冬笋味甜而鲜嫩，为蔬中上品。竿可供建筑用，也用于制造水管、浮筒、竹伐、各式竹家具等，也可破篾编织各种竹器。

3. 矢竹属 **Pseudosasa** Makino ex Nakai

乔木至灌木状。地下茎复轴型。竿散生兼为多丛性，直立，无刺；节间圆筒形，中空；竿的每节具1芽，生出1～3枝。竿箨宿存或迟落；箨鞘质常较厚，长或短于节间；箨片直立或开展，早落，叶鞘常宿存；叶舌矮或较高；叶片长披针形。花序呈总状或圆锥状，生于竿上部枝条的下方各节，花序轴明显；小穗含2～10朵小花；颖片2枚；外稃具多纵脉和小横脉，先端尖；内稃背部有2脊和沟槽，以及数条纵脉；雄蕊常3枚，花丝分离，子房无毛，柱头3枚，呈羽毛状。颖果无毛。

19种，分布于中国、日本、朝鲜。中国18种，其中引种1种；鹤山2种。

1. 叶有叶耳，也有繸毛；叶片有次脉5～9对 ···················
··· 1. 托竹 **P. cantorii**
1. 叶无叶耳，但有较挺直的鞘口长繸毛；叶片有次脉3～5对 ···
··· 2. 篲竹 **P. hindsii**

1. 托竹（林仔竹）
Pseudosasa cantorii (Munro) P. C. Keng ex S. L. Chen et al.
Arundinaria cantorii Munro

乔木至灌木状，竿高2～4 m，粗5～10 mm。节间圆筒形，长24～32 cm；竿环不显著；竿每节分3枝。箨鞘迟落，厚纸质或薄革质，长为节间之半，棕黄色带紫色，背部无毛，边缘密生金黄色纤毛；箨耳发达，半月形或镰形；箨舌拱形或截平面微凸起；箨片狭卵状披针形，先端长渐尖，直立，无毛。具叶小枝长10～20 cm，具5～10多片叶；叶鞘长约4 cm，枯黄色带

紫色，有光泽，边缘生纤毛；叶耳镰形或半月形；叶舌短矮，截形；叶片狭披针形至长圆状披针形，两面光滑，边缘有细刺状锯齿，次脉 5 ~ 9 对；叶柄长约 4 mm。圆锥状或总状花序；小穗柄长 5 ~ 15 mm；小穗含 4 ~ 9 朵小花；颖 2 枚，第一颖长 5 mm，具 5 条脉，第二颖长 7 mm，具 7 条脉；外稃长约 1 cm；内稃背部具 2 脊；雄蕊 3 枚；子房长圆形，柱头 3 枚，羽毛状。笋期 3 月；花期 3 ~ 4 月或 7 ~ 8 月。

鹤山各地常见，产于鹤城昆仑山，生于山地或水沟边。分布于中国广东、海南、江西、福建。

叶片密集翠绿，竹竿纤细雅丽，可种植作绿篱或作地被的镶边。

2. 篲竹（笛竹、四季竹）
Pseudosasa hindsii (Munro) S. L. Chen & G. Y. sheng ex T. G. Liang
Arundinaria hirtivaginata W. T. Lin.; *Pseudosasa nigronodis* G. A. Fu

乔木至灌木状，竿高 3 ~ 5 m，粗约 1 cm。节间长 20 ~ 30 cm，无毛；竿每节分 3 ~ 5 枝，枝直立；二级分枝通常每节 1 或 2 枝。箨鞘宿存，革质，先端圆拱形；箨耳镰形；

箨舌拱形，高 2 ~ 3 mm；箨片直立，宽卵状披针形，基部略向内收窄。每小枝具 4 ~ 9 片叶；叶鞘长 2.5 ~ 4.5 cm，近无毛；边缘具短纤毛；叶耳无；叶舌截形；叶片线状披针形或狭长椭圆形，长 7 ~ 22 cm，宽 10 ~ 15 mm，次脉 3 ~ 5 对。总状或圆锥花序着生在叶枝下方的侧枝顶端或混生于枝顶，花序细长，具 2 ~ 5 个小穗，小穗含 4 ~ 16 朵小花；颖 2 枚，近等长，第一颖长 6 ~ 10 mm，第二颖长 7 ~ 12 mm；外稃卵状披针形；内稃背部具 2 脊；子房近三棱形，无毛，柱头 3 枚。笋期 5 ~ 6 月；花期 7 ~ 8 月。

鹤山各地常见，产于鹤城昆仑山、共和獭山村风水林，生于常绿阔叶林中。生于山坡。分布于中国广东、广西、湖南、江西、福建、浙江。

中文名索引
Index to Chinese Names

学名索引
Index to Scientific Names